汽车检测与诊断运作

吴文彩　主编

北京邮电大学出版社
·北京·

内容提要

本书为高等学校试用教材，全书共分10章，以培养汽车检测技术和检测设备的运作能力为主线，分别介绍了汽车的基础原理、汽车检测诊断基础理论、发动机综合性能检测与检测设备、底盘检测与检测设备、电控系统的检测、电气系统的故障诊断与检测、前照灯检测、排放污染物检测和噪声检测等内容，其中包括对现代汽车检测设备的基本结构、检测原理和使用方法的介绍，具有较强的实践性和综合性。

本教材可作为高职高专汽车检测与维修及相近专业教材，亦可作为有关汽车专业的师生和从事汽车运输管理、汽车维修、汽车检测站工程技术人员的参考书。

图书在版编目(CIP)数据

汽车检测与诊断运作/吴文彩主编. —北京：北京邮电大学出版社，2007

ISBN 978-7-5635-1391-8

Ⅰ.汽… Ⅱ.吴… Ⅲ.汽车—故障检测—高等学校：技术学校—教材 Ⅳ.U472.9

中国版本图书馆 CIP 数据核字(2007)第015669号

书　　名：汽车检测与诊断运作

作　　者：吴文彩

责任编辑：王晓丹

出版发行：北京邮电大学出版社

社　　址：北京市海淀区西土城路10号(100876)

北方营销中心：电话：010-62282185　传真：010-62283578

南方营销中心：电话：010-62282902　传真：010-62282735

E-mail：publish@bupt.edu.cn

经　　销：各地新华书店

印　　刷：北京忠信诚胶印厂

开　　本：787 mm×1 092 mm　1/16

印　　张：14

字　　数：328千字

印　　数：1—3 000册

版　　次：2007年3月第1版　2007年3月第1次印刷

ISBN 978-7-5635-1391-8/TH·30　　　　定价：22.00元

前　言

随着我国汽车工业的飞速发展，汽车上新技术的应用日新月异，汽车的综合性能在不断提高，汽车的故障检测与诊断问题日益突出。本教材结合高职高专的要求和特点，以及当前汽车故障诊断和维修行业的要求而编写。

汽车检测与诊断运作是汽车专业的必修课程。本书共分10章，分别是绪论、汽车的基础原理、汽车检测诊断基础理论、发动机综合性能检测与检测设备、汽车底盘检测与检测设备、汽车电控系统的检测、汽车电气系统的故障诊断与检测、汽车前照灯检测、汽车排放污染物检测及汽车噪声检测等内容。本书注重理论联系实际，可使学生初步具备进行汽车故障检测与诊断的能力。

本书由江西蓝天学院吴文彩担任主编（编写第1章）、副主编王志成（编写第2、5章）、主审赵新树（编写第3、4章）、高磊参加编写（编写第6～10章）。

由于作者水平有限，书中难免有不妥之处，恳切读者多提宝贵意见。

编　者

2007年1月

目　　录

第1章 绪论

1.1 检测诊断的含义与作用

汽车检测诊断是确定汽车技术状况、寻找故障原因的技术手段，检测诊断结果是合理使用汽车和维护、修理工作的科学根据。

在车辆技术排除故障中，查找故障的时间约为70%左右，而排除与维修的时间约占30%，随着车辆结构日益复杂，使故障诊断的地位越来越重要。汽车检测技术是随着汽车的发展而发展的，传统的汽车检测技术是人工凭经验，由于不能定量地确定汽车的性能参数和技术状况，因而出现了现代汽车检测技术。现代汽车检测技术不仅可以定量地指示检测结果，而且具有自动控制检测过程，自动采集检测数据，自动分析判断检测结果和自动存储、打印检测报表等功能。

1. 常用名词、术语的含义

① 汽车技术状况：定量测得的表征某一时刻汽车外观和使用性能的参数值的综合。

② 汽车使用性能：定量测得的表征某一时刻汽车动力性、经济性、排放性、安全性、操纵稳定性、行驶平顺性、舒适性、通过性和可靠性等性能的参数值。

③ 汽车诊断：在不解体条件下，确定汽车技术状况或查明故障部位、原因进行的检测、分析和判断。

④ 汽车检测：确定汽车使用性能或技术状况进行的检查和测量。

⑤ 汽车故障：汽车部分或完全丧失工作能力的现象。

⑥ 故障树：表示故障因果关系的分析图。

⑦ 故障率：使用到某行程的汽车，在该行程之后单位行程内发生故障的概率。

⑧ 诊断参数：供诊断用的，表征汽车、总成及机构技术状况的参数。

⑨ 诊断周期：汽车诊断的间隔期。

2. 检测诊断的作用和方法特点

对显示出故障的汽车，通过检测诊断查找故障的确切部位和发生的原因，从而确定排除故障的方法；对汽车技术状况进行全面检查，确定汽车技术状况是否满足有关技术标准的要求及与标准相差的程度，以决定汽车是否继续行驶或采取何种措施延长汽车的使用寿命；根据检测诊断目的可分为安全性能检测、综合性能检测和与维修有关的汽车检测诊断等。

汽车诊断是由检查、分析、判断等一系列活动完成的。从完成这些活动的方式看，汽车诊断主要有两种基本方法，其一是传统的人工经验诊断法，其二是利用现代仪器设备诊断法。

(1) 人工经验诊断法

人工经验诊断法是通过路试和对汽车或总成工作情况的观察，凭借诊断人员丰富的实践经验和一定的理论知识，利用简单工具以及眼看、手摸、耳听等手段，边检查、边试验、边分析，进而对汽车技术状况进行定性分析或对故障部位和原因进行判断的诊断方法。该诊断方法不需要专用仪器设备，可随时随地应用，但其缺点在于：诊断速度慢，准确性差，并要求诊断者具有丰富的实践经验和较高的技术水平。

(2) 现代仪器设备诊断法

该诊断法是在人工经验诊断法的基础上发展起来的诊断方法。该法可在不解体情况下，利用建立在机械、电子、流体、振动、声学、光学等技术基础上的专用仪器设备，对汽车总成或机构进行测试，并通过对诊断参数测试值、变化特性曲线、波形等的分析判断，定量确定汽车的技术状况。采用微机控制的专用仪器设备能够自动分析、判断、打印诊断结果。现代仪器设备诊断法的优点是诊断速度快、准确性高、能定量分析；缺点是投资大、占用固定厂房等。

3. 检测诊断技术的发展

国外一些发达国家，早在20世纪四五十年代就研制成功了一些功能单一的检测和诊断设备，发展成为以性能调试和故障诊断为主的单项检测诊断技术。在20世纪60年代后检测设备的应用获得较大发展，设备使用率大大提高，逐渐将单项检测、诊断设备联线建站(出现汽车检测站)成为既能进行安全环保检测，又能进行维修诊断的综合检测技术。随着计算机技术的发展，发达国家的汽车检测在技术上向智能化、自动化检测方向发展，在检测基础技术方面已实现了标准化，在管理上已实现了制度化。这些已为交通安全、环境保护、降低运输成本、提高燃油经济性和运力利用率等方面带来了明显的社会效益和经济效益。

我国的现代汽车检测技术起步较晚。进入20世纪80年代，我国国民经济得到快速的发展，特别是随着汽车制造业和公路交通运输业的发展，机动车保有量也迅速增加到目前约两千万辆的水平。随后随着我国公路交通运输企业、汽车维修企业、汽车制造企业和整个国民经济的发展，我国汽车检测诊断技术在21世纪必将获得更进一步的发展，而产生明显的经济效益和社会效益。近二十多年来，各种新技术不断融入汽车，如燃油电控喷射、废气涡轮增压、分层充气和稀薄燃烧、多气门、宽间距和壁面导流、AT、ABS等，以及各类材料与先进制造技术的应用，特别是电子技术和计算机在汽车上的应用，使汽车以全新的面孔出现在我们面前。必须要用现代检测设备，应用光、机电一体化技术采用计算机测控，才能适应对现代汽车的检测诊断。

综观发达国家汽车检测技术的进步，我国汽车检测技术要发展应该从汽车检测技术标准化、汽车检测设备智能化和汽车检测管理网络化等方面进行研究和发展。

1.2 诊断的内容概述

汽车的检测与诊断的内容，是由汽车的使用性能和技术状态来决定的。汽车的使用性能包括：汽车动力性能，经济性能，排放性能，安全性能，操纵稳定性能，行驶平稳性能，舒适性能，通过性能及可靠性能等。而表征某一时刻汽车加外观和使用性能的参数值的综合是汽车技术状况。

汽车在使用运行中，汽车外观和使用性能的参数值是不断变化的，人们要依据检测诊断的基本理论，按照诊断参数的规定要求，检测诊断汽车参数的规范要求，检测诊断性能，并设法控制汽车各项性能在规定范围内，保证汽车在良好的技术状态下运行。

人们在实际检测诊断时，要对主要参数项目进行检测诊断。主要项目如下：

1.2.1 汽车检测设备基础知识

在汽车检测诊断作业中，为了获得诊断参数测量值，检测人员要选择合适的测量仪器、装置或设备等(往往统称为检测设备)组成检测系统，在一定测量条件、测量方法下，对汽车总成或机构进行检测、分析和判断。

检测系统的基本组成、智能化检测系统、检测设备的测量误差与精度、检测设备的使用维护与故障处理等方面的知识，是从事汽车检测诊断技术工作者必须掌握的基本知识。

由一般仪器、仪表构成的检测系统通常是由传感器、变换与测量装置、记录与显示装置、数据处理装置等组成的。

1. 传感器

传感器是一种能够把被测量(物理量、化学量、生物量等)的某种信息拾取出来，并将其转换成有对应关系的、便于测量的电信号的一种装置。传感器是获取信息的手段，在整个检测系统中占有首要位置。由于传感器处于检测系统的输入端，所以其性能直接影响到整个检测系统的测量准确性和工作可靠性，也有将传感器称为变送器、发送器或检测头的，在生物医学及超声检测仪器中，常被称为换能器。

汽车检测设备使用的传感器，如果按测量性质分类，可以分为机械量传感器(如位移传感、力传感器、速度传感器、加速度传感器等)、热工量传感器(如温度传感器等)、化学量传感器和生物量传感器等类型；如果按传感器输出量的性质分类，可以将传感器分为参量型传感器(输出的是电阻、电感、电容等无源电参量，如电阻式传感器、电感式传感器和电容式传感器等)和发电型传感器(输出的是电压和电流信号，如热电偶传感器、光电传感器、磁电传感器和压电传感器等)等。

2. 变换与测量装置

变换与测量装置是将传感器送来的电信号变换成易于测量的电压或电流信号的一种装置。这类装置通常包括电桥电路、调制电路、解调电路、阻抗匹配电路、放大电路、运算电路等，能对传感器信号进行放大，对电路进行阻抗匹配、微分、积分、线性化补偿等处理工作，是检测系统里比较复杂的部分。

3. 记录与显示装置

记录与显示装置是将变换与测量装置送来的电信号进行记录与显示的一种装置。记录与显示装置的显示方式,一般有模拟显示、数字显示和图像显示3种形式,以使检测人员及时读取测量值的大小和变化过程。

(1) 模拟显示

一般是利用指针式仪表指示被测量的大小,应用广泛。其优点是结构简单,价格低廉,读数方便和直观;缺点是易造成读数误差。

(2) 数字显示

数字显示即直接以数字形式指示被测量的大小,其应用越来越广泛,该种显示方式有利于消除读数误差,并且能与微机联机,使数据处理更加方便。

(3) 图像显示

图像显示是用记录仪显示并记录被测量处于动态中的变化过程,以描绘测量随时间变化的曲线或图像作为检测结果,供读数、分析、判断之用。常用的自动记录仪有光线示波器、电子示波器和磁带记录仪等。其中,光线示波器具有记录和显示两种功能,电子示波器只具有显示功能,磁带记录器只具有记录功能。

4. 数据处理装置

数据处理装置是一种用来对检测结果(数据、曲线或图像)进行分析、运算、处理的装置。例如,对大量测量数据进行数理统计分析,对曲线进行拟合,对动态测试结果进行频谱分析、幅值谱分析和能量谱分析等。

1.2.2 智能化检测设备简介

由一般仪器、仪表、装置或设备构成的检测系统,其指示装置大多为指针式。这种检测系统的最大缺点是指示精度低、分辨率差和使用寿命低,将逐渐被智能化检测系统所代替。

智能化检测系统一般是指以微机(单板机、单片机或PC机)为基础而设计制造出来的一种新型检测系统。由于由微机控制整个检测系统,因而使检测系统的结构和功能发生了根本性的变化。

一般检测系统设有许多调节旋钮,在测量过程中的量程选择、极性变换、亮度调节、幅度调节和数据显示环节有机地结合起来,并赋予了微机所特有的诸如编程、自动控制、数据处理、分析判断、存储打印等功能,因此是一种自控性很强的智能化的检测系统。

智能化检测系统一般由传感器、放大器、A/D转换器、微机系统、显示器、打印机和电源等组成。

智能化检测系统与一般检测系统相比有以下一些特点:

(1) 自动零位校准和自动精度校准

为了消除由于环境条件的变化(例如温度)使放大器的增益发生变化所造成的仪器零点漂移,智能化检测系统设置有自动零位校准功能,采用程序控制的方法,在输入接地的情况下,将漂移电压存入随机存储器(RAM)中,经过运算即可从测量中消除零位偏差。

自动精度校准是采用软件的自校准功能,事先通过分别测出零位偏差、增益偏差以及各项修正值，进而建立各部分的校准方程——数学模型。自动校准的精度取决于数学模型的建立，即取决于数学模型是否能真正反映客观实际。

(2) 自动量程切换

智能化检测系统中的量程切换一般也是通过软件来实现的。编制软件采用逐级比较的方法，从大到小（从高量程到低量程）自动进行。软件一旦判定被测参数所属量程，程序即自动完成量程切换。

(3) 功能自动选择

智能化检测系统中的功能选择，实际上是在数字仪表上附加时序电路，用一个 A/D 采集多通道的信号，在程序控制下，通过电子开关来实现的。智能化检测系统中的各功能键（如温度 T、流量 L）进行统一编码，然后 CPU 发送各种控制字符（如 A1、A2 等）通过接口芯片来控制各个电子开关的启闭。这样，在测量过程中检测系统能自动选择或自动改变测量功能。这种功能的改变完全可以由用户事先设定，在程序中发送不同的控制字符，相应的电子开关便接通，从而实现了功能的自动选择。

(4) 自动数据处理和误差修正

智能化检测系统有很强的自动数据处理功能。例如，能按线性关系、对数关系及乘方关系，求取测量值相对于基准值的各种比值，并能进行各种随机量的统计分析和处理，求取测量的平均值、方差值、标准偏差值、均方根值等。对于系统误差的修正，由于往往事先知道被测量的修正量，故在智能化检测系统中，这种误差的修正就变得更为简单。除此之外，智能化检测还能对非线性参数进行线性补偿，使仪器的读数线性化。

(5) 自动定时控制

自动定时控制是某些测量过程所需要的。智能化检测系统实现自动定时控制有两种方法：一种是用硬件完成，例如某些微处理器中就有硬件定时器，可以向 CPU 发出定时信号，CPU 会立即响应并进行处理；另一种是用软件达到延时的目的，即编制固定的延时程序，按 0.1 s、1.0 s 甚至 1.0 h 延时设计，并作为子程序存放在只读存储器 ROM 中，用户在使用中只要给定各种时间常数，通过反复调用这些子程序，就可实现自动定时控制。后者方法简单，但定时精度不如前者高。

(6) 自动故障诊断

智能化检测系统可在系统内设有故障自检系统，一般采用查询的方式进行，能在遇到故障时自动显示故障部位，大大缩短诊断故障的时间，实现检测系统自身的快速诊断。

(7) 功能越来越强大

一些综合性能的智能化检测系统，如发动机综合参数测试仪、故障解码器、汽车专用示波器等，不仅能对国产车系进行检测诊断，而且参对亚洲车系、欧洲车系和美洲车系进行检测诊断；不仅能检测诊断发动机的电控系统，而且能检测自动变速器、防抱死制动系统、牵引控制系统、安全气囊、电控悬架、巡航控制、卫星定位系统和空调的电控系统等；不仅能读出故障诊断代码、清除故障代码，而且还能读出数据流，进行系统测试等多项功能。

(8) 使用越来越方便

像发动机综合参数测试仪、故障解码器、汽车专用示波器和四轮定位仪等检测设备，均设有上下级菜单，使用中只需要点击菜单，选择要测试的内容，操作变得越来越方便。

1.3 汽车检测诊断主要设备与专用仪器

根据国家标准GB/T16739.1—1997《汽车维修业开业条件第一部分:一类汽车维修企业》、GB/T16739.2—1997《汽车维修业开业条件第二部分:二类汽车维修企业》、GB/T16739.3—1997《汽车维修业开业条件第三部分:三类汽车维修业户》的规定,三种类型汽车维修企业开业时,企业配备的设备型号、规格和数量应与其生产纲领、生产工艺相适应,设备技术状况应完好,满足加工、检测精度要求和使用要求;允许外协的设备必须具有合法的技术经济合同书。

三类企业对检测设备有着不同的要求,但汽车试验、检测诊断设备、量具和计量仪表应配备有如下内容:

1. 发动机总成

① 发动机综合检测仪

② 气缸体、气缸盖和散热器水压试验设备

③ 燃烧室容积测量装置

④ 气缸漏气量检测仪

⑤ 曲轴箱窜气测量仪

⑥ 工业纤维内窥镜

⑦ 润滑油质量检测仪

⑧ 润滑油分析仪

⑨ 废气分析仪

⑩ 烟度计

⑪ 声级计

⑫ 油耗计

⑬ 无损探伤设备

⑭ 汽油泵、化油器试验设备

⑮ 喷油泵、喷油器试验设备

⑯ 电控汽油喷射系统检测设备

⑰ 气缸压力表

⑱ 发动机检测专用真空表

⑲ 转速表

⑳ 温度计

㉑ 厚薄规

2. 底盘各总成

① 前轴检验装置

② 制动检验设备

③ 四轮定位仪或转向定位仪

④ 转向盘转动量和转矩检测仪

⑤ 车轮动平衡机

⑥ 车速表试验台

⑦ 传动轴动平衡机

⑧ 侧滑试验台

⑨ 底盘测功设备

⑩ 前束尺

⑪ 轮胎气压表

3. 电器部分

① 电器试验台

② 前照灯检测设备

③ 万用电表

④ 电解液比重计

⑤ 高频放电叉

在汽车检测诊断运作中，为获得诊断参数测量值，检测中应选择合适的测量条件和测量方法，对汽车进行检测、分析和判断。

第2章 汽车的基础原理

现代汽车种类虽然很多,但对以内燃机为动力装置的汽车而言,它们的基本构造都是由发动机、底盘、车身和电气设备四大部分所组成。

1. 发动机

发动机是汽车的动力装置,其作用是将燃料燃烧所产生的热能转变为机械能,并通过底盘驱动汽车行驶。现代汽车的动力装置主要选用往复活塞式内燃机,所用燃料以汽油和柴油为主。

2. 底盘

底盘是汽车装配与行驶的主体,其作用是支承、安装发动机及车身等总成与部件,用以形成汽车的整体造型,并接受发动机输出的动力,使汽车产生运动且确保汽车正常行驶。

3. 车身

车身安装在底盘的车架上,供驾驶员、乘客乘坐或装载货物。轿车和客车车身一般为整体结构,货车车身通常由驾驶室和货箱两部分组成。

4. 电气设备

随着电子技术革新的不断发展,以及汽车工业中机电一体化趋势的加快,汽车电气设备越来越先进,越来越复杂,它大体上可划分为电源、用电设备(主要包括发动机的点火系、启动系以及照明、信号、辅助电器等)、电子控制装置、仪表与报警装置四大部分。

2.1 发动机的总体构造及工作原理

现代汽车发动机以四冲程汽油机和四冲程柴油机应用最为广泛。因此,下面主要介绍目前轿车中最常用的四冲程水冷式汽油机和柴油机的总体构造。

1. 汽油机的总体构造

汽油机一般由两大机构和五大系统组成,如图 2-1 所示。

(1) 机体组

机体组包括气缸体、气缸盖和油底壳,它是发动机的主体部分。气体的上部是气缸,下部是曲轴箱。气缸体是发动机各工作机构和附件的装配基体,且本身又是曲柄连杆机构、配气机构以及润滑系和冷却系的组成部分。气缸盖装在气缸的上部,气缸盖、气缸体与活塞顶部的空间构成燃烧室,燃料在其中燃烧产生热能。在结构分析中常把机体组列入曲柄连杆机构。

(2) 曲柄连杆机构

曲柄连杆机构是发动机实现热功转换的核心机构，主要由活塞、连杆、曲轴和飞轮等机件组成，活塞位于气缸之中，并通过活塞销与连杆小头相连接，连杆另一端装在曲轴上，曲轴安装在气缸体下部的曲轴箱中。当活塞在燃烧膨胀压力作用下在气缸中做往复直线运动时，连杆就推动曲轴旋转向外输出转矩。曲轴的后端装有飞轮，飞轮的作用是利用其转动惯性平稳发动机的转速。

图 2-1 汽油机结构图

(3) 配气机构

配气机构的作用是根据发动机工作过程和各缸的工作次序的要求适时地开闭进/排气门。它主要由气门组件、凸轮轴、液压挺柱、齿形带传动机构等零件组成。进/排气门安装在气缸盖上，分别控制进气通道和排气通道。曲轴通过正时皮带传动机构驱动凸轮轴，凸轮轴控制气门的开闭。配气机构的结构型式较多，是发动机的两大核心机构之一。

(4) 供给系

传统化油器式燃油供给系一般由汽油箱、汽油泵、汽油滤清器、化油器、空气滤清器、进/排气装置等组成。化油器利用喷雾原理使汽油吸入的空气按一定比例混合成可燃混合气，混合气进气门进入气缸。可燃混合气的供给量由进气通道中的节气门开度大小来控制。

汽油机电控燃油喷射装置的出现，改变了传统汽油机燃油供给系的组成，电控燃油喷射装置在计算机指令下工作，适时、定量地向进气歧管内喷射燃油，并和由空气流量计计量后进入的空气相混合，配制成高精度的混合气体。它包括燃料供给系统、进气系统和电子控制系统。

燃料供给系统的作用是利用电动汽油泵将汽油加压后输送给各缸汽油喷嘴，并让多余汽油返回油箱。它主要由电动汽油泵、压力调节器、输油管等组成。

进气系统的作用则是根据节气门开度控制发动机的进气量，它主要由空气流量传感器、节气门及节气门体等组成。

电子控制系统的主体是一台微型计算机和若干个传感器。电子控制系统的作用是收集发动机各工况下的各种信息，按给定程序计算出最佳汽油喷射量和最佳喷射时刻，并在其发出的指令控制下，由喷油嘴完成燃油喷射任务。

(5) 点火系

汽油机靠点火系统产生的高压电火花适时点燃气缸内的可燃混合气。点火系统一般由蓄电池、发电机、分电器、点火线圈、火花塞和点火开关等组成。

(6) 冷却系

气缸内可燃混合气燃烧产生的热量约有 30%左右转换为有用功对外输出，剩余的热量一部分随废气排出缸外，另一部分则被燃烧室壁面、气缸内壁和活塞顶部吸收。水冷却系一般由水泵、散热器、风扇、循环水套、分水管等组成。

(7) 润滑系

发动机主要运动副表面均靠润滑系提供的压力润滑机油进行润滑。机油泵把机油压后送往润滑部位，循环中的机油最终又流回油底壳内，反复循环使用。某些零件(特别是活塞)要靠机油来冷却。润滑系一般由机油泵、集滤器、限压阀、油道、机油滤清器和机油冷却器等组成。

(8) 启动系

启动系包括启动电机及其附属装置，其作用是用来启动发动机。

2. 柴油机的总体构造

四冲程水冷式柴油机的总体构造包含两大机构和四大系统，其机体组、曲柄杆机构、配气机构、润滑系和冷却系与前面介绍的汽油机十分相似，这里就不再重述。所不同的是，柴油机的燃料供给系与汽油机不相同，此外，柴油机没有点火系。图 2-2 是柴油机结构图。

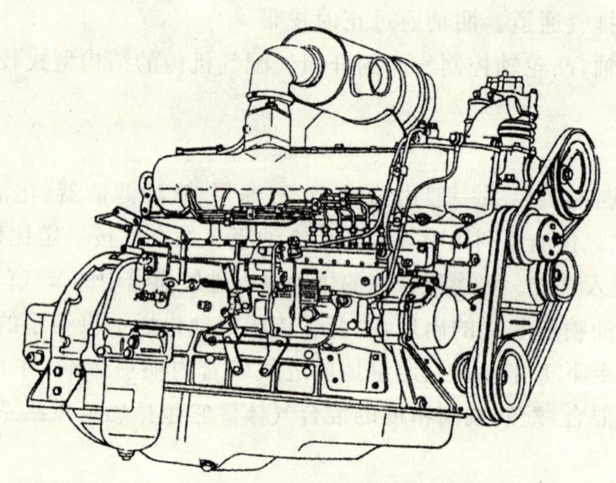

图 2-2 柴油机结构图

车用四冲程柴油机供给系主要由柴油机箱、柴油滤清器、输油泵、高压油泵、调速器、喷油器、空气滤清器和进/排气装置等组成。增压柴油机进气系统还装有废气涡轮增压器，利用排放废气驱动涡轮旋转，涡轮与进气系统中的空气压缩机连为一体，带动压缩机工作，通过增加进气量来提高发动机的功率。目前广泛采用的废气涡轮增压器可以使发动机的功率提高 20%～30%。

3. 四冲程发动机工作原理

往复活塞式发动机依靠曲柄连杆机构活塞的直线运动转变为曲轴的回转运动，当外力推动活塞沿气缸轴线做直线运动时，活塞通过连杆带动曲轴做回转运动。其详细的工作过程可以通过对其工作循环的分析来加以说明。

四冲程式发动机一个工作循环包括进气、压缩、做功和排气四个行程，曲轴旋转两周(720°)。本节着重介绍单缸四冲程汽油机和四冲程柴油机的工作过程和原理。

(1) 四冲程汽油机工作原理

四冲程汽油机的工作过程可分为进气行程、压缩行程、做功行程和排气行程，各行程的工作过程如图 2-3 所示。

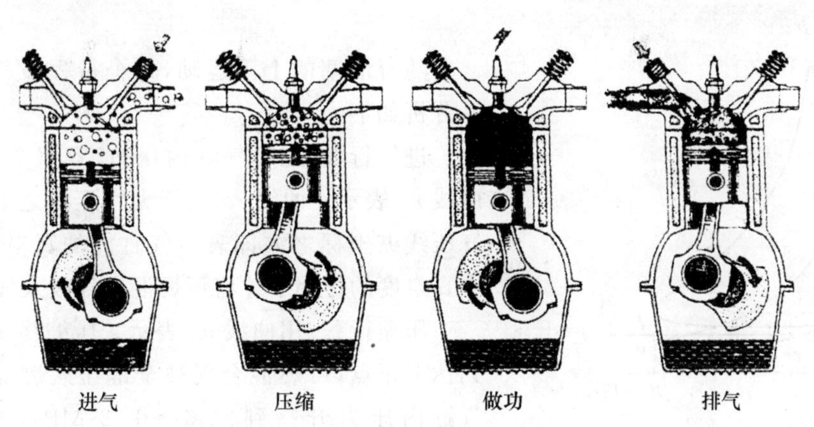

图 2-3　四冲程汽油机工作过程

① 进气行程

此时进气门打开，排气门关闭，活塞下行。由于活塞下行在气缸内产生很大的真空度，在真空吸力作用下汽油和空气经化油器混合成可燃混合气后被吸入气缸。进入气缸内的可燃混合气受气缸壁、活塞顶等高温机件的热传导和上一循环高温残余废气的混合，温度升高。

② 压缩行程

此时进/排气门均关闭，活塞上行，混合气进一步混合，随着活塞的上行，可燃混合气被压缩，当活塞接近上止点时，气缸内可燃混合气的密度加大，温度升高，压力增大，为点火燃烧作好了准备。

压缩比愈大，压缩终了时气缸内可燃混合气的压力和温度就愈高，点火后燃烧速度也愈快，因而发动机发出的功率就愈大，但压缩比过大，则会出现爆燃和表面点火等不正常现象，对此必须加以控制。

③ 做功行程

做功行程也叫燃烧膨胀行程。活塞到达压缩上止点之前，火花塞点火，可燃混合气开始剧烈燃烧，高压膨胀气体推动活塞下行，从而驱动旋转对外做功。

④ 排气行程

当活塞的上行将废气挤出气缸，前期可看做是自由排气阶段，后期则属强制排气阶段。由于燃烧室占有一定的容积，因此在排气终了时，不可能将废气全部排出，剩余的部分称为残余废气。

(2) 示功图

示功图又叫 p-V 图，p 代表压力，V 代表容积。示功图表示出了每个行程活塞处在不同位置时气缸内压力的变化情况。通过对示功图的分析有助于详细了解发动机的工作过程与工作状况。

图 2-4 是四冲程汽油机的示功图。横轴表示容积 V，A 点表示活塞上止点，OA 表示燃烧室容积，B 点表示活塞下止点，AB 表示活塞行程 s，OB 则表示气缸总容积，纵轴表示气缸压力 p。

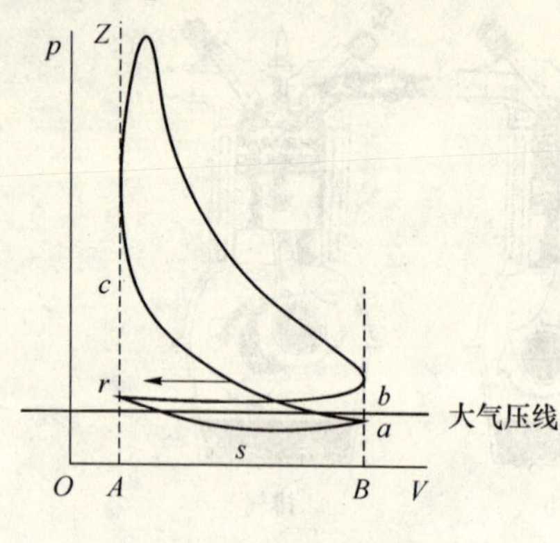

图 2-4　示功图

随着活塞的上下运动，每个行程 p-V 变化关系分析如下。

进气行程：此时气缸内压力、容积变化过程用曲线 ra 表示。曲线 ra 位于大气压线之下，它与大气压线纵坐标之差即表示气缸内的真空度。正是在真空度的作用下才将可燃混合气吸入气缸。

压缩行程：用曲线 ac 表示。压缩终了时，活塞到达上止点，可燃混合气被全部压入燃烧室之中。气缸内压力升高到 0.6～1.2 MPa，温度达到 600～700 K。

做功行程：用曲线 cZb 表示。活塞到达压缩上止点前，火花塞点火，可燃混合气迅速燃烧，此时活塞处在上止点附近，瞬时速度较低，容积变化较慢，所以曲线 cZ 段很陡，表明缸内压力迅速提升，最高压力可达 3～5 MPa，温度 2 200～2 800 K。Zb 段表示随着活塞的继续下行，缸内容积增大，压力和温度随之降低。做功行程终了时 B 点压力降至 0.3～0.5 MPa，温度 1 300～1 600 K。

排气行程：用曲线 br 表示。由于排气通道存在一定的排气功阻力，故排气行程中气缸内压力稍高于大气压力，约为 0.105～0.115 MPa。排气终了时，残余废气温度约为 900～1 200 K。

(3) 四冲程柴油机工作原理

四冲程柴油机与四冲程汽油机一样，每个工作循环也包括进气、压缩、做功和排气四个行程。但由于柴油和汽油性质不同，柴油黏度大，不易蒸发，而其自燃温度却比汽油低，因此，柴油机在可燃混合气的形成及着火方式等方面与汽油机有较大的区别。

四冲程式柴油机工作过程如图 2-5 所示。柴油机进气行程吸入的是纯空气。柴油经喷油泵将油压提高到 10 MPa 以上，在压缩行程接近终了时，通过喷油器喷入气缸，在很短时间内与压缩后的高温空气混合，形成可燃混合气。因此，这种发动机的可燃混合气是在气缸内形成的。

由于柴油机压缩比高，所以压缩终了时缸内的温度和压力都比汽油机高，压力可达 3.5～4.5 MPa，温度高达 750～1 000 K，大大超过了柴油的自燃温度(630 K)，故喷入气缸的柴油与空气在很短的时间内混合雾化后便立即自行发火燃烧，气缸内气压急速上升，高达 6～9 MPa，温度可达 2 000～2 500 K，在高压气体的推动下，活塞向下运动并带动曲轴旋转而做功，废气同样经排气管排入大气。

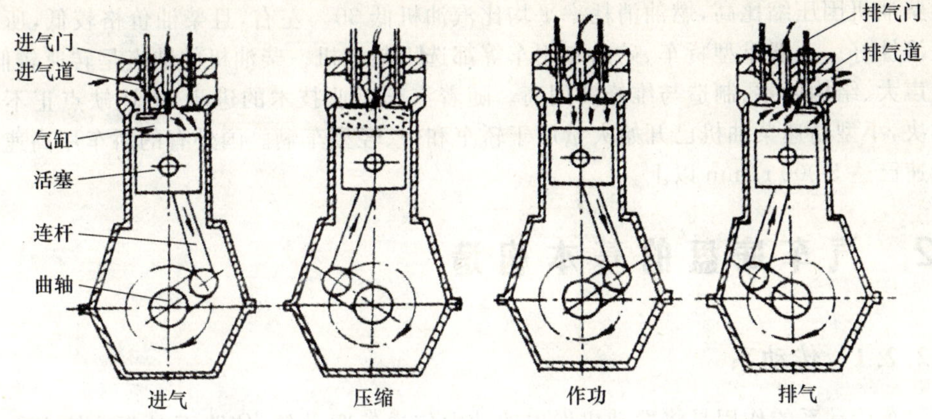

图 2-5 四冲程柴油机工作过程

以上所述单缸四冲程汽油机、柴油机工作循环的四个行程中，只有一个行程做功，其余三个行程均为辅助行程。因此，单缸发动机工作时，做功行程曲轴的转速比其余三个行程内曲轴的转速要大，所以曲轴转速是不均匀的，故单缸发动机存在工作不平衡、振动大的缺陷。研究发现多缸发动机能够很好地解决这一问题。因而，现代汽车基本上不采用单缸发动机，多采用四缸、六缸或八缸发动机。

多缸发动机每个气缸内的工作过程都是相同的，但各缸的做功时刻是错开的。例如，四缸发动机，曲轴每转半周便有一个气缸做功，曲轴每转两周，四个气缸轮流做功一次。多缸发动机各缸的做功行程间隔为 $720/L$（L 为气缸数）。气缸数越多，结构越复杂，尺寸和质量也会增加。

4. 汽油机与柴油机的比较

对上述四冲程的汽油机与柴油机的工作过程进行比较可以得知，两者的工作原理基本相似，但不完全相同，其主要区别在于：

(1) 所用燃料不同。

(2) 混合气形成方式不同。柴油机进气行程进入气缸的是纯空气，压缩行程接近终了时，喷入的柴油在气缸内与空气混合形成可燃混合气。汽油机的可燃混合气是在气缸外形成的，进气行程进入气缸的是可燃混合气（指传统的化油器式汽油机）。

(3) 压缩比高低不同。柴油机的压缩比高于汽油机。柴油机压缩比一般为 16～22，汽油机压缩比一般为 7～10。

(4) 着火方式不同。柴油机压缩比高，压缩终了时混合气温度已超过柴油的自燃温度即自行着火，故柴油机为压燃式发动机。汽油机则靠火花塞点火燃烧。因此，在结构上汽油机有点火系，柴油机则没有。

由于汽油机、柴油机在工作原理与结构上都存在一定的差异，因而在使用性能与特性方面亦有所不同。

汽油机具有转速高（目前轿车用汽油机最高转速达 5 000～6 000 r/min，货车用汽油机也高达 4 000 r/min 左右）、质量小、工作噪声小、容易启动、制造和维修费用较低等优点，故在小轿车和中、小型货车以及军用越野车上得到了广泛的应用。其不足之处是燃油消耗量较大，因而燃油经济性较差。

柴油机因压缩比高，燃油消耗率平均比汽油机低 30%左右，且柴油价格较低，所以燃油经济性好。一般重型货车、矿山专用车等都选用柴油机。柴油机的缺点是转速较低、工作噪声大、结构笨重、制造与维修费用高。随着汽车工业技术的进步，上述缺点正不断得到解决，小型高速柴油机已开始大量用于轿车和中、轻型车辆。国外有的轿车用高速柴油机转速已达 5 000 r/min 以上。

2.2 汽车底盘的基本构造

2.2.1 传动系

汽车传动系的作用是将发动机发出的动力传递给驱动轮，使路面对驱动轮产生一个驱动力，从而推动汽车行驶。

汽车行驶中需要克服各种阻力，这些阻力随着行驶情况的改变在不断变化，其变化数值可能是几倍甚至几十倍。因此欲使汽车正常行驶，牵引力须随行驶情况的改变而变化，同时，还要求汽车能在不同的情况下具有合适的行驶速度，能倒向行驶，能平稳起步，弯道上行驶时，两侧车轮的转速应不同等。

但是，现代汽车所采用的活塞式内燃机，虽然具有转速较高的特点，但转矩数值变化范围较小，且不能倒转。所以，单靠发动机远远不能适应上述要求，无法使汽车正常行驶，因此，传动系中还需设置离合器、变速器、主减速器、差速器、半轴等总成和部件与发动机协同工作，才能保证汽车在各种不同使用条件下正常行驶。另外，如图 2-6 所示的车辆，因为采用了发动机前置、后轮驱动的传动系布置方式，为了将发动机动力顺利地传递给后驱动桥，变速器与后驱动桥之间还应设置万向传动装置。所以，汽车传动系一般由离合器、变速器、万向传动装置、驱动桥(主减速器、差速器、半轴)等总成组成。

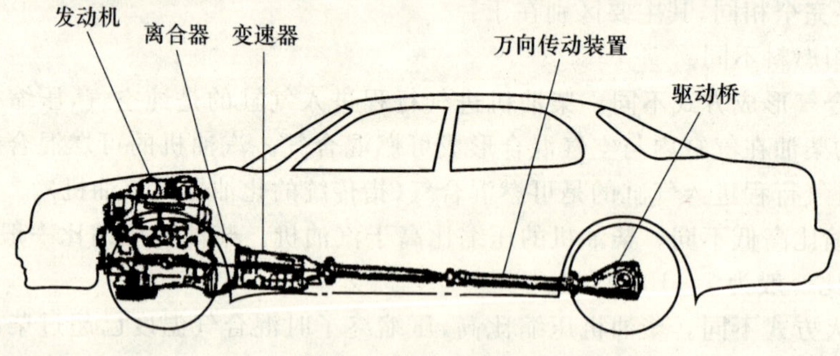

图 2-6 传动系的构造

2.2.2 行驶系

汽车行驶系的主要作用是将传动系传来的转矩转化成汽车行驶的驱动力；将汽车构成一个整体，支承汽车的总质量；承受并传递路面作用于车轮上的力和力矩；减少振动，缓和冲击，保证汽车的平稳行驶。

汽车行驶系一般由车架、车桥、车轮和悬架等组成。

车架是全车的装配基体，它将汽车的各相关总成连成一个整体。一般结构的汽车前后车轮分别支承从动桥和驱动桥。为减少车辆在不平路面上行驶时车身所受到的冲击和振动，车桥又通过悬架与车架连接。

2.2.3 转向系

汽车转向系的作用是保证汽车在行驶中能按驾驶员的操纵要求，适时地改变行驶方向，使其能在受到路面干扰偏离行驶方向时，与行驶系配合，共同保持汽车稳定地直线行驶，使转向轮偏转以实现汽车转向的一整套机构称为汽车转向系，其技术状况的好坏直接影响到行车安全。

汽车转向系型式多种多样。按转向力源不同，可分为机械式转向系、液压式动力转向系和电动式动力转向系。

2.2.4 制动系

汽车在保证安全行驶的前提下，应尽可能地提高行驶速度，以提高运输生产效率，同时还应视需要减速和停车。汽车制动系的作用就是使行驶中的汽车减速或者停车。制动系统的好坏直接关系到车辆的行驶安全，它是安全行驶的保障。

一般汽车制动系至少装用两套各自独立的制动装置：一套是行车制动装置，主要用于汽车行驶中的减速和停车；另一套是驻车制动装置，主要用于停车后防止汽车滑行。有的还有紧急制动装置、安全制动或辅助制动装置。两套制动装置都由产生制动作用的制动器和操纵制动机构两部分组成。

一般制动系的工作原理如图 2-7 所示。固定在轮毂上并随车轮一起旋转的制动鼓或制动盘与摩擦材料在外力作用下，产生摩擦作用使汽车减速。鼓式制动是摩擦衬片压紧旋转的制动的制动鼓内侧产生制动，盘式制动是由摩擦衬块夹紧制动盘产生制动。

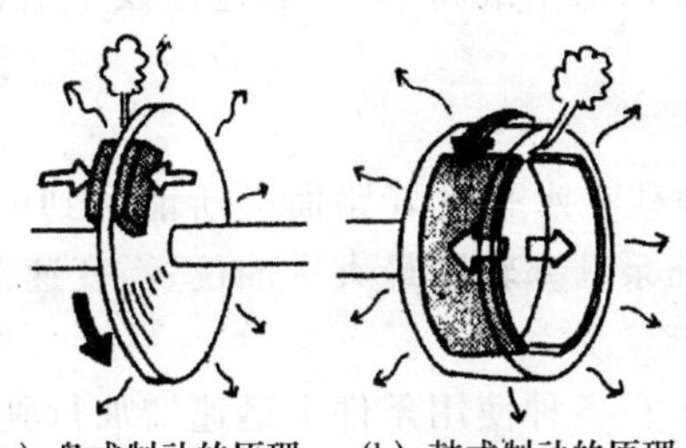

(a) 盘式制动的原理　(b) 鼓式制动的原理

图 2-7　制动系的工作原理

为了保证汽车行驶安全，发挥高速行驶能力，制动装置必须满足制动可靠、稳定、平顺，操纵轻便，散热性好，便于调整等要求。

行车制动装置按制动力源分为液压式制动装置和气压式制动装置，按传动机构的布置形式分为单回路制动系统和双回路制动系统，双回路制动系统又可分为前后独立方式和交叉配管方式（如图 2-8 所示）。单回路制动系统的特点是采用单一的传动回路，当回路中有一处损坏漏气（油）时，整个制动系统失效，现已趋于淘汰；双回路制动系统的特点是行车制动器的传动回路分别属于两个彼此独立的回路，当一个回路失效，还能利用另一个回路获得一定的制动力，从而提高了汽车制动的可靠性和安全性。我国自1988年1月1日开始，所有汽车均使用双回路制动系统。

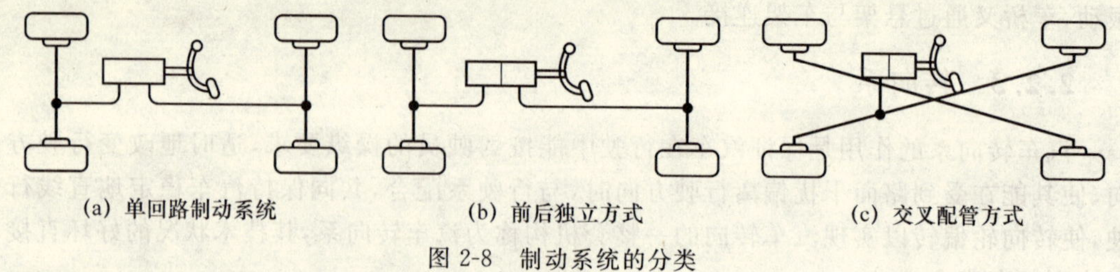

图 2-8 制动系统的分类

2.3 汽车动力性基础理论

从汽车技术状况变化规律的分析表明，汽车在正常使用时期，是汽车技术经济处在最佳阶段，在这个时期内如何合理使用车辆，充分发挥其经济效益，是汽车使用研究的主要内容。而最重要的内容是研究如何充分发挥汽车的动力。

充分发挥汽车动力主要是提高汽车的平均技术速度和有效载重量，即提高汽车发动机功率的利用程度。除此之外，对汽车的其他性能(如燃料经济性、行驶安全性)也有不同程度的影响，特别是对提高生产率、降低运输成本有着重要意义。

2.3.1 汽车的动力性指标分析

汽车动力性是指在良好、平直的路面上行驶时，汽车由所受到的纵向外力所决定的、能达到的平均行驶速度。汽车动力性直接影响汽车平均技术速度，动力性越好，汽车以最快的运输速度完成运输工作的能力越高。因此，动力性是汽车的重要使用性能之一。

汽车动力性的好坏通常以汽车最高车速、加速性及上坡能力(最大爬坡度)等项目作为评价指标。

(1) 汽车的最高车速

最高车速 v_{max} 指汽车满载在水平良好路面上所能达到的最高行驶速度。显然，此时发动机的节气门全开或喷油泵柱塞转到最大供油位置，变速器应挂入最高挡。

(2) 汽车的加速性

汽车的加速性是指汽车在各种使用条件下迅速增加行驶速度的能力。

常用加速过程中的加速度 a、加速时间 t 和加速行程 s 来评定加速能力，a 越大，t、s 越短，则加速性越好，平均车速就越高，即动力性好。

汽车的加速能力对汽车的平均行驶速度有很大影响。特别是高级轿车对加速时间特别重视。

(3) 汽车的上坡能力

汽车的上坡能力用最大爬坡度来评定。最大爬坡度 i_{max} 是指汽车满载时用变速器最低挡位在坚硬路面上等速行驶所能克服的最大道路坡度。

轿车经常行驶于较好的平坦路面上，所以一般不强调它的爬坡能力。而且轿车最高车速高，发动机功率较大，可保证良好的加速能力，故爬坡能力自然较好，货车在各种路面上行驶，应具有足够的爬坡能力，一般 i_{max} 在30%左右。越野汽车对爬坡能力的要求更高，其最大爬坡度可达60%左右或更高。

2.3.2 影响汽车动力性的主要因素

1. 发动机参数的影响

(1) 发动机最大功率

发动机功率越大，汽车的动力性越好。设计中发动机最大功率的选择必须保证汽车预期的最高车速。最高车速越高，要求的发动机功率越大，其后备功率也大，加速和爬坡能力必然较好。但发动机功率不宜过大，否则在常用条件下，发动机负荷率过低，油耗增加。

单位汽车重力所具有的发动机功率 P_e/G 称为比功率或功率利用系数。比功率和汽车的类型有关。总重力 49 kN(5 t) 的货车其比功率在较小范围内变化，一般在 0.75 kW/kN以上。轿车和总重力小于 39.2 kN 的货车比功率较大，动力性很好。重型自卸汽车速度较低，比功率较小。各种类型汽车的比功率如表 2-1 所示。

表 2-1 各种类型汽车的比功率

汽车类型	比功率/kW·t^{-1}	汽车类型	比功率/kW·t^{-1}
轿车：小排量	18～30	公共汽车：城市	10～13
大排量	40～100	郊区	10～12
载货汽车：轻载质量	26～40	城间	10～12
中等及重载质量	7～22	汽车列车	5～7

(2) 发动机最大扭矩

发动机的最大扭矩大，在主减速器传动比 i_0、变速器传动比 i_k 一定时，最大动力因数较大，汽车的加速和上坡能力也较强。

(3) 发动机外特性曲线的形状

如图 2-9，两台发动机的外特性曲线形状不同，但其最大功率和相对应的转速相等。假定汽车的总质量、流线型、传动比均为已知，为了便于比较，并假定总阻力功率曲线与两台发动机功率曲线交于最大功率点，由图可见，外特性曲线 1 的后备功率较大，使汽车具有较大的加速能力和上坡能力，因而动力性能较好。同时使汽车具有较低的临界车速，换挡次数可以减少，因而有利于提高汽车的平均行驶速度。

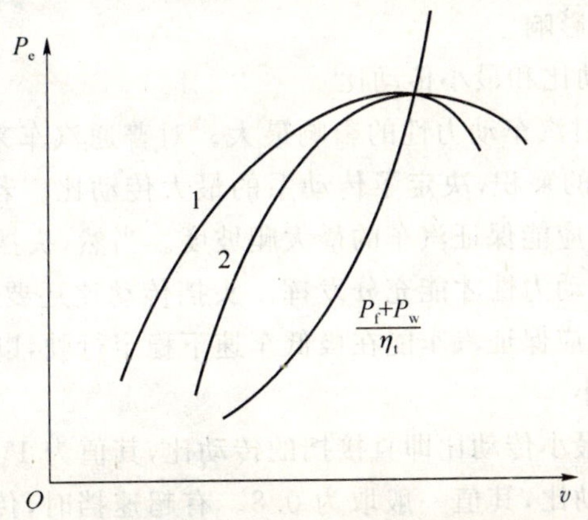

图 2-9 发动机外特性曲线不同时的汽车功率平衡图

2. 主减速器传动比 i_0 的影响

适中的主减速器传动比可以获得较大的最高车速，同时在低速有一定的后备功率，这样汽车的燃料经济性和动力性都较好，偏大的主减速器传动比总是提高了后备功率，也就是提高汽车在高挡时对道路变化的适应能力和加速能力，但最高车速降低；主减速器传动比偏小，包括最高车速在内的动力性能都降低。

3. 传动系挡数的影响

无副变速器和分动器时，传动系挡数即为变速器前进挡的挡数。变速器挡数增加时，发动机在接近最大功率工况下工作的机会增加，发动机的平均功率利用率高，后备功率增大。例如：在两挡变速器的头挡和直接挡中间增加两个挡位时，见图 2-10，汽车的最高车速和最大上坡度均不变。但在相同的速度范围内，可利用的后备功率增大了（如图 2-10 中阴影表示的区域），有利于汽车加速和上坡，提高了汽车中速行驶时的动力性。挡数多，可选用最合适的挡位行驶，发动机有可能在大功率工况下工作，使功率利用的平均值增大。

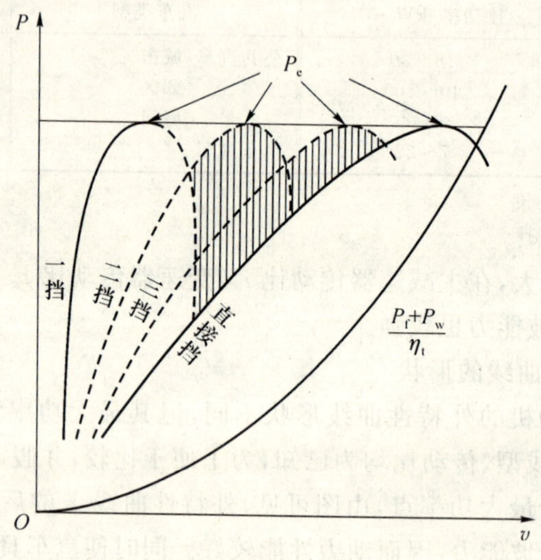

图 2-10　变速器挡位对汽车动力性的影响

4. 变速器传动比的影响

(1) 变速器头挡传动比和最小传动比

变速器头挡传动比对汽车动力性的影响最大。对普通汽车来说，变速器头挡传动比 i_{k1} 与主减速器传动比 i_0 的乘积，决定了传动系的最大传动比。若头挡传动比增大，则头挡最大动力因数增大，它应能保证汽车的最大爬坡度。当然，头挡最大动力因数应在附着条件的限制以内，汽车的动力性才能充分发挥。头挡传动比还要保证汽车的最低稳定车速。特别是越野汽车，i_{k1} 应保证汽车能在极低车速下稳定行驶，以免松软地面的地壤受到冲击破坏而使附着力减小。

无超速挡时变速器最小传动比即直接挡的传动比，其值为 1。有超速挡时，变速器最小传动比为超速挡的传动比，其值一般取为 0.8。有超速挡时，传动系的最小传动比 i_{min} 为超速挡传动比与主减速器传动比 i_0 的乘积。

(2) 变速器各挡传动比的比例关系

除超速挡和倒挡以外,变速器各挡传动比的比例关系对汽车动力性也有很大影响。实际上变速器各挡的传动比是按等比级数分配的。即相邻各挡传动比的比值相等或接近相等。

按等比级数分配传动比的主要目的:在汽车全力加速过程中,发动机可以经常在接近最大功率 P_{emax} 的高功率范围内运转。汽车的后备功率因而增大,有利于提高汽车的加速能力。

5. 汽车流线型的影响

汽车的流线型影响汽车的空气阻力系数,对汽车动力性也有影响。因为空气阻力和车速的平方成正比,克服空气阻力消耗的功率和车速的立方成正比,因此汽车的流线型对汽车的最高车速影响很大。流线型对高速汽车的动力性、经济性影响是非常显著的,但对汽车能克服的最大道路阻力影响不大。

6. 汽车质量的影响

汽车在使用中,其总质量随载运货物和乘客的多少而变化。尤其是载货汽车拖带挂车时,总质量的变化更大。汽车质量对其动力性有很大影响。

汽车总质量增加时,动力因数 D 将随之下降,而道路阻力和加速阻力随之增大,故汽车的动力性将随之变差,汽车的最高行驶速度和上坡能力也下降。

汽车的自身质量对汽车动力性影响也很大,对具有相同额定载质量的不同车型,其自身质量较轻的总质量也较轻,因而动力性也较好。因此,对于额定载质量一定的汽车,在保证刚度与强度足够的前提下,尽量减轻自身质量,可以提高汽车的动力性。

7. 轮胎尺寸与型式的影响

汽车的驱动力与滚动阻力以及附着力都受轮胎的尺寸与型式的影响,故轮胎的选用对汽车的动力性影响较大。

汽车的驱动力与驱动轮的半径成反比,汽车的行驶速度与驱动轮半径成正比。但一般车轮半径是根据汽车类型选定的。轮胎花纹对附着性能有显著影响。因而合理选用轮胎花纹与型式对汽车的动力性有重要意义。

8. 汽车运行条件的影响

运行条件对汽车动力性影响的主要因素有:气候条件、高原山区、道路条件等。

在我国南方行驶的车辆,由于气温高,发动机冷却系散热不良,易于过热和降低发动机功率。在高原地区行驶的车辆,由于海拔较高,空气稀薄(气压和空气密度下降),使发动机充气量与气缸内压缩终点压力降低,因而使发动机功率下降。

汽车在使用过程中,道路条件是不断变化的。有时行驶在坏路(雨季翻浆土路、冬季冰雪路和覆盖沙土路)和无路(松软土路、草地和灌木林等地带)的条件下,此时,由于路面的附着系数减小和车轮滚动阻力增加,使汽车动力性大大降低。

2.3.3 汽车行驶的附着条件

汽车增大驱动力的办法是有限度的,它只有在驱动轮与路面不发生滑转时才有效。在一定的轮胎与路面条件下,当驱动力增大到一定程度时,驱动轮将出现滑转现象,增大驱动轮的扭矩,只能使驱动轮加速旋转,地面切向反作用力并不增加。这表明汽车行驶还要受轮胎与路面附着条件的限制。

地面对轮胎切向反作用力的极限值(无侧向力作用时)称为附着力 F_ϕ。在硬路面上，它与地面对驱动轮的法向反作用力 Z 成正比，即

$$F_\phi = Z\phi$$

比例常数 ϕ 称为附着系数，它表示轮胎与路面的接触强度。在硬路面上它主要反映了轮胎与路面的摩擦作用；在松软路面上则与轮胎和路面的摩擦作用及土壤的抗剪强度有关。

在坚硬路面上，附着系数反应了轮胎与路面的摩擦作用，但是，附着系数与光滑表面间的摩擦系数不同。在硬路面上，路面的坚硬微小凸起能嵌入变形的胎面中，增加了轮胎与地面的接触强度(或称结合强度)，对轮胎在接地面积内的相对滑动有较大的阻碍作用，轮胎与地面间的上述作用，通常就称为附着作用。

在松软路面上，例如车轮在比较松软的干土路面上滚动时，土壤的变形比轮胎的变形大，轮胎胎面花纹的凸起部分嵌入土壤，这时附着系数的数值，不仅取决于轮胎与土壤间的摩擦作用，同时还取决于土壤的抗剪强度。因为，只有当嵌入轮胎花纹沟槽的土壤被剪切脱开基层时，轮胎在接地面积内才产生相对滑动，车轮发生滑转。

显而易见，如果驱动轮产生滑转，汽车将不能行驶。为了避免驱动轮产生滑转现象，汽车行驶必须满足附着条件。

汽车行驶的附着条件可近似地写成

$$F_t \leqslant F_\phi$$

或

$$F_t \leqslant Z_\phi \phi$$

式中，Z_ϕ 为作用于所有驱动轮的地面法向作用力。

双轴汽车后轮驱动时，$Z_\phi = Z_2$，Z_2 是后轮的地面法向反作用力，故附着条件为：

$$F_t \leqslant Z_2 \phi$$

全轮驱动的汽车(如 4×4、6×6 型汽车)，Z_ϕ 是作用于所有驱动轮的地面法向反作用力。因此，全轮驱动的附着力较大。

2.3.4 汽车平均技术速度

1. 汽车平均技术速度的定义

汽车的平均技术速度不仅能反映汽车动力性能，同时也能反映各种运行条件的影响。它在运输生产各种核算中是有实际意义的参数之一。

汽车平均技术速度等于总行驶里程与总行驶时间之比，即

$$v_{平} = L/T \quad (\text{km/h})$$

式中，L 为总行驶里程(km)；T 为总行驶时间(h)。

总行驶时间 T 包括与行驶条件有关的短暂停车时间，如在信号灯前、铁路与公路交叉道口、过轮渡和会车等的停车时间，而其他停歇时间，如装卸货物、乘客上下车、途中排除故障和行车人员用膳等停车时间，均不计算在内。

平均技术速度既不是汽车的实际行驶速度，也不是汽车的最大速度，而是一个计算值，是汽车运输企业在编制运输工作方案时计算生产率和成本的一个重要参数。

2. 影响汽车平均技术速度的因素

汽车平均技术速度是驾驶员的技术水平、车辆技术性能与状况、道路、交通条件、运输组织、载重量等功能效率的综合反映。因此,影响平均技术速度的主要因素有:

(1) 驾驶员的技术水平

驾驶员的技术水平主要是指驾驶员操作技能的熟练程度及对所驾驶的车辆技术状况、性能、结构原理掌握的如何,对交通环境及各种情况处理的是否正确等。据实践统计,由于驾驶员的技术水平不同,对平均技术速度可产生约10%的偏差。另外,驾驶员的生理特性差异(如驾驶员的反应能力、视觉功能)对平均技术速度也有很大的影响。

(2) 车辆的技术性能与状况

车辆的技术性能主要是指牵引性能(包括最大行驶速度和加速性能)、制动性能、操纵性和稳定性等。汽车的技术状况主要指发动机、转向和制动装置等的技术状况。另外,前桥、车轮总成、照明装置、喇叭、灯光、信号以及玻璃雨刮器等的技术状况好坏都直接影响着平均技术速度。对于相同车型的不同车辆,车辆技术性能与技术状况好的,其平均技术速度就好些。对于不同的车型,车辆性能优越的,在同样行驶条件下,其平均技术速度就好些。因此,在确定平均技术速度时,应考虑不同类型或同类型汽车的技术性能与状况方面的差异。

(3) 道路条件

道路条件好坏对汽车平均技术速度的影响也是很大的。如公路的等级,行车路面的宽度、颜色,道路的照明,转弯半径,安全设施,尘土的多少,纵向坡度和坡长,路面平整度与附着系数,交叉路口数量,上下坡的多少等,都影响汽车的行驶速度。按规定,在平原微丘地带的三级公路上计算行车最大速度为60 km/h,平均技术速度为40～50 km/h;在山岭、重丘地带平均技术速度只有30 km/h。而在四级公路上按上述路面条件计算行车最大速度,平原为45 km/h,平均技术速度为30～35 km/h,山岭为20 km/h。道路等级对平均技术速度的影响见表2-2。

表 2-2 路面等级对平均技术速度的影响

	高级(Ⅰ、Ⅱ、Ⅲ级)	中级(Ⅳ、Ⅴ级)	低级(Ⅴ级以上)
最大车速/km·h^{-1}	60	45	35
平均技术速度/km·h^{-1}	40～50	30～35	20～25

路面种类对平均技术速度的影响见表2-3。

表 2-3 路面种类对平均技术速度的影响

路面状况良好的平坦沥青路	100%
路面状况良好的条石路、碎石路、修整的土路	75%～80%
路面磨损的条石路、碎石路、修整的土路	70%
路面严重磨损的道路或土路	50%

车辆在运行中，随时会与迎面来的车辆相会，或超越前车。当两车交会时，侧面的间距较大，可不必降低车速，而在较窄的路面上就要十分小心，降速行驶。另外，还要视其路面平整度，考虑车辆左右摇摆情况，要有一定的侧向安全间距。车与车的侧向间距大，车速可以高些；反之应低些，以免发生事故。

(4) 交通条件

交通条件对平均技术速度的影响也是十分显著的。如在市区交通密度(台/km)大，交通量(台/h)也相应地增大，车与车之间的速度差依次减小，平均技术速度也相应地下降，交通量最大时，各种不同型号的汽车的行驶速度几乎相同，速度差为零。当交通量和交通密度很小时，车辆均可自由选择速度，车辆的平均技术速度就较高。

(5) 运输组织

对公共汽车主要是考虑站距长度和停车站的设置。对载货汽车主要是考虑货运的性质、装载情况、是否拖带挂车、运距、货运组织方法等。

如果运距短、停车频繁，而每次停车都要把行驶速度减为零并又重新起步加速，车速不能得以充分发挥，因而，平均技术速度就低。相反，如果运距较长，特别是在长途运输中，其技术速度要比城市短途运输高得多。因此，合理组织运输对提高平均技术速度有着重要作用。

(6) 载重量的影响

如果汽车生产率保持一定，载重量越大其平均技术速度越低。

载重量对小客车的技术速度没有实际影响。但对载货汽车，其满载和空车的技术速度相差5%～10%。单车比汽车列车的平均技术速度要高。

可是，有的车辆使用单位过多地增加载重量(超载、超挂)，因而使加速性变坏，导致平均技术速度下降过多，此外由于增加汽车负荷，使技术状况变坏，发动机曲轴转数相应增加，而行驶速度却下降很多，从而使发动机磨损量增大，这样使用车辆是不合理的。

3. 平均技术速度的确定

从分析影响平均技术速度的各因素来看，它是一个随机变化的量，所以，平均技术速度是难以确定的。在实际应用时采用试运行方法测定，试验时，要避免或尽可能地减少与汽车结构无关的因素(如驾驶技术、道路条件、载重量等)对试验结果的影响，并随上述条件的改善而及时地修订。

测试汽车平均技术速度的试验，最好同时试验三组以上，以比较不同型号的汽车，被试验的汽车应该具有相同的技术状况和额定载荷。试验的道路要在同一道路同一里程(100～150 km)下，单独地进行。正常地行驶，每组汽车应不少于3辆，最好尽可能多一些，以避免驾驶技术的影响，试验后，求得每组汽车的平均技术速度的平均值。

通过试运行和分析计算所确定的平均技术速度，能反映目前车辆的实际水平，可用来修正经济数据和评价、比较不同车型的汽车或汽车列车。

4. 提高平均技术速度的途径

提高平均技术速度的途径很多，主要有以下几个方面：

(1) 提高驾驶员的素质与操作技能，使汽车经常在合理的工况下运行。

(2) 提高汽车的技术性能。从使用方面来说，要采用现代诊断技术检验汽车，及时地进行维护，提高维护质量，保持汽车技术状况，特别是提高车辆的动力性能和行驶安全性，从车辆本身去提高技术速度。

(3) 加强公路的管理和工程的建设。

此外，还可以采用先进的运输组织和改进交通管理，也是提高汽车平均技术速度的途径。

第3章 汽车检测诊断基础理论

3.1 参数与标准

汽车诊断技术是随着汽车技术的发展而发展的。为了判断一部汽车的技术状况，对汽车及零部件进行检测是必不可少的。因此，从事汽车检测诊断技术工作，不仅要有完善的检测手段和分析判断方法，而且要有正确的理论指导和必备的基础理论知识。而检测、诊断参数和诊断标准是从事汽车检测技术工作者必须掌握的基础理论知识。

3.1.1 汽车诊断参数

汽车诊断参数是表征汽车总成及机构技术状况的量。

常用汽车诊断参数如表 3-1 所示。

表 3-1 汽车常用诊断参数

诊断对象	诊断参数	诊断对象	诊断参数
汽车整体	最高车速/km・h^{-1} 加速时间/s 最大爬坡度/°或% 驱动车轮输出功率/kW 驱动车轮驱动力/kN 汽车燃料消耗量/L・km^{-1}或 L・$100km^{-1}$或 km・L^{-1} 汽车侧倾稳定角/° 汽车排放 CO 容积百分数/% 汽车排放 HC 容积百万分数/10^{-6} 汽车排放 NO_x 容积百分数/% 汽车排放 CO_2 容积百分数/% 汽车排放 O_2 容积百分数/% 柴油车自由加速烟度/Rb	发动机总成	额定转速/r・min^{-1} 怠速转速/r・min^{-1} 发动机功率/kW 发动机燃料消耗量/L・h^{-1} 单缸断火(油)转速/r・min^{-1} 平均下降值/r・min^{-1} 排气温度/℃
		曲柄连杆机构	气缸压力/MPa 气缸漏气量/kPa 气缸漏气率/% 曲轴箱窜气量/L・min^{-1} 进气管真空度/ kPa

续表

诊断对象	诊断参数	诊断对象	诊断参数
汽油机供油系	空燃比 汽油泵出口关闭压力/kPa 供油系供油压力/kPa 喷油器喷油压力/kPa 喷油器喷油量/mL 喷油器喷油不均匀度/%	配气机构	气门间隙/mm 配气相位/°
柴油机供给系	输油泵输油压力/kPa 喷油泵高压油管最高压力/kPa 油泵高压油管残余压力/kPa 喷油器针阀开启压力/kPa 喷油器针阀关闭压力/kPa 喷油器针阀升程/mm 各缸喷油器喷油量/mL 各缸喷油器喷油不均匀度/% 供油提前角/° 喷油提前角/°	冷却系	冷却液温度/℃ 冷却液液面高度 风扇传动带张力/kN 风扇离合器接合、断开时的温度/℃
传动系	传动系游动角度/° 传动系功率损失/kW 机械传动效率 总成工作温度/℃	润滑系	机油压力/kPa 机油池液面高度 机油温度/℃ 机油消耗量/kg 或 L 理化性能指标变化量 清净性系数 K 的变化量 介电常数的变化量 金属微粒的容积百分数/%
制动系	制动距离/m 充分发出的平均减速度/$m \cdot s^{-2}$ 制动力/N 制动拖滞力/N	转向桥与转向系	车轮侧滑量/$m \cdot km^{-1}$ 车轮前束值/mm 车轮外倾角/° 主销后倾角/° 主销内倾角/° 转向轮最大转向角/° 最小转弯直径/m 转向盘自由转动量/° 转向盘最大转向力/N
行驶系	车轮静不平衡量/g 车轮动不平衡量/g 车轮端面圆跳动量/mm 车轮径向圆跳动量/mm 车胎胎面花纹深度/mm	制动系	驻车制动力/N 制动时间/s 制动协调时间/s 制动完全施放时间/s
点火系	断电器触点间隙/mm 断电器触点闭合角/° 点火波形重叠角/° 点火提前角/° 火花塞间隙/mm 各缸点火电压值/kV 各缸点火电压短路值/kV 点火系最高电压值/kV 火花塞加速特性值/kV	其他	前照灯发光强度/cd 前照灯光束照射位置/mm 车速表允许误差范围/% 喇叭声级/dB 客车车内噪声级/dB 驾驶员耳旁噪声级/dB

尽管有些结构参数(如磨损量、间隙量等)可以表征技术状况,但在不解体情况下直接测量汽车、总成和机构的结构参数往往受到限制。如气缸间隙、气缸磨损量、曲轴和凸轮轴各轴承间隙、曲轴和凸轮轴各道轴颈磨损量、各齿轮间隙及磨损量、各轴向间隙及磨损量等,都无法在不解体情况下直接测量。因此,在检测诊断汽车技术状况时,需要采取一种与结构参数有关而又表征技术状况的间接指标(量),该间接指标(量)称为诊断参数。可以看出,诊断参数既与结构参数紧密相关,又能够反映汽车的技术状况,是一些可测的物理量和化学量。

汽车诊断参数包括工作过程参数、伴随过程参数和几何尺寸参数。

(1) 工作过程参数

该参数是汽车、总成或机构工作过程中输出的一些可供测量的物理量和化学量。例如发动机功率、驱动车轮输出功率或驱动力、汽车燃料消耗量、制动距离或制动力或制动减速度、滑行距离等,往往能表征诊断对象工作过程中总的技术状况,适合于总体诊断。举例:通过检测得知底盘输出功率符合要求,这说明汽车动力性符合要求,也说明发动机技术状况和传动系技术状况均符合要求;反之,通过检测得知底盘输出功率不符合要求,说明汽车动力性不符合要求,也说明发动机输出功率不足或传动系损失功率太大。因此,可以整体上确定汽车和总成的技术状况。

汽车不工作时,工作过程参数无法测得。

(2) 伴随过程参数

该参数是伴随汽车、总成或机构工作过程输出的一些可测量。例如,汽车、总成或机构工作过程中出现的振动、噪声、异响、过热等,可提供诊断对象的局部信息,常用于复杂系统的深入诊断。

汽车不工作(过热除外)时,伴随过程参数无法测得。

(3) 几何尺寸参数

该参数可提供总成或机构中配合零件之间或独立零件的技术状况。例如,总成或机构中的配合间隙、自由行程、圆度、圆柱度、端面圆跳动、径向圆跳动等,都可以作为诊断参数使用。它们提供的信息量虽然有限,但却能表征诊断对象的具体状态。

1. 诊断参数选用原则

在汽车使用过程中,诊断参数的变化规律与汽车技术状况变化规律之间有一定的关系。能够表征汽车技术状况的参数很多,为了保证诊断结果的可信性和准确性,应该选择那些符合下列要求或具有下列特性的诊断参数。选用原则如下:

(1) 灵敏性

灵敏性亦称为灵敏度,是指诊断对象的技术状况在从正常状态到进入故障状态之前的整个使用期间,诊断参数相对于技术状况参数的变化率。用式(3-1)表示:

$$K_r = \frac{dP}{du} \tag{3-1}$$

式中:K_r——诊断参数的灵敏性;

du——汽车技术状况参数的微小增量;

dP——汽车诊断参数 P 相对于 du 的增量。

可以看出,K_r 值越大,表明诊断参数的灵敏性越好。选用灵敏性高的诊断参数诊断汽车的技术状况时,可使诊断的可靠性提高。

图 3-1 中的 $\Delta P/\Delta u$ 表示诊断参数 P_2 的灵敏性。

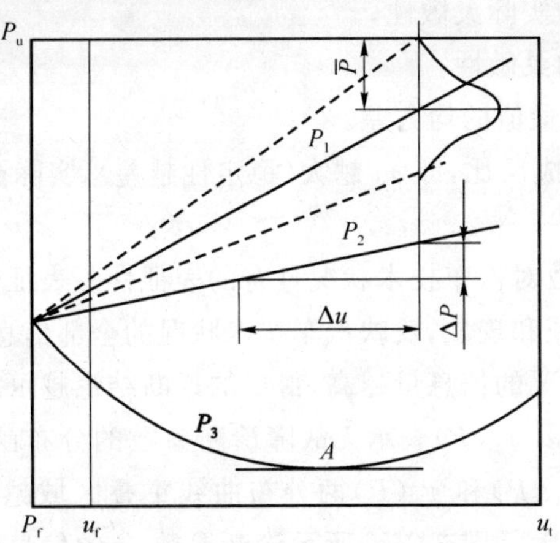

$\overline{P}$——评价稳定性诊断参数 P_1 的数学期望;

$\Delta P/\Delta u$——稳定性诊断参数 P_2 的变化率;

A——评价非单值诊断参数 P_3 在 $u_f \sim u_t$ 范围内的极值;

$u_f \sim u_1$——汽车技术状况参数的变化范围;

$P_f \sim P_u$——汽车诊断参数的变化范围。

图 3-1　汽车诊断参数随技术状况参数的变化规律

(2) 单值性

单值性是指汽车技术状况参数从开始值 u_f 变化到终了值 u_1 的范围内,诊断参数的变化不应出现极值,即不应出现 $dP/du=0$。否则,同一诊断参数将对应两个不同的技术状况参数,给诊断技术状况带来困难。所以,具有非单值的诊断参数没有实际意义,如图 3-1 中的 P_3 所示。

(3) 稳定性

稳定性是指在相同的测试条件下,多次测得的同一诊断参数的测量值,具有良好的一致性(重复性)。诊断参数的稳定性越好,其测量值的离散度(或方差)越小。因此,诊断参数的稳定性可用均方差衡量,即

$$\sigma_{P(u)} = \sqrt{\frac{\sum_{i=1}^{n}[P_i(u)-\overline{P}(u)]^2}{n-2}} \tag{3-2}$$

式中:$\sigma_{P(u)}$——汽车技术状况为 u 状态下诊断参数测量值的均方差;

$P_i(u)$——汽车技术状况为 u 状态下诊断参数的测量值;

$\overline{P}(u)$——上述状态下诊断参数测量值的平均值;

n——测量次数。

诊断参数的稳定性如图 3-1 中的 P_1 所示。均方差越小,诊断参数的稳定性越好。稳

定性不好的诊断参数，其灵敏性也降低。诊断参数的实际灵敏性可用下式计算：

$$K'_r=\frac{K_r}{\sigma_P} \tag{3-3}$$

式中：K'_r——诊断参数的实际灵敏性；

K_r——诊断参数的灵敏性；

σ_P——诊断参数测量值的均方差。

可以看出，K_r 与 σ_P 成反比，即 σ_P 越大（稳定性越差），实际灵敏性 K'_r越小。

（4）信息性

信息性是指诊断参数对汽车技术状况具有的表征性。表征性好的诊断参数，能表明、揭示汽车技术状况的特征和现象，反映汽车技术状况的全部信息。所以，诊断参数的信息性越好，包含汽车技术状况的信息量越高，得出的诊断结论越可靠。

如图 3-2 所示，如果以 $f_1(P)$表示无故障诊断参数的分布函数，$f_2(P)$表示有故障诊断参数的分布函数，则 $f_1(P)$和 $f_2(P)$两分布曲线重叠区域越小，诊断参数的信息性越强，诊断结论的正确性越大。图 3-2(a)所示诊断参数 P 的信息性最好；图 3-2(b)所示诊断参数 P'的信息性次之；图 3-2(c)所示诊断参数 P''的信息性最差。

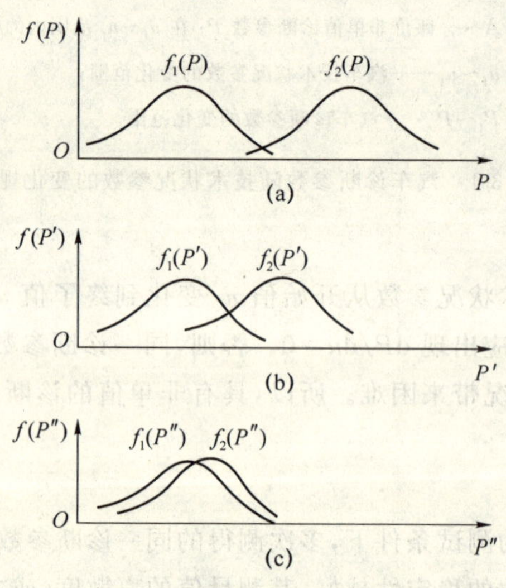

图 3-2　诊断参数的信息性

这是对诊断参数信息性的定性分析，如对诊断参数的信息量进行定量分析，必须计算出两分布曲线重叠区域面积的大小，从而得出诊断失误的概率。如果显示无故障诊断参数 P_1 的平均值与显示有故障诊断参数 P_2 的平均值之差越大，或这两种诊断参数的离散度越小，则诊断失误的概率就越小，即诊断参数的信息性就越好。因此，诊断参数的信息性可用下式表示：

$$I(P)=\frac{|\overline{P}_1-\overline{P}_2|}{\sigma_1+\sigma_2} \tag{3-4}$$

式中：$I(P)$——诊断参数 P 的信息性；

$\overline{P}_1$——显示无故障诊断参数 P_1 的平均值；

$\overline{P}_2$——显示有故障诊断参数 P_2 的平均值；

σ_1——P_1 的均方差；

σ_2——P_2 的均方差。

$I(P)$值越大，诊断参数的信息性越好，诊断结果越正确。

(5) 经济性

经济性是指获得诊断参数的测量值所需要的诊断作业费用的多少，包括人员、工时、场地、设备和能源消耗等项费用。经济性高的诊断参数，所需要的诊断作业费用低。如果诊断作业费用很高，这种诊断参数是不可取的，它没有经济意义。

2. 诊断参数与测量条件、测量方法的关系

不同的测量条件和不同的测量方法，可以测得不同的诊断参数值。测量条件中，一般有温度条件、速度条件、负荷条件等。多数诊断参数的测得需要汽车运行至正常工作温度，只有少数诊断参数可在冷温下进行。除了温度条件外，速度条件和负荷条件也很重要。如发动机功率的检测，需在一定的转速和节气门开度下进行；汽车制动距离的检测，需在一定的制动初速度和载荷(空载或满载)下进行。对诊断参数的测量方法也有规定，如汽油车排放污染物的测量，按照国家标准 GB/T3845—1993《汽油车排气污染的测量 怠速法》的规定，应采用怠速法，并特别指出各排气组分均要采用不分光红外线吸收型(NDIR)监测仪进行；柴油车自由加速烟度的测量，按照国家标准 GB/T3846—1993《柴油车自由加速烟度的测量 滤纸烟度法》的规定，应采用滤纸烟度法，并要求采用滤纸式烟度计进行。没有规范的测量条件和测量方法无法统一尺度，因而测得的诊断参数值也就无法评价汽车的技术状况。所以，要把诊断参数及其测量条件、测量方法看成是一个不可分割的整体。

3.1.2 汽车诊断标准

汽车诊断标准是汽车技术标准中的一种。汽车诊断标准，是对汽车诊断的方法、技术要求和限值等的统一规定。汽车诊断参数标准，是对汽车诊断参数限值的统一规定，有时也简称为汽车诊断标准。以下将汽车诊断标准、汽车诊断参数标准简称为诊断标准、诊断参数的标准。诊断标准中包括诊断参数标准。

1. 诊断标准的类型

汽车诊断标准与其他技术标准一样，分为国家标准、行业标准、地方标准和企业标准4种类型。

(1) 国家标准

该种标准是国家制定的标准，冠以中华人民共和国国家标准字样。国家标准一般由某行业部、委提出，由国家质量技术监督局批准、发布，全国各级各有关单位和个人都要贯彻执行，具有强制性和权威性。如 GB7258—1997《机动车运行安全技术条件》、GB14761.5—1993《汽油车怠速污染物排放标准》、GB14761.6—1993《柴油车自由加速烟度排放标准》等都是强制推行的国家标准。GB/T3845—1993《汽油车排气

污染物的测量 怠速法》、GB/T3846—1993《柴油车自由加速烟度的测量 滤纸烟度法》等是推荐性国家级标准。

(2) 行业标准

该种标准也称为部、委标准，是部级或国家委员会级部门制定、发布并经国家质量技术监督局备案的标准，在部、委系统内或行业内贯彻执行，一般冠以中华人民共和国某某部或某某行业标准，也在一定范围内具有强制性和权威性，各级各有关单位和个人也必须贯彻执行。如JB3352—1983《载货汽车燃料消耗量试验方法》是原中华人民共和国机械工业部标准，SY2625—182《增压柴油机高温清净性评定法》是原中华人民共和国石油工业部标准，都属于强制性标准。JT/T201—1995《汽车维护工艺规范》、JT/T198—1995《汽车技术等级评定标准》等是中华人民共和国交通行业标准，属于推荐性标准。

(3) 地方标准

该种标准是省(直辖市、自治区)级、市地级、市县级部门制定并发布的标准，在地方范围内贯彻执行，也在一定范围内具有强制性和权威性，所属范围内的各级各有关单位和个人必须贯彻执行。省、市地、市县三级除贯彻执行上级标准外，可根据本地具体情况制定的地方标准或率先制定上级没有制定的标准。地方标准中的限值可能比上级标准中的限值要求还要严格。

(4) 企业标准

该种标准包括汽车制造厂推荐的标准、汽车运输企业和汽车维修企业内部制定的标准和检测设备制造厂推荐的参考性标准三部分。

汽车制造厂推荐的标准是汽车制造厂在汽车使用说明书中公布的汽车使用性能参数、结构参数、调整数据和使用权限等，从中选择一部分作为诊断参数标准来使用。该种标准是汽车制造厂根据设计要求、制造水平，为保证汽车的使用性能和技术状况而制定的。

汽车运输企业和汽车维修企业的标准是汽车运输企业、汽车维修企业内部制定的标准，只在企业内部贯彻执行。有条件的企业除贯彻执行上级标准外，往往还能根据本企业的具体情况，制定企业标准或率先制定上级没有制定的标准。企业标准中有些诊断参数的限值甚至比上级标准还要严格，以保证汽车维修质量和树立良好的企业形象。一般情况下，企业标准应达到国家标准和上级标准的要求，同时允许超过国家标准和上级标准的要求。

检测设备制造厂推荐的参考性标准是检测设备制造厂针对本设备所检测的诊断参数，在尚没有国家标准和行业标准的情况下制定的诊断参数限值，通过检测设备使用说明书提供给使用单位作参考性标准，以判断汽车、总成、机构的技术状况。

任何一级标准的制定和修订，都要既考虑技术性和经济性，又考虑先进性，并尽量靠拢同类型国际标准。

2. 诊断参数标准的组成

为了定量地评价汽车、总成、机构的技术状况，确定维修、修理的范围和深度，预报无故障工作里程，单有诊断参数是不够的，还必须建立诊断参数标准，提供一个比较尺度。这样，在检测到诊断参数值后与诊断参数标准值对照，即可确定汽车是继续运行还是进厂(场)维修。

诊断参数标准一般由初始值 P_f、许用值 P_d 和极限值 P_n 三部分组成。

(1) 初始值 P_f

此值相当于无故障新车和大修车诊断参数值的大小，往往是最佳值，可作为新车和大修车的诊断参数标准。当诊断参数测量值处于初始值范围内时，表明诊断对象技术状况良好，无需维修，可继续运行。

(2) 许用值 P_d

诊断参数测量值若在此值范围内，则诊断对象技术状况虽发生变化但尚属正常，无需修理(但应按时维护)，可继续运行。超过此值，勉强许用，但应及时安排维修。否则，汽车带病行车，故障率上升，可能行驶不到下一个诊断周期。

(3) 极限值 P_n

诊断参数测量值超过此值后诊断对象技术状况严重恶化，汽车应立即停驶修理。此时，汽车的动力性、燃料经济性和排气净化性大大降低，行驶安全性得不到保证，所以汽车必须立即停驶。

可以看出，通过对汽车进行检测，当诊断参数测量值在许用值以内时，汽车可继续运行；当诊断参数测量值超过极限值时，须停止运行，进厂修理。因此，将诊断参数测量值与诊断参数标准值比较，就可得知汽车技术状况，并做出相应的决断。

诊断参数标准的初始值、许用值和极限值可能是一个单一的数值，也可能是一个数值范围。它们三者之间的关系及诊断参数随行驶里程的变化情况如图 3-3 所示。

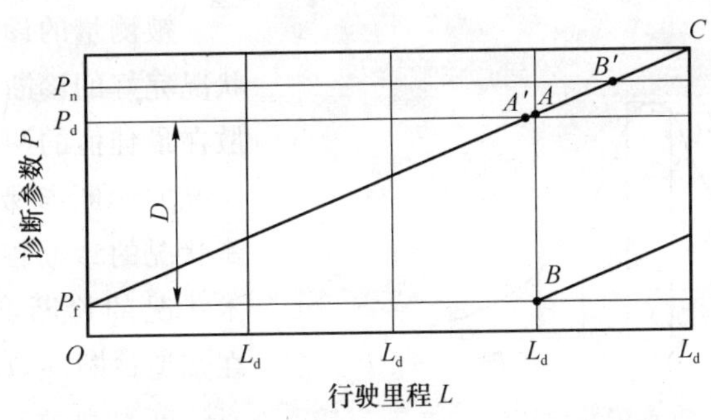

图 3-3 诊断参数随行驶里程的变化情况

图 3-3 中：

D——诊断参数 P 的允许变化范围；

L_d——诊断周期；

P_fC——诊断参数 P 随行驶里程 L 的变化；

A'——P 变化至与 P_d 相交，继续行驶可能发生故障；

B'——P 变化至与 P_n 相交，继续行驶可能发生损坏；

C——发生损坏；

A——P 变化至 A' 后可继续行驶，至最近的一个诊断周期采取维修措施；

AB——采取维修措施后，P 降至初始值 P_f，汽车技术状况恢复。

可以看出，在诊断参数标准 $P_f \sim P_d$ 区间（D 区间），是诊断参数 P 允许变化的区间，属无故障区间；$P_d \sim P_n$ 区间，是可能发生故障的区间；在诊断参数 P 超过 P_n 以后，是可能发生损坏的区间。

3. 诊断参数标准的制定与修正

诊断参数标准的制定与修正，既要有利于汽车技术状况的提高，又要以经济为基础，进行综合考虑。标准制定得严格，汽车的动力性、燃料经济性、排气净化性、安全性能必定得到提高，即汽车整体技术状况得到提高，但汽车维护修理的费用也会相应提高。反之，标准制定得宽松，维护与修理的费用下降，但汽车整体技术状况也下降。随着我国国民经济的快速发展和对安全、排放、节能等方面的要求越来越高，标准的制定与修正必定会越来越严格，并且越来越向国际标准靠拢。

诊断参数标准的制定与修正是个比较复杂的工作，一般采用统计法、经验法、试验法或理论计算法等完成。

统计法是通过找出相当数量的在用汽车在正常状况下诊断参数的分布规律（如正态分布或 r 分布），后经综合考虑而制定的并能使大多数在用汽车合格的标准。较常见的做法是随机选择相当数量的在用车辆，其中技术状况良好的车辆要占有一定数量，然后对某一诊断参数进行测量，数值从 P_0 到 P_x。把 P_0 到 P_x 的数值分成若干个区间，再把对应各区间的汽车占有量算出，然后制成直方图，描出曲线，如图 3-4 所示，这一曲线类似正态分布密度函数曲线。

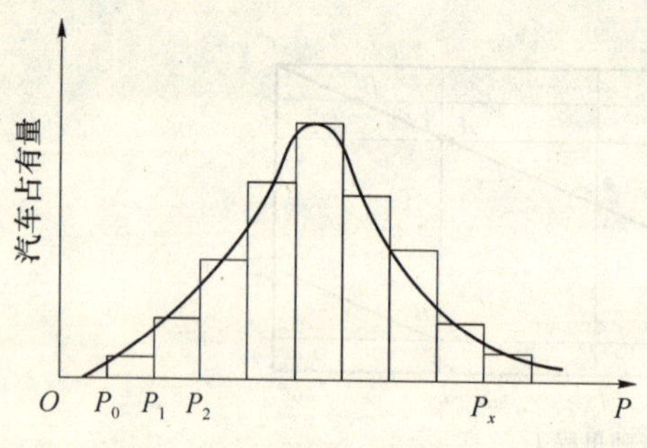

图 3-4　用统计方法确定诊断参数的分布规律

被测量的诊断参数中，相对技术状况完好的诊断参数值是散布的，分散在最佳值的两侧。同样，相对故障状况的诊断参数值也是散布的。故障状况的诊断参数值可能与完好技术状况的诊断参数值交叉或重叠。在知道诊断参数的分布规律后，可以对诊断参数散布的允许范围加以限制，要符合完好工作概率水平。用这种方法获得的诊断参数限值，便是诊断参数标准，分以下三种情况。

（1）上下均有限值的诊断参数标准

这种情况是以正态分布均值为中心，取汽车正常概率为 85％和 95％的参数范围为诊断参数标准，如图 3-5(b)所示。所有在散布范围 $A_{0.85}$ 内的诊断参数值视为处于技术状况完好状态，所有超出散布范围 $A_{0.95}$ 外的诊断参数值视为处于有故障状态。当诊断参数值处于 $A_{0.85} \sim A_{0.95}$ 时，视为技术状况可能是完好的，也可能是有故障的，两种概率相等。可以看出，当诊断参数值变化到散布范围 $A_{0.85}$ 时，可作为许用标准 P_d；当诊断参数值变化到散布范围 $A_{0.95}$ 时，可作为极限标准 P_n。用这种方法确定的诊断参数标准，将能保证有 85％的车辆处于完好技术状况下工作。如诊断参数标准不符合实际情况，还可以修正诊断参数的散布范围。

(2) 仅要求上限值的诊断参数标准

这种情况是取正态分布函数曲线右侧某个数值作为限值，而对左边不作任何限制。一般是取汽车正常概率为 85%和 95%的诊断参数值作为诊断参数标准，如图 3-5(a)所示。

同样，当诊断参数值变化到散布范围 $A_{0.85}$ 时，可作为许用标准 P_d；当诊断参数值变化到散布范围 $A_{0.95}$ 时，可作为极限标准 P_n。用这种方法将能保证有 85%的车辆处于完好状况下工作。

(3) 仅要求下限值的诊断参数标准

这种情况是取正态分布函数曲线左侧某个数值作为限值，而对右边不作任何限制。一般是取汽车正常概率为 85%和 95%的诊断参数值作为诊断参数标准，如图 3-5(c)所示。同样，当诊断参数值变化到散布范围 $A_{0.85}$ 时，可作为许用标准 P_d；当诊断参数值变化到散布范围 $A_{0.95}$ 时，可作为极限标准 P_n。用这种方法，将能保证有 85%的车辆处于完好技术状况下工作。

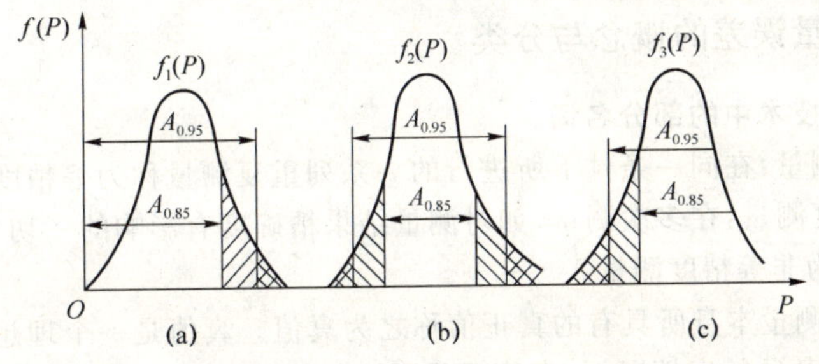

图 3-5 诊断参数标准的确定

制定或修正诊断参数标准还有其他方法，如经验法，是由一批有经验的专家，根据长期积累的实践经验而确定诊断参数标准的一种方法；试验法，是在试验台上采用加速损坏、强化运行的手段来确定诊断参数标准的一种方法；理论计算法，是仅适用确定个别机件(如轴承等)诊断参数标准的一种方法。

不管采用哪种方法制定的诊断参数标准，都要经过试行、修改后才能确定下来，但经数年以致十几年后，随着经济的发展、技术的进步和社会需求的提高，诊断参数标准还要不断修正才能满足需要。

3.2 汽车检测系统

在汽车检测诊断作业中，为了获得诊断参数测量值，检测人员要选择合适的测量仪器、仪表、装置和设备，组成检测系统。在一定的测量条件、测量方法下，对汽车总成或机构进行检测、分析和判断。

检测设备的基本组成一般有：仪器、仪表、传感器、变换及测量装置、记录与显示装置、数据处理装置等。如图 3-6 所示。

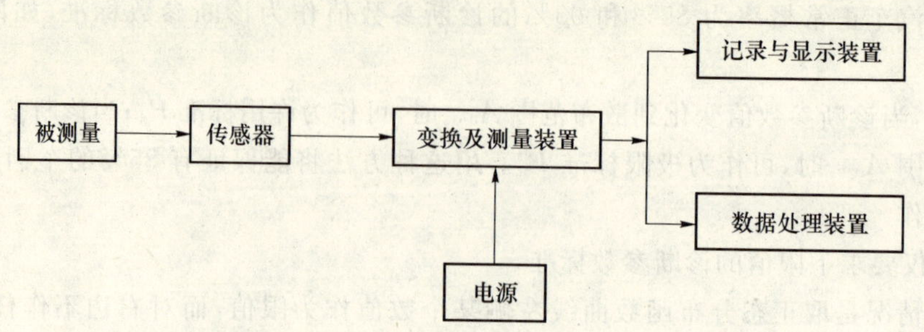

图 3-6 检测设备的基本组成

3.3 测量误差的分析与处理

3.3.1 测量误差的概念与分类

1. 有关测量技术中的部分名词

(1) 等精度测量：在同一条件下所进行的一系列重复测量称为等精度测量。

(2) 非等精度测量：在多次测量，如对测量结果精确度有影响的一切条件不能完全维持不变的测量称为非等精度测量。

(3) 真值：被测量本身所具有的真正值称之为真值。真值是一个理想的概念，一般是不知道的，但是在某些特定情况下，真值又是可知的，如一个整圆圆周角为 360°等。

(4) 实际值：误差理论指出，在排除系统误差的前提下，对于精密测量，当测量次数无限多时，测量结果的算术平均值接近于真值，因而可将它视为被测量的真值。但是测量次数是有限的，故按有限测量次数得到的算术平均值，只是统计平均值的近似值，而且由于系统误差不可能完全被排除，因此通常只能把精度更高一级的标准器具所测得的值作为真值。为了强调它并非是真正的真值，故把它称为实际值。

(5) 标称值：测量器具上所标出来的数值。

(6) 示值：由测量器具读数装置所指示出来的被测量的数值。

(7) 测量误差：用测量器具进行测量时，所测量出来的数值与被测量的实际值(或真值)之间的差值。

2. 误差的分类

按照误差出现的规律，可把误差分为系统误差、随机误差(也称为偶然误差)和粗大误差 3 类。

(1) 系统误差

在同一测量条件下，多次测量同一量值时绝对值和符合保持不变，或在条件改变时按一定规律变化的误差称为系统误差，简称系差。

引起系统误差的主要因素有：材料、零部件及工艺的缺陷，标准量值、仪器刻度的不准确，环境温度、压力的变化，其他外界干扰。

(2) 随机误差

在同一测量条件下,多次测量同一量值时绝对值和符号以不可预定的方式变化着的误差称为随机误差。

随机误差是由很多复杂因素的微小变化的总和引起的,如仪表中传动部件的间隙和摩擦、连接件的弹性变形、电子元器件的老化等。随机误差具有随机变量的一切特点,在一定条件下服从统计规律,可以用统计规律描述,从理论上估计对测量结果的影响。

(3) 粗大误差

超出规定条件下预期的误差称为粗大误差,简称粗差,或称寄生误差。

粗大误差值明显歪曲测量结果。在测量或数据处理中,如果发现某次测量结果所对应的误差特别大或特别小时,应判断是否属于粗大误差,如属粗差,此值应舍去不用。

3. 精度

反映测量结果与真值接近程度的量,称为精度。精度可分如下几类。

(1) 准确度:反映测量结果中系统误差的影响程度;

(2) 精密度:反映测量结果中随机误差的影响程度;

(3) 精确度:反映测量结果中系统误差和随机误差综合的影响程度,其定量特征可用测量的不确定度(或极限误差)表示。

对于具体的测量,精密度高的准确度不一定高,准确度高的精密度不一定高,但精确度高,则精密度和准确度都高。

4. 测量误差的表示方法

测量误差的表示方法有以下几种。

(1) 绝对误差

绝对误差是示值与被测量真值之间的差值。设被测量的真值为 A_0,器具的标称值或示值为 x,则绝对误差为

$$\Delta x = x - A_0 \tag{3-5}$$

由于一般无法求得真值 A_0,在实际应用时常用精度高一级的标准器具的示值,即实际值 A 代替真值 A_0。x 与 A 之差称为测量器具的示值误差,记为

$$\Delta x = x - A \tag{3-6}$$

通常以此值代表绝对误差。

在实际工作中,经常使用修正值。为了消除系统误差,用代数法加到测量结果上的值称为修正值,常用 C 表示。将测得示值加上修正值后可得到真值的近似值,即

$$A_0 = x + C \tag{3-7}$$

由此得

$$C = A_0 - x \tag{3-8}$$

在实际工作中,可以用实际值 A 近似真值 A_0,则式(3-8)变为

$$C = A - x = -\Delta x \tag{3-9}$$

修正值与误差值大小相等、符号相反,测得值加修正值可以消除该误差的影响,但必须注意,一般情况下难以得到真值,而用实际值 A 近似真值 A_0,因此,修正值本身也有误差,修正后只能得到较测量值更为准确的结果。

修正值给出的方式不一定是具体的数值，也可以是曲线、公式或数表。

(2) 相对误差

相对误差是绝对误差 Δx 与被测量的约定值之比。相对误差有以下几种表现形式。

① 实际相对误差

实际相对误差 γ_A 是用绝对误差 Δx 与被测量的实际值 A 的百分比表示的相对误差。记为

$$\gamma_A=\frac{\Delta x}{A}\times 100\% \tag{3-10}$$

② 示值相对误差

示值相对误差 γ_x 是用绝对误差 Δx 与被测量的示值 x 的百分比表示的相对误差。记为

$$\gamma_x=\frac{\Delta x}{x}\times 100\% \tag{3-11}$$

③ 满度(引用)相对误差

相对误差可用以说明测量的准确度，但不能评价指示仪表的准确度。对一个指示仪表的某一量限来说，标尺上各点的绝对误差相近，指针指在不同刻度上读数不同，所以各指示值的示值相对误差差异很大，无法用示值相对误差评价该仪表。为了划分指示仪表的准确度级别，选择仪表的测量上限，即满度值作为基准，由满度相对误差评价指示仪表的准确度。

满度相对误差 γ_n 又称满度误差或引用误差，是用绝对误差 Δx 与器具的满度值 x_n 的百分比表示的相对误差。记为

$$\gamma_n=\frac{\Delta x}{x_n}\times 100\% \tag{3-12}$$

由于仪表各指示值的绝对误差大小不等，其值有正有负，因此国家标准规定仪表的准确度等级 a 是用最大允许误差确定的。指示仪表的最大满度误差不许超过该仪表准确度等级的百分数，即

$$\gamma_{nm}=\frac{\Delta x_m}{x_n}\times 100\%\leqslant a\% \tag{3-13}$$

式中，γ_{nm} 为仪表的最大满度误差(最大引用误差)；Δx_m 为仪表示值中的最大绝对误差的绝对值；x_n 为仪表的测量上限；a 为准确度的等级指数。式(3-13)是判别指示仪表是否超差，以及应属于哪个准确度级别的主要依据。

从使用仪表的角度出发，只有仪表示值恰好为仪表上限时，测量结果的准确度才等于该仪表准确度等级的百分数。在其他示值时，测量结果的准确度均低于仪表准确度等级的百分数，因为

$$\Delta x_m\leqslant a\% x_n \tag{3-14}$$

当示值为 x 时可能产生的最大相对误差为

$$\gamma_m=\frac{\Delta x_m}{x}\leqslant a\%\frac{x_n}{x} \tag{3-15}$$

式(3-15)表明,用仪表测量示值为 x 的被测量时,比值 x_n/x 越大,测量结果的相对误差越大。由此可见,选用仪表时要考虑被测量的大小越接近仪表上限越好。为了充分利用仪表的准确度,选用仪表前要对被测量有所了解,其被测量的值应大于其测量上限的 2/3。

3.3.2 随机误差

1. 正态分布

随机误差是以不可预定的方式变化着的误差,但在一定条件下服从统计规律,可以用统计规律描述。对随机误差做概率统计处理,是在完全排除系统误差的前提下进行的。在实际工作中,随机误差大部分是按正态分布的,其正态分布的概率密度 $f(\delta)$ 曲线如图 3-7 所示,其数学表达式为

$$y=f(\delta)=\frac{1}{\sigma\sqrt{2\pi}}\mathrm{e}^{-\frac{\delta^2}{2\sigma^2}} \tag{3-16}$$

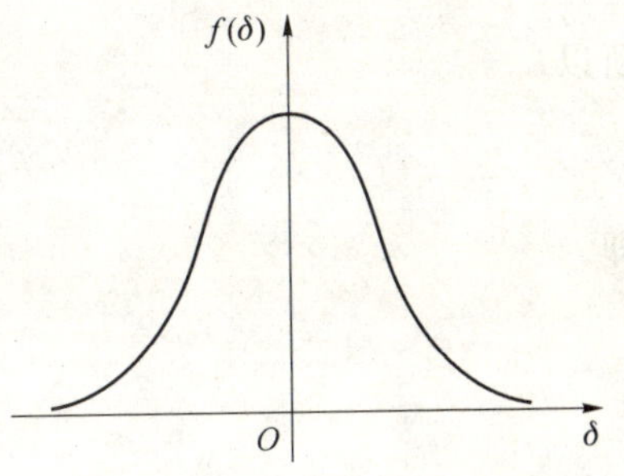

图 3-7 正态分布概率密度曲线

式中,y 为概率密度,δ 为随机误差,σ 为标准差(均方根误差),e 为自然对数的底。

其分布函数 $F(\delta)$ 为

$$F(\delta)=\frac{1}{\sigma\sqrt{2\pi}}\int_{-\infty}^{\delta}\mathrm{e}^{-\frac{\delta^2}{2\sigma^2}}\mathrm{d}\delta \tag{3-17}$$

数学期望为

$$E=\int_{-\infty}^{+\infty}f(\delta)\mathrm{d}\delta=0 \tag{3-18}$$

方差为

$$\sigma^2=\int_{-\infty}^{+\infty}\delta^2 f(\delta)\mathrm{d}\delta \tag{3-19}$$

分析图 3-7 所示的曲线,可以发现正态分布的随机误差分布规律具有以下特点:

- 对称性,绝对值相等的正误差和负误差出现的次数相等;
- 单峰性,绝对值小的误差比绝对值大的误差出现的次数多;
- 有界性,在一定的测量条件下,随机误差的绝对值不会超过一定界限;
- 抵偿性,随着测量次数的增加,随机误差的算术平均值趋于零。

2. 随机误差的评价指标

由于随机误差大部分是按正态分布规律出现的,具有统计意义,故通常以正态分布曲线的两个参数——算术平均值($\bar{x}$)和标准差(σ)——作为评价指标。

(1) 算术平均值

对某一量进行一系列等精度测量,由于存在随机误差,其测量值皆不相同,应以全部测得值的算术平均值作为最后测量结果。

设对某一量进行一系列等精度测量,得到一系列不同的测量值 $x_1,x_2,\cdots,x_n$,这些测量值的算术平均值$\bar{x}$定义为

$$\overline{x}=\frac{x_1+x_2+\cdots+x_n}{n}=\sum_{i=1}^{n}\frac{x_i}{n} \tag{3-20}$$

并设各测量值与真值的随机误差为 $\delta_1,\delta_2,\cdots,\delta_n$，则

$$\delta_1=x_1-A_0,\delta_2=x_2-A_0,\cdots,\delta_n=x_n-A_0$$

即

$$\sum_{i=1}^{n}\delta_i=\sum_{i=1}^{n}x_i-nA_0$$

由随机误差的对称性规律可以推出，当 $n\to\infty$ 时

$$\sum_{i=1}^{n}\delta_i=0$$

所以

$$\sum_{i=1}^{n}x_i=nA_0 \tag{3-21}$$

即

$$A_0=\frac{\sum_{i=1}^{n}x_i}{n}=\overline{x}$$

式(3-21)表明，当测量次数为无限次时，所有测量值的算术平均值即等于真值，事实上不可能达到无限次测量，即真值难以达到。但是，随着测量次数的增加，算术平均值也就越接近真值。因此，以算术平均值作为真值是既可靠又合理的。

(2) 标准差

① 测量列中单次测量的标准差

由于随机误差的存在，等精度测量列中各个测量值一般不相同，它们围绕着该测量列的算术平均值有一定的分散，此分散度说明了测量列中单次测量值的不可靠性，必须用一个数值作为其不可靠性的评定标准。

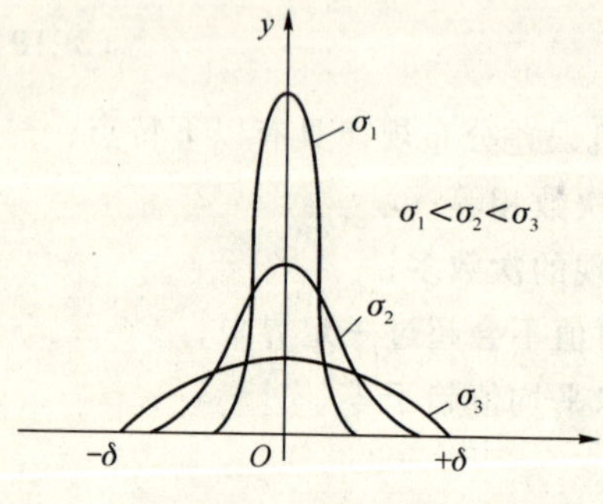

图 3-8　3 种不同 σ 值的正态分布曲线

由式(3-16)可知，正态分布的概率密度函数是一个指数方程式，它是随着随机误差 δ 和标准差 σ 的变化而变化的。图 3-8 表示标准差和正态分布曲线的关系。从图中可以明显地看出 σ 与表示的分布曲线的形状和分散度有关。σ 值越小，曲线形状越陡，随机误差的分布越集中，测量精密度越高；反之，σ 值越大，曲线形状越平坦，随机误差分布越分散，测量精密度越低。因此，单次测量的标准差 σ 是表征同一被测量的 n 次测量的测量值分散性的参数，可作为测量列中单次测量不可靠性的评定标准。

在等精度测量列中，单次测量的标准差可按下式计算

$$\sigma=\sqrt{\frac{\delta_1^2+\delta_2^2+\cdots+\delta_n^2}{n}}=\sqrt{\frac{\sum_{i=1}^{n}\delta_i^2}{n}} \tag{3-22}$$

式中，n 为测量次数；δ_i 为每次测量中相应各测量值的随机误差，且

$$\delta_i = x_i - A_0 \tag{3-23}$$

式中，x_i 为各测得值；A_0 为被测量真值。

在实际工作中用残差近似代替随机误差求标准差的估计值，则式(3-22)变为

$$\sigma = \sqrt{\frac{v_1^2 + v_2^2 + \cdots + v_n^2}{n-1}} = \sqrt{\frac{\sum_{i=1}^{n} v_i^2}{n-1}} \tag{3-24}$$

式(3-24)称为贝塞尔(Bessel)公式，根据此式可由残余误差求得单次测量列标准差的估计值。

② 测量列算术平均值的标准差

在多次测量的测量列中，通常以算术平均值作为测量结果，因此必须研究算术平均值不可靠的评定标准。如果在相同条件下对同一量值做多组重复的系列测量，每一系列测量都有一个算术平均值，由于随机误差的存在，各个测量列的算术平均值也不相同，它们围绕着被测量的真值有一定的分散，此分散说明算术平均值的不可靠性，而算术平均值的标准差 σ_x 是表征同一被测量的各独立测量列算术平均值分散性的参数，可作为算术平均值不可靠性的评定标准

$$\sigma_{\bar{x}} = \frac{\sigma}{\sqrt{n}} \tag{3-25}$$

式中，$\sigma_{\bar{x}}$ 为算术平均值标准差(均方根误差)；σ 为测量列中单次测量的标准差；n 为测量次数。

由此可知，在 n 次等精度测量中，算术平均值的标准差为单次测量的 $\frac{1}{\sqrt{n}}$，测量次数 n 越大，算术平均值越接近被测量的真值，测量精度也越高。

3. 测量的极限误差

测量的极限误差是极端误差，检测量结果的误差不超过该极端误差的概率 P，并使出现概率为 $1-P$，误差超过该极端误差的检测量的测量结果可以忽略。

(1) 单次测量的极限误差

测量列的测量次数越多和单次测量误差为正态分布时，随机误差正态分布曲线下的全部面积相当于全部误差出现的概率，即

$$\frac{1}{\sigma\sqrt{2\pi}}\int_{-\infty}^{+\infty} \mathrm{e}^{-\frac{\delta^2}{2\sigma^2}}\,\mathrm{d}\delta = 1 \tag{3-26}$$

而随机误差在 $-\delta$ 至 δ 范围内概率为

$$P(\pm\delta) = \frac{1}{\sigma\sqrt{2\pi}}\int_{-\delta}^{\delta} \mathrm{e}^{-\frac{\delta^2}{2\sigma^2}}\,\mathrm{d}\delta = \frac{2}{\sigma\sqrt{2\pi}}\int_{0}^{\delta} \mathrm{e}^{-\frac{\delta^2}{2\sigma^2}}\,\mathrm{d}\delta \tag{3-27}$$

引入新的变量 t

$$t = \frac{\delta}{\sigma}, \delta = t\sigma \tag{3-28}$$

经变换，式(3-27)变为

$$P(\pm\delta)=\frac{2}{\sqrt{2\pi}}\int_0^t e^{-\frac{t^2}{2}}dt=2\Phi(t)$$

$$\Phi(t)=\int_0^t e^{-\frac{t^2}{2}}dt \tag{3-29}$$

函数 $\Phi(t)$ 称为概率积分。

若某随机误差在 $\pm t\sigma$ 范围内出现的概率为 $2\Phi(t)$，则超出该误差范围的概率为

$$\alpha=1-2\Phi(t)$$

表 3-2 给出了几个典型的 t 值及其相应的超出或不超出 $|\delta|$ 的概率（见图 3-9）。

表 3-2 几个典型 t 值的概率情况分析

t	$\|\delta\|=ts$	不超出 $\|\delta\|$ 的概率 $(2\Phi(t))$	不超出 $\|\delta\|$ 的概率 $(1-2\Phi(t))$
0.67	0.67σ	0.497 2	0.502 8
1	1σ	0.682 6	0.317 4
2	2σ	0.954 4	0.045 6
3	3σ	0.997 3	0.002 7
4	4σ	0.999 9	0.000 1

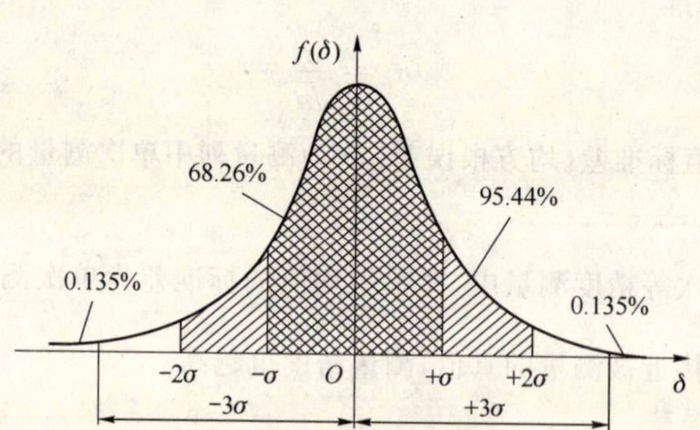

图 3-9 单次测量列极限误差

由表 3-2 可见，随着 t 的增大，超出 $|\delta|$ 的概率减小得很快。当 $t=2$，即 $|\delta|=2\sigma$ 时，误差不超出 $|\delta|$ 的概率为 95.44%。当 $t=3$，即 $|\delta|=3\sigma$ 时，误差不超过 $|\delta|$ 的概率为 99.73%，通常把这个误差称为单次测量的极限误差 $\delta_{\lim x}$，即

$$\delta_{\lim x}=\pm 3\sigma \tag{3-30}$$

(2) 算术平均值的极限误差

测量列的算术平均值与被测量的真值之差称为算术平均值误差 $\delta_{\bar{x}}$，即

$$\delta_{\bar{x}}=\bar{x}-A_0 \tag{3-31}$$

当多个测量列算术平均值误差 $\delta_{\bar{x}}(i=1,2,\cdots,n)$ 为正态分布时，根据概率论知识，同样得到测量列算术平均值的极限误差表达式为

$$\delta_{\lim x}=\pm t\sigma_{\bar{x}} \tag{3-32}$$

式中，t 为置信系数；$\sigma_{\bar{x}}$ 为算术平均值的标准差。

通常取 $t=3$，则

$$\delta_{\lim x}=\pm 3\sigma_{\bar{x}} \tag{3-33}$$

3.3.3 系统误差

1. 系统误差的发现

(1) 理论分析及计算

因测量原理或使用方法不当引入系统误差时，可以通过理论分析和计算的方法加以修正。

(2) 实验对比法

实验对比法是改变产生系统误差的条件进行不同条件的测量，以发现系统误差，这种方法适用于发现恒定系统误差。在实际工作中，生产现场使用的量块等计量器具需要定期送法定的计量部门进行检定，即可发现恒定系统误差，并给出校准后的修正值(数值、曲线、表格或公式等)，利用修正值在相当程度上消除恒定系统误差的影响。

(3) 残余误差观察法

残余误差观察法是根据测量列的各个残余误差的大小和符号变化规律，直接由误差数据或误差曲线图形判断有无系统误差，这种方法主要适用于发现有规律变化的系统误差。

(4) 残余误差校核法

① 用于发现累进性系统误差

当累进性系统误差不比随机误差大很多时，可用马利科夫(M. Φ. MA. JINKOB)准则进行判断。

马利科夫准则为，设对某一被测量进行 n 次等精度测量，按测量先后顺序得到的测量值 $x_1, x_2, \cdots, x_n$，相应的残差为 $v_1, v_2, \cdots, v_n$。把前面一半和后面一半数据的残差分别求和，然后取其差值

$$M = \sum_{i=1}^{k} v_i - \sum_{i=k+1}^{n} v_i \tag{3-34}$$

式中，当 n 为偶数时，取 $k=n/2$；当 n 为奇数时，取 $k=(n+1)/2$。

如果 M 近似为零，则说明测量列中不含累进性系统误差；如果 M 与 v_i 相当或更大，则说明测量列中存在累进性系统误差。

② 用于发现周期性系统误差

如果随机误差很显著，误差周期性规律不易被发现，可用阿贝-赫尔默特(Abbe-Helmert)准则进行判断。

阿贝-赫尔默特准则为，设

$$A = \left| \sum_{i=1}^{n-1} v_i v_{i+1} \right| \tag{3-35}$$

当存在

$$A > \sqrt{n+1}\sigma^2 \tag{3-36}$$

则认为测量列中含有周期性系统误差。

(5) 计算数据比较法

对同一量进行多组测量，得到的很多数据，通过多组计算数据比较，若不存在系统误差，其比较结果应满足随机误差条件，否则可认为存在系统误差。

若对同一量独立测得 m 组结果，并知道它们的算术平均值和标准差为

$$\overline{x}_1,\sigma_1;\overline{x}_2,\sigma_2;\cdots;\overline{x}_m,\sigma_m$$

而任意两组结果之差为

$$\Delta=\overline{x}_i-\overline{x}_j$$

其标准差为

$$\sigma=\sqrt{\sigma_i^2+\sigma_j^2} \tag{3-37}$$

则任意两组结果 $\overline{x}_i$ 与 $\overline{x}_j$ 间不存在系统误差的标志是

$$|\overline{x}_i-\overline{x}_j|<2\sqrt{\sigma_i^2+\sigma_j^2}$$

2. 系统误差的削弱和消除

(1) 从产生误差源上消除系统误差

从产生误差源上消除误差是最根本的方法,它要求在产品设计阶段从硬件和软件方面采取必要的补偿和修正措施,或者采取合适的使用方法将误差从产生根源上加以消除。

(2) 引入修正值法

这种方法预先将被测量器具的系统误差检定或计算出来,做出误差表或误差曲线,然后取与误差数据大小相同而符合相反的值作为修正值,将实际测得值加上相应的修正值,即可得到不包含该系统误差的测量结果。

(3) 零位式测量法

零位式测量法是标准量与被测量相比较的测量方法,其优点是测量误差主要取决于参加比较的标准器具的误差,而标准器具的误差可以做得很小。零位式测量必须使检测系统有足够的灵敏度,在自动检测系统中广泛使用的自动平衡显示仪表就是属零位式测量。

(4) 补偿法

下面结合实例说明补偿法原理。图 3-10 为用补偿法测量高频小电容的电路原理图。图中,u 为恒压源;L 为电感线圈;C_s 为标准可变电容;V 为高内阻电压表。图中 C_0' 是电感线圈自身分布电容,可以把它等效看做与电容 C_s 并联,这时的电容为 C_0。测量时,先不接入待测电容 C_x,调节标准电容,通过电压表来观察电路谐振点,此时标准电容读数为 C_{s1};然后,把 C_x 接入 A,B 端,此时电路将失谐,调节标准电容,使电路仍处于谐振,此时标准电容读数为 C_{s2}。显然,两次谐振回路的电容应相等,即

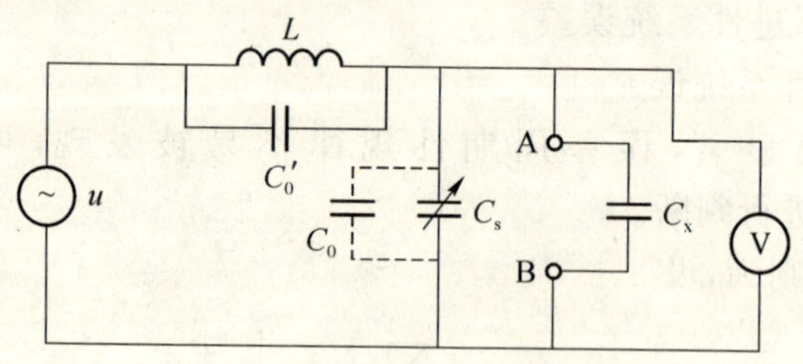

图 3-10 补偿法测量高频小电容

$$C_{s1}+C_0=C_{s2}+C_0+C_x \tag{3-38}$$

于是可得

$$C_x=C_{s1}-C_{s2} \tag{3-39}$$

由此可见,消除了恒定系统误差 C_0 的影响。

(5) 对照法

在一个检测系统中,改变一下测量安排,测出两个结果。将这两个测量结果互相对照,并通过适当的数据处理,可对测量结果进行改正,这种方法称为对照法,也称交换法。

下面以电桥为例说明如何消除系统误差，如图 3-11，用一个比较电桥和一个可调标准电阻 R_3 测量电阻 R_x，设该电桥为等臂电桥，即 $R_1/R_2=1$。当电桥平衡时，有

$$R_x=\frac{R_1}{R_2}R_3 \tag{3-40}$$

然后设此时电桥不平衡，此时

$$R_x=\frac{R_2}{R_1}R_3'$$

相乘再开方，可得

$$R=\sqrt{R_3R_3'} \tag{3-41}$$

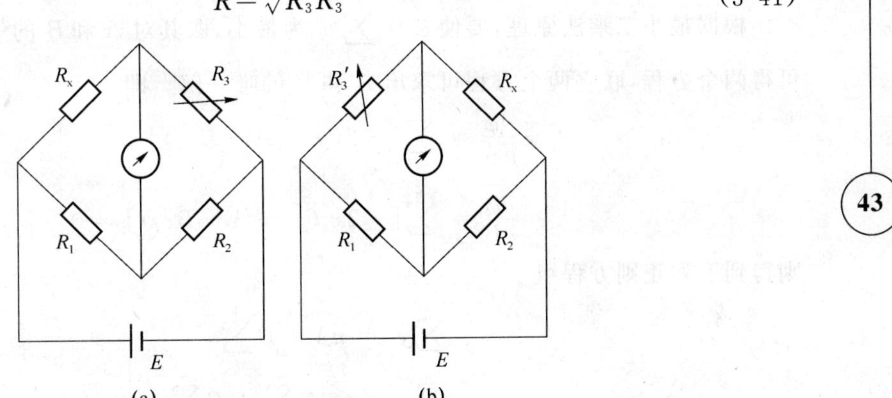

图 3-11 对照法消除系统误差

由此可见，采用对照法可以消除 R_1 与 R_2 的系统误差，仅含有标准器具的误差。

3.3.4 粗大误差

判别粗大误差最常用的统计判别法是 3σ 准则：如果对某被测量进行多次重复等精度测量的测量数据为

$$x_1,x_2,\cdots,x_d,\cdots,x_n$$

其标准差为 σ，如果其中某一项残差 V_d 大于 3 倍标准差，即

$$|V_d|>3\sigma$$

则认为 V_d 是粗大误差，与其对应的测量数据 x_d 是坏值，应从测量列测量数据中删除。

需要指出的是，剔除坏值后，还要对剩下的测量数据重新计算算术平均值和标准差，再判别是否还存在粗大误差，若存在粗大误差，剔除相应的坏值，再重新计算，直到产生粗大误差的坏值全部剔除为止。

3.3.5 数据处理的基本方法

所谓数据处理是从获得数据起到得出结论为止的整个数据加工过程。常用的数据处理方法有列表法、作图法和最小二乘法线性拟合，本节主要介绍最小二乘法线性拟合。

在科学实验和统计研究中，常常要从一组测量数据，如从 n 对 (x_i,y_i) 的测量值去求得变量 x 和 y 间的最佳函数关系式 $y=f(x)$。从图形上看，这个问题就是在平面直角坐标上，从给定的 n 个点 $(x_i,y_i)(i=1,2,\cdots,n)$ 求一条最接近这一组数据点的曲线，以显示

这些点的总趋向，这一过程称为曲线拟合，该曲线的方程称为回归方程。

所谓最小二乘法原则，是测量结果的最可信赖值应在残余误差平方和为最小的条件下求出。在自动检测系统中，两个变量间的线性关系是一种最简单，也是最理想的函数关系。

设有 n 组实测数据$(x_i, y_i)(i=1,2,\cdots,n)$，其最佳拟合方程(回归方程)为

$$y = A + Bx \tag{3-42}$$

式中，A 为直线的截距，B 为直线的斜率。令

$$\varphi = \sum_{i=1}^{n} v_i^2 = \sum_{i=1}^{n} (y_i - y_j)^2 = \sum_{i=1}^{n} (y_i - A - Bx_i)^2 \tag{3-43}$$

根据最小二乘法原理，要使 $\varphi = \sum\limits_{i=1}^{n} v_i^2$ 为最小，取其对 A 和 B 的偏导数，并令其为零，可得两个方程，联立两个方程可求出 A 和 B 的唯一解。即

$$\left.\begin{aligned} \frac{\partial \varphi}{\partial A} &= \sum_{i=1}^{n} [-2(y_i - A - Bx_i)] = 0 \\ \frac{\partial \varphi}{\partial B} &= \sum_{i=1}^{n} [-2x_i(y_i - A - Bx_i)] = 0 \end{aligned}\right\} \tag{3-44}$$

则得到下列正则方程组

$$\left.\begin{aligned} \sum_{i=1}^{n} y_i &= nA + B\sum_{i=1}^{n} x_i \\ \sum_{i=1}^{n} x_i y_i &= A\sum_{i=1}^{n} + B\sum_{i=1}^{n} x_i^2 \end{aligned}\right\} \tag{3-45}$$

解得

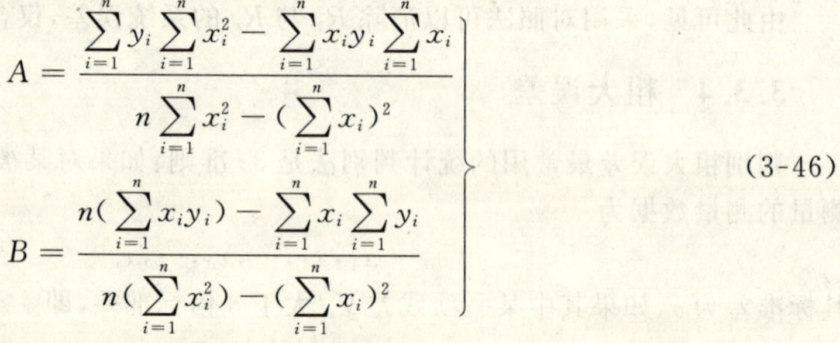

$$\left.\begin{aligned} A &= \frac{\sum\limits_{i=1}^{n} y_i \sum\limits_{i=1}^{n} x_i^2 - \sum\limits_{i=1}^{n} x_i y_i \sum\limits_{i=1}^{n} x_i}{n\sum\limits_{i=1}^{n} x_i^2 - (\sum\limits_{i=1}^{n} x_i)^2} \\ B &= \frac{n(\sum\limits_{i=1}^{n} x_i y_i) - \sum\limits_{i=1}^{n} x_i \sum\limits_{i=1}^{n} y_i}{n(\sum\limits_{i=1}^{n} x_i^2) - (\sum\limits_{i=1}^{n} x_i)^2} \end{aligned}\right\} \tag{3-46}$$

3.4 设备中常用的传感器

3.4.1 传感器的定义

传感器是一种以一定精确度把被测量(主要是非电量)转换为与之有确定关系、便于应用的某种物理量(主要是电量)的测量装置。这一定义包含了以下几方面的含义：

① 传感器是测量装置，能完成检测任务；

② 它的输入量是某一被测量，如物理量、化学量、生物量等；

③ 它的输出是某种物理量，这种量要便于传输、转换、处理、显示等，这种量可以是气、光、电量，但主要是电量；

④ 输出与输入间有对应关系，且有一定的精确度。

在有些学科领域，传感器又称为敏感元件、检测器、转换器、发信器等。这些不同提法，反映了在不同的技术领域中，只是根据器件的用途，对同一类的器件使用着不同的术语而已，它们的内涵是相同或相似的。

传感器一般由敏感元件、转换元件、转换电路3部分组成，组成框图如图3-12所示。

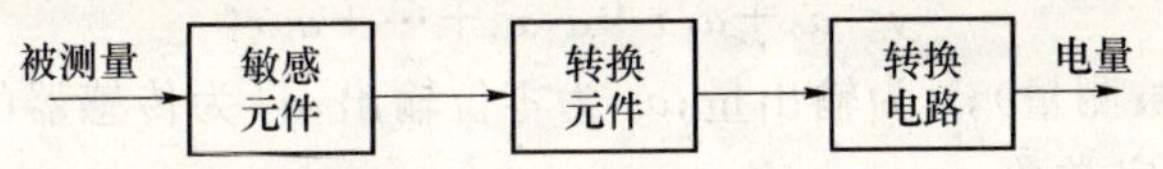

图3-12　传感器组成框图

① 敏感元件：它是直接感受被测量，并输出与被测量成确定关系的某一物理量的元件。

② 转换元件：敏感元件的输出就是它的输入，它把输入转换成电路参数。

③ 转换电路：将上述电路参数接入转换电路，便可转换成电量输出。

实际上，有些传感器很简单，有些则较为复杂，大多数是开环系统，也有些是带反馈的闭环系统。最简单的传感器由一个敏感元件（兼转换元件）组成，它感受被测量时直接输出电量，如热电偶传感器。有些传感器由敏感元件和转换元件组成，没有转换电路，如压电式加速度传感器。有些传感器、转换元件不止一个，需经过若干次转换。

传感器是一门知识密集型技术。传感器的原理各种各样，它与许多学科有关，种类繁多，分类方法也很多，目前广泛采用的分类方法有如下几种。

(1) 按照传感器的工作机理，可分为物理型、化学型、生物型等。

(2) 按构成原理，可分为结构型和物性型两大类。

结构型传感器是利用物理学中场的定律构成的，包括力场的运动定律，电磁场的电磁定律等。这类传感器的特点是传感器的性能与它的结构材料没有多大关系，如差动变压器。

物性型传感器是利用物质定律构成的，如欧姆定律等。物性型传感器的性能随材料的不同而异，如光电管、半导体传感器等。

(3) 按传感器的能量转换情况，可分为能量控制型传感器和能量转换型传感器。

能量控制型传感器在信息变换过程中，其能量需外电源供给。如电阻、电感、电容等电路参量传感器都属于这一类传感器等。

能量转换型传感器，主要是由能量变换元件构成，它不需要外电源。如基于压电效应、热电效应、光电效应、霍尔效应等原理构成的传感器属于此类传感器。

(4) 按照物理原理分类，可分为电参量式传感器（包括电阻式、电感式、电容式等基本型式）、磁电式传感器（包括磁电感应式、霍尔式、磁栅式等）、压电式传感器、光电式传感器、气电式传感器、波式传感器（包括超声波式、微波式等）、射线式传感器、半导体式传感器、其他原理的传感器（如振弦式和振筒式传感器等）。

(5) 按照传感器的使用分类，可分为位移传感器、压力传感器、振动传感器、温度传感器等。

3.4.2　传感器的一般特性

1. 传感器的静态特性

传感器的静态特性是指被测量的值处于稳定状态时，传感器的输出与输入的关系。衡量传感器静态特性的重要指标是线性度、灵敏度、迟滞和重复性等。

(1) 线性度

传感器的线性度是指传感器的输出与输入之间的线性程度。通常,为了方便标定和数据处理,理想的输出-输入关系应该是线性的。但实际遇到的传感器的特性大多是非线性的,如果不考虑迟滞和蠕变等因素,传感器的输出-输入特性一般可用下列多项式表示:

$$y=a_0+a_1x+a_2x^2+\cdots+a_nx^n \tag{3-47}$$

式中,x 为输入量(被测量);y 为输出量;a_0 为零位输出;a_1 为传感器的灵敏度;$a_2,a_3,\cdots,a_n$ 为非线性项的待定常数。

各项系数不同,决定了特性曲线的具体形状各不相同。理想特性方程为 $y=a_1x$,是一条经过原点的直线,传感器的灵敏度为一常数。当特性方程中仅含有奇次非线性项,即 $y=a_1x+a_3x^3+a_5x^5+\cdots$时,特性曲线关于坐标原点对称,且在输入量 x 相当大的范围内具有较宽的准线性。当非线性传感器以差动方式工作时,可以消除电气元件中的偶次分量,显著地改善线性范围,并可使灵敏度提高一倍。

传感器的静态特性曲线可通过实际测试获得。在实际应用中,为了得到线性关系,往往引入各种非线性补偿环节。如采用非线性补偿电路或计算机软件进行线性化处理,或采用差动结构,使传感器的输出-输入关系为线性或接近线性。但如果非线性的方次不高,在输入量变化范围不大的条件下,可以用一条直线(切线或割线)近似代表实际曲线的一段,如图 3-13 所示,这种方法称为传感器非线性特性的线性化。所采用的直线称为拟合直线。实际特性曲线与拟合直线之间的偏差称为传感器的非线性误差,如图中 ΔL 值,取其中最大值与输出满度值之比作为评价非线性误差(或线性度)的指标,即

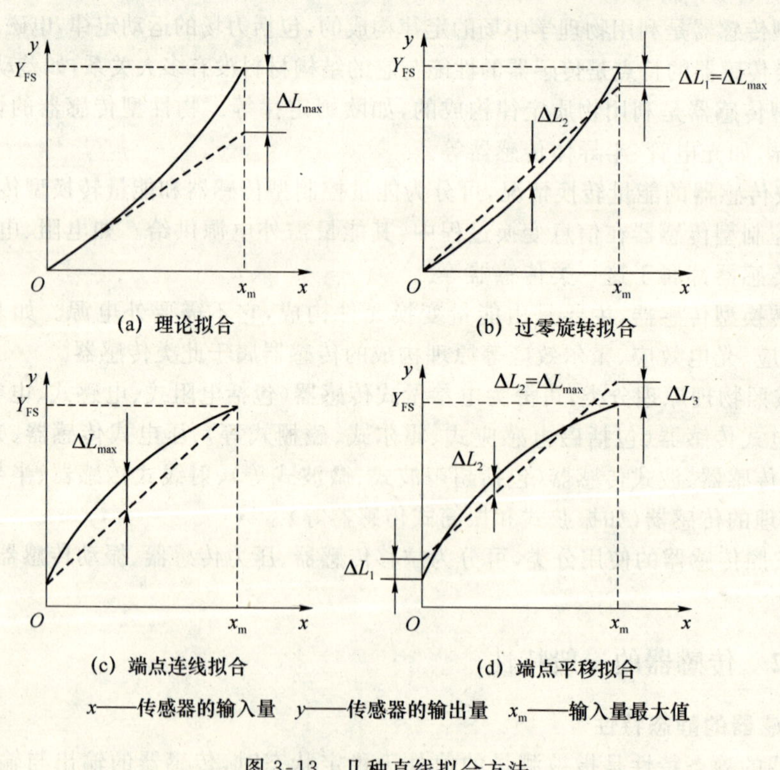

x——传感器的输入量 y——传感器的输出量 x_m——输入量最大值

图 3-13 几种直线拟合方法

$$\gamma_L = \pm \frac{\Delta L_{max}}{Y_{FS}} \times 100\% \tag{3-48}$$

式中，γ_L 为线性度；ΔL_{max}为最大非线性绝对误差；Y_{FS}为满量程输出。

由图 3-13 可见，非线性误差是以一定的拟合直线或理想直线为基准直线计算出的。因而，即使是同类传感器，其基准直线不同，所得线性度也不同。选取拟合直线的方法很多，用最小二乘法求值的拟合直线的拟合精度最高。

(2) 灵敏度

灵敏度是指传感器在稳态下的输出变化量 Δy 与引起此变化的输入变化量 Δx 之比，用 k 表示，即

$$k = \frac{\Delta y}{\Delta x} \tag{3-49}$$

它表征传感器对输入量变化的反应能力。对于线性传感器，灵敏度就是其静态特性的斜率，即 $k = y/x$ 为常数如图 3-14(a)。而非线性传感器的灵敏度为一变量，用 $k = \mathrm{d}y/\mathrm{d}x$ 表示，如图 3-14(b)。一般希望传感器的灵敏度高度在满量程范围内是恒定的，即传感器的输出-输入特性为直线。

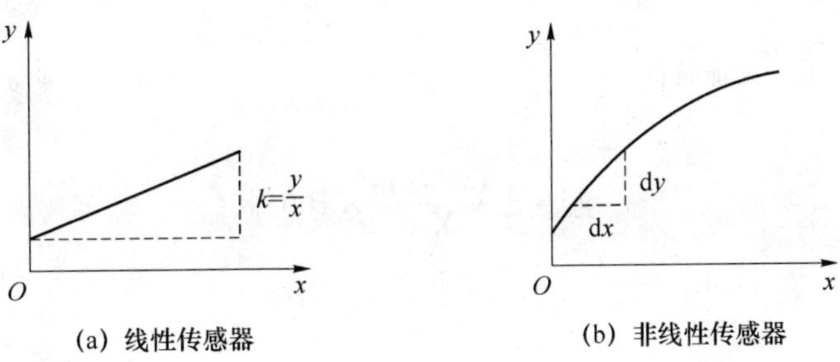

图 3-14 传感器的灵敏度

(3) 迟滞

传感器在正(输入量增大)反(输入量减小)行程期间，其输出-输入特性曲线不重合的现象称为迟滞，如图 3-15 所示。也就是说，对于同一大小的输入信号，传感器的正反行程输出信号大小不相等。产生这种现象的主要原因是传感器敏感元件材料的物理性质和机械零部件的缺陷，例如弹性敏感元件的弹性滞后、运动部件的摩擦、传动机构的间隙、紧固件松动等。

迟滞 γ_H 的大小一般要由实验方法确定。用最大输出差值 ΔH_{max}或其一半对满量程输出 Y_{FS}的百分比表示，即

$$\gamma_H = \pm \frac{\Delta H_{max}}{Y_{FS}} \times 100\% \tag{3-50}$$

或

$$\gamma_H = \pm \frac{\Delta H_{max}}{2Y_{FS}} \times 100\% \tag{3-51}$$

式中，ΔH_{max}为正反行程输出值间的最大差值。

(4) 重复性

重复性 γ_R 指在同一工作条件下，输入量按同一方向作全量程连续多次变化时，所得特性曲线不一致的程度，如图 3-16 所示。重复性误差属于随机误差，常用标准偏差表示，也可用正反行程中的最大偏差表示，即

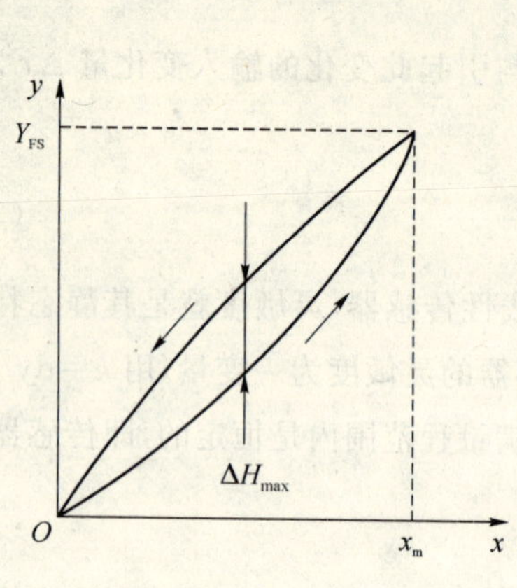

图 3-15 迟滞特性

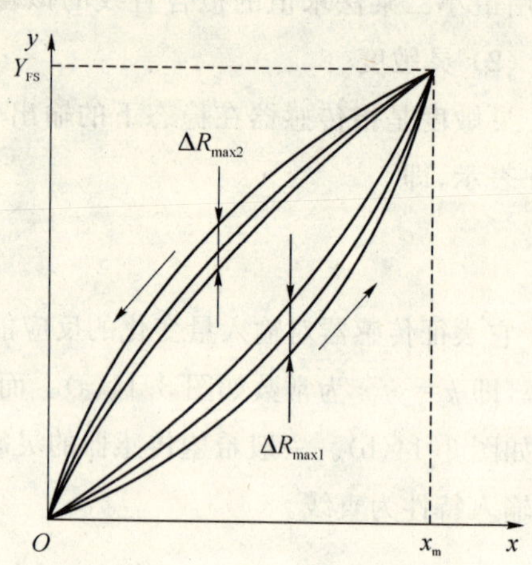

图 3-16 重复性

$$\gamma_R = \pm \frac{(2\sim3)\sigma}{Y_{FS}} \times 100\% \tag{3-52}$$

或

$$\gamma_R = \pm \frac{\Delta R_{max}}{2Y_{FS}} \times 100\% \tag{3-53}$$

2. 传感器的动态特性

在实际测量中，大量的被测量是随时间变化的动态信号，这就要求传感器的输出不仅能精确地反映被测量的大小，还要正确地再现被测量随时间变化的规律。

传感器的动态特性是指传感器的输出对随时间变化的输出量的响应特性，反映输出值真实具有相同的时间函数。实际上除了具有理想的比例特性的环节外，由于传感器固有因素的影响，输出信号将不会与输入信号具有相同的时间函数，这种输出与输入之间的差异就是所谓的动态误差。研究传感器的动态特性主要是从测量误差角度分析产生动态误差的原因及改善措施。

3. 压力传感器的静态标定

由于各种传感器的结构原理不同，所以标定方法也不相同，下面以压力传感器为例说明传感器的标定方法。

用于动态测量的压力传感器，首先要按前述方法进行静态标定。目前，常用的标定装置有：活塞压力计、杠杆式和弹簧测力计式压力标定机。

图 3-17 是用活塞压力计对压力传感器进行标定的示意图。活塞压力计由校验泵（压

力发生系统)和活塞部分(压力测量系统)组成。

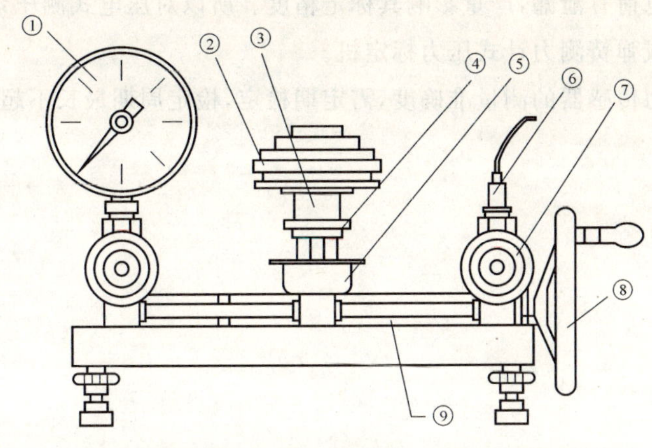

①标准压力表 ②砝码 ③活塞 ④进油阀 ⑤油杯
⑥被标传感器 ⑦针形阀 ⑧手轮 ⑨手摇压力泵

图 3-17 活塞压力计标定压力传感器的示意图

活塞压力计是利用活塞和加在活塞上的砝码重量所产生的压力与手摇压力泵所产生的压力相平衡的原理进行标定工作的,其精度可达±0.05%以上。

标定时,把传感器装在连接螺帽上。然后按照活塞压力计的操作规程,转动压力泵的手轮,使托盘上到规定的刻线位置。按所要求的压力间隔,逐点增加砝码重量,使压力计产生所需的压力,同时用数字电压表记下传感器在相应压力下的输出值。这样就可以得出被标定传感器或测压系统的输出特性曲线,根据这条曲线可确定出所需要的各静态特性指标。

在实际测试中,为了确定整个测压系统的输出特性,往往需要进行现场标定。为了操作方便,可以不用砝码加载,而直接用标准压力表读取所加的压力。测出整个测试系统在各压力下的输出电压值或示波器上的光点位移量 h,就可以得到如图 3-18 所示的压力标定曲线。

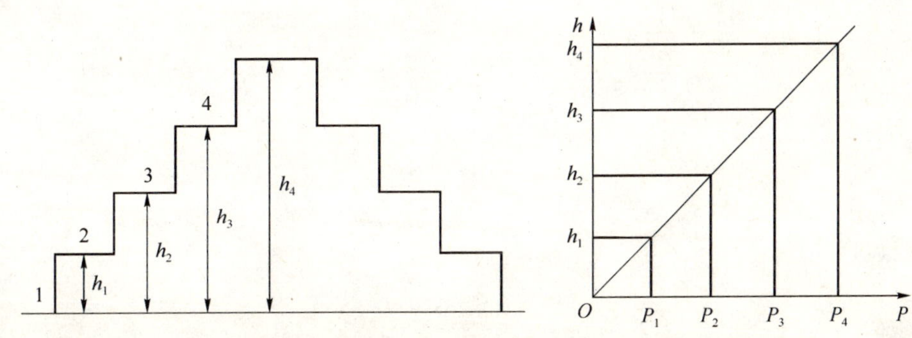

图 3-18 压力标定曲线

上述标定方法不适合压电式压力测量系统，因为活塞压力计的加载过程时间太长，致使传感器产生的电荷有泄漏，严重影响其标定精度。所以对压电式测压系统，一般采用杠杆式压力标定机或弹簧测力计式压力标定机。

为了保证压力传感器的测量准确度，需定期检定，检定周期最长不超过一年。

第4章 发动机综合性能检测与检测设备

发动机的动力性即是汽车的动力性。汽车技术状况不良，首先表现为动力性不足，因此，如何在不解体的情况下测试发动机的性能就显得尤为重要，下面就简要说明如何在不解体的情况下检测发动机功率及使用何种仪器。

4.1 发动机动力性检测

发动机的动力性可用发动机的有效功率即轴功率评价。发动机点火系统、燃油供给系统、润滑系统、冷却系统技术状况不良或机件磨损，都会导致功率下降。

根据国家标准 GB7258—1997《机动车运行安全技术条件》和国家标准GB/T15746.2—1995《汽车修理质量检查评定标准 发动机大修》的规定，在用车发动机功率不得低于额定功率的 75%；大修竣工后，发动机功率不得低于原设计标定值的 90%。

4.1.1 发动机功率测试方法

发动机有效功率 P_e(kW)、有效转矩 M_e(N·m)及转速 n(r/min)之间有如下关系：

$$P_e=\frac{M_e n}{9\ 549} \tag{4-1}$$

由上式可见，发动机有效功率需通过有效转矩和转速的测量并通过计算得到。

发动机功率测试(简称测功)有台架稳态试验和就车动态试验两种基本形式。

在台架试验中，发动机装在专用试验台上，在节气门全开时，由试验台的测功器给发动机施加负荷使其在额定转速下稳定运转，根据测功器施加的转矩值和转速，利用式(4-1)便可得到发动机的有效输出功率值。台架稳态测功的结果比较准确可靠，多为发动机设计、制造部门和科研单位作性能试验时所采用。

对于汽车使用单位，经常需要在不解体条件下进行就车试验测定发动机功率，测功时，发动机节气门开度和转速均处于剧烈变化之中，由于动态测功无需对发动机施加外载荷，因此又称为无负荷测功。该测功方法所用仪器轻便，测功速度快，方法简单，但测功精度较低。

4.1.2 无负荷测功原理

如果把发动机的所有运动部件看成一个绕曲轴中心线转动的回转体，当发动机与传动系统脱开，将没有任何外界负荷的发动机在怠速下突然将气门打开至最大开度时，发动机产生的动力克服机械阻力矩和压缩气缸内混合气阻力矩后所剩余的有效转矩 M_e，将全部用来使发动机运动部件加速。此时，发动机克服本身惯性力矩迅速加速到空载最大转速。对于某一型号的发动机而言，其运动部件的转动惯量近似为一个定值。如果发动机的有效功率越大，其运动部件的加速度也越大。这样，可以通过测定发动机在某一转速下的瞬时加速度或指定转速范围内的平均加速度、加速时间来确定发动机有效输出功率的大小。

按测功原理，无负荷测功可分为两类：用测定瞬时加速度的方法测定瞬时功率；用测定加速时间的方法测定平均功率。

1. 瞬时功率测量原理

根据刚体定轴转动微分方程，发动机有效转矩与角加速度间的关系为

$$M_e = J\frac{d\omega}{dt} = J\frac{\pi}{30}\frac{dn}{dt} \tag{4-2}$$

式中：M_e——发动机有效转矩（N·m）；

J——发动机运动部件对曲轴中心线的当量转动惯量（$kg \cdot m^2$）；

n——发动机转速（r/min）；

$\frac{d\omega}{dt}$——曲轴的角加速度（rad/s^2）；

$\frac{dn}{dt}$——曲轴转速变化率（r/s^2）；

ω——曲轴的角速度（rad/s）。

将 M_e 代入式(4-1)，得

$$P_e = \frac{\pi}{30}\frac{J}{9\,549}n\frac{dn}{dt}$$

令

$$C_1 = \frac{\pi}{30}\frac{J}{9\,549}$$

则

$$P_e = C_1 n\frac{dn}{dt} \tag{4-3}$$

在变工况条件下测试发动机功率时，混合气形成、发动机热状况等与稳态测试时不同，其有效功率值比稳态测试时的功率值小，因此引入修正系数 K 对式(4-3)进行修正，即

$$P_e = KC_1 n\frac{dn}{dt}$$

记 $C = KC_1$，则

$$P_e = Cn\frac{dn}{dt} \tag{4-4}$$

式(4-4)表明：加速过程中，发动机在某一转速下的功率与该转速下的瞬时加速度成正比。这样，发动机无负荷测瞬时功率的问题，实质上成为测定发动机转速和在该转速下的角加速度或曲轴转速变化率的问题。

2. 平均功率测量原理

根据动能原理，发动机无负荷加速过程中，其动能增量等于发动机所做的功，即

$$A=\frac{1}{2}J\omega_2^2-\frac{1}{2}J\omega_1^2$$

式中：A——发动机所做的功(J)；

ω_1、ω_2——测定区间起始角速度和终止角速度(rad/s)。

若发动机曲轴旋转角速度从 ω_1 上升到 ω_2 的时间为 ΔT(s)，则发动机在这段时间内的平均功率 P_{em}(W)为

$$P_{em}=\frac{A}{\Delta T}=\frac{1}{2}J\ \frac{\omega_2^2-\omega_1^2}{\Delta T}$$

注意到 $\omega=\frac{\pi}{30}n$，并以千瓦(kW)作为平均功率 P_{em} 的单位，则有

$$P_{em}=\frac{C_2}{\Delta T} \tag{4-5}$$

$$C_2=\frac{1}{2}J\left(\frac{\pi}{30}\right)^2\frac{n_2^2-n_1^2}{1\ 000}$$

若已知转动惯量 J(kg·m²)并确定测量时的起始转速和终止转速 n_1、n_2(r/min)，则 C_2 为常数，称为平均功率测功系数。一般 n_1 要稍高于怠速转速，n_2 宜取额定转速。

上式表明，加速过程中，发动机在某一转速范围($n_1\sim n_2$)内的平均功率与加速时间 ΔT 成反比。这样，测某转速范围的平均功率，实质上就成为测定该转速范围加速时间的问题。

与瞬时功率测量的情况类似，由于 $n_1\sim n_2$ 范围内的平均功率亦是在急加速变工况条件下测得，其测试值与稳态工况下的测试有一定差异，需进行修正；同时，由于现代内燃机具有类似的外特性功率曲线和动态特性，发动机发出的平均功率与外特性最大有效功率间有较为稳定的比例关系。因此，通过无负荷平均功率的测试值与台架试验发动机功率测试值的对比试验，找到动态平均功率与稳态有效功率间的关系，并对无负荷测功仪进行标定，以便通过测定 $n_1\sim n_2$ 转速范围内加速时间 ΔT 测出发动机的功率值。

4.1.3 转速、角加速度和加速时间测试方法

由无负荷测功原理可知，无论瞬时功率测量还是平均功率测量，都离不开对转速 n、角加速度$\frac{\delta\omega}{\delta t}$或加速时间 ΔT 的测量。

1. 转速

对汽油发动机而言，其转速信号可取自点火线圈的漏磁或点火线圈低压、高压脉动电流。图 4-1(a)为漏磁感应所用传感器，在螺栓形的磁心上绕一匝数约为 10 000 匝的电感线圈。当传感器靠近点火线圈时，在点火线圈脉动漏磁作用下，传感器 1、2 两端便会产生感生脉动电压信号。图 4-1(b)为电流感应所用传感器，在 U 形磁心上绕一电感线圈，

点火线圈低压或高压连接线嵌入磁芯内，发动机运转时，连接线有脉动电流通过，在其周围产生脉动磁场，从而在传感器线圈两端产生脉动电压信号。

发动机转速 n 与感生电压脉动频率 $f(\mathrm{s}^{-1})$ 的关系为

$$f=\frac{n}{60}\frac{\tau}{2}$$

式中：τ 为发动机缸数。

对于柴油发动机，常利用磁阻式传感器从发动机飞轮上取得转速信号，见图 4-1(c)。磁阻式传感器由永久磁铁及绕在其上的线圈组成，使用时装在飞轮壳上并使其与飞轮齿顶保持 2～4 mm 的间隙。当飞轮旋转时，轮齿的凹凸引起磁路中磁阻的变化，使通过线圈的磁通量发生强弱交替变化，从而在线圈中产生交流电动势。电动势交变频率等于飞轮每秒钟转过的齿数，即

$$f=\frac{n}{60}z$$

式中：z 为飞轮齿圈齿数。

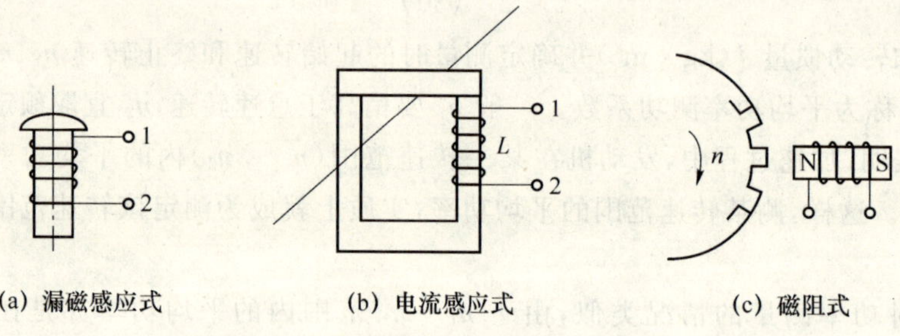

(a) 漏磁感应式　(b) 电流感应式　(c) 磁阻式

图 4-1　转速传感器工作原理

2. 角加速度

图 4-2 为瞬时角加速度测试原理框图。将传来的转速脉冲信号输入到脉冲整形装置整形放大，转变为矩形触发脉冲信号，并把脉冲信号的频率放大 2～4 倍以提高仪器的灵敏性。矩形触发脉冲信号输入到加速度计算器，并且只有在发动机转速达到规定值时，整形装置才输出触发脉冲信号。触发脉冲信号通过控制装置触发加速度计算器工作，计算一定时间间隔内输入的脉冲数，并把这些脉冲数累加起来。时间间隔由时间信号发生器控制。每一时间间隔的脉冲数与发动机转速成正比，后一时间间隔和前一时间间隔脉冲数的差值则与发动机的角加速度成正比，而发动机的有效功率又与角加速度成正比。转换分析器可把计算器输出的脉冲信号，即与功率成正比的角加速度脉冲信号转变为直流电压信号，然后输入到指示电表。该指示电表可按功率单位标定，因而可直接读得功率值。时间间隔取得越小，则所测出的有效功率越接近瞬时有效功率。

3. 加速时间

图 4-3 为加速时间测量原理框图。来自传感器的发动机转速信号脉冲，经整形装置整形为矩形触发脉冲，并转变为平均电压信号。在发动机加速过程中，当转速达到

起始转速 n_1 时，此时与 n_1 对应的电压信号通过 n_1 触发器触发计算与控制电路，使时标信号进入计算器并寄存。当发动机加速到终止转速 n_2 时，与 n_2 对应的电压信号通过 n_2 触发器又去触发计算与控制电路，使时标信号停止进入计算器，并把寄存器中时标脉冲数经数模转换随时转换成电信号，通过显示装置显示出加速时间或直接标定成功率单位显示。

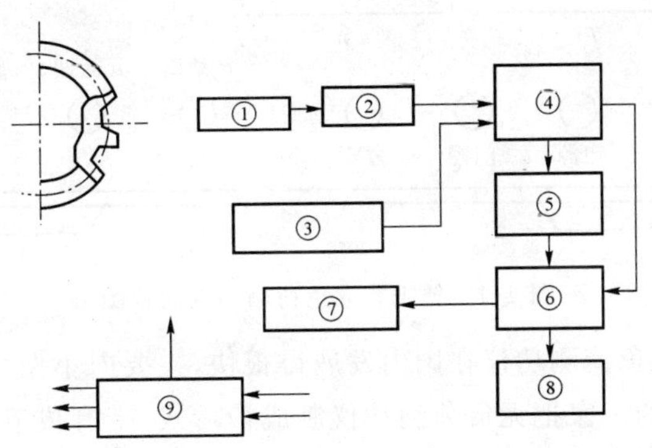

①传感器 ②整形装置 ③时间信号发生器 ④计数器和控制装置
⑤转换分析器 ⑥转换开关 ⑦功率指示表 ⑧转速表 ⑨电源

图 4-2 瞬时角加速度测试原理框图

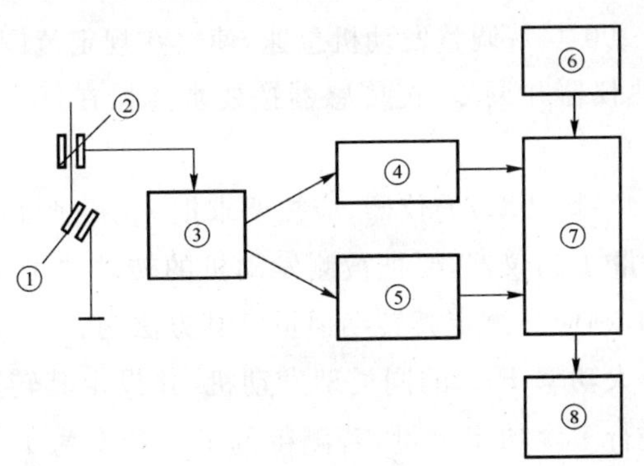

①断电器触点 ②传感器 ③转速脉冲整形装置 ④起始转速n_1触发器
⑤终止转速n_2触发器 ⑥时标 ⑦计算与控制装置 ⑧显示装置

图 4-3 加速时间测量原理框图

4.1.4 无负荷测功仪的使用方法

在国产发动机检测仪中，有的采用通过测试加速时间测定平均功率的测试原理，如济南 WFJ-1 型发动机检测仪；有的采用通过测角加速度以确定瞬时功率的测试原理，如天津 YT-416 型发动机检测仪。无负荷测功仪既可以制成单一功能的便携式测功仪，又可以与其他测试仪表组合制成便携式或台式发动机综合检测仪。图 4-4 为一种国产单一功能便携式无负荷测功仪的面板图。

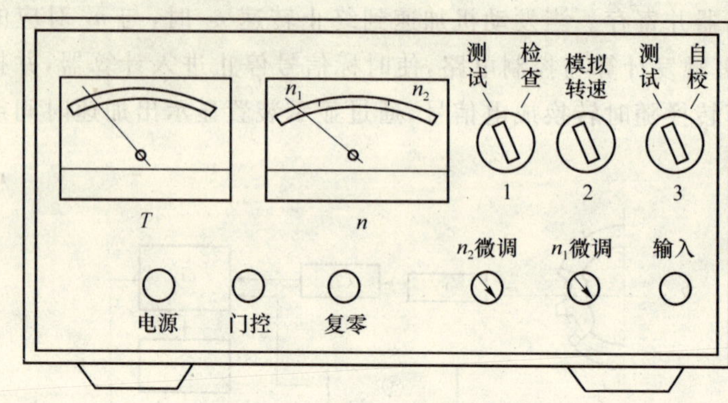

图 4-4　便携式无负荷测功仪面板图

近年来,便携式无负荷测功仪在国内发展得很快,主要向小型化、使用方便和适用多车型的方向发展。有的厂家把无负荷测功仪制成袖珍式,带有拔节天线以收取发动机运转时的点火脉冲信号,而不必与发动机有任何有线连接。发动机综合测试仪是一种测试项目较多的综合性仪器,常具有无负荷测功的功能。

无负荷测功仪的一般使用方法如下。

1. 测试前的准备

(1) 调整发动机配气机构、供油系统和点火系统,使之处于技术完好状态;预热发动机至正常工作温度(80～90 ℃);调整发动机怠速,使之在规定范围内稳定运转。

(2) 接通电源,预热仪器并调零,把传感器按要求连接在规定部位,无连接要求的则应拉出天线。

(3) 对测加速时间(平均功率)的仪器,应按要求把 n_1、n_2 调好。

(4) 需置入转动惯量 J 的仪器,要把被测发动机的转动惯量 J 置入仪器内。若被测发动机的转动惯量未知,则应先测定其转动惯量。其方法为:

先选好一台已知最大功率 P_{emax} 的同类型发动机,并设定其转动惯量为 J_1,利用无负荷测功仪对该发动机进行多次功率测量,若测得的最大功率为 P_1,则被测发动机的转动惯量 J 可按下式计算:

$$J=\frac{J_1}{P_1}P_{emax}$$

(5) 按下其他必要的键位,如机型(汽油机、柴油机)选择键、缸数选择键和"测试"键等。

2. 功率测试方法

常用的功率测试方法有怠速加速法和启动法两种。

(1) 怠速加速法

发动机在怠速下稳定运转,然后突然将节流阀开到最大位置,发动机转速猛然上升,当转速达到所确定的测试转速(测瞬时功率)或超过终止转速 n_2 时,仪表显示出所测功率值。此后应立即松开加速踏板，以避免发动机长时间高速运转。记下或打印出读数后，按“复零”键使指示装置复零。为保证测试结果可靠，一般重复测量3次取其平均值。该测试方法既适用于汽油机，又适用于柴油机。

(2) 启动法

首先将节流阀开至最大位置，再启动发动机加速运转，当转速达到确定值或超过终止转速后，仪表显示出测试值。启动法可用于化油器式汽油机，由于排除了化油器加速泵的附加供油作用，因此可检查化油器的调整状况。

4.1.5 单缸功率检测

检查各个气缸的功率及各缸动力性能是否一致是动力性检测的重要内容。在发动机正常工作情况下，发动机输出功率应等于各缸功率之和，各缸输出功率应大致相等。这样，发动机才能具有良好的动力性，其运转才能平稳。另一方面，在测得的发动机有效功率较小时，测试发动机单缸功率，可以发现引起发动机动力性下降的具体原因和部位。

单缸功率或动力性检测有以下两种方法：

(1) 用无负荷测功仪测定。首先，利用无负荷测功仪测出各缸都工作时的发动机功率，然后在所测气缸断火(高压短路或柴油机输油管断开)情况下测出所测气缸不工作时的发动机功率，两功率之差即为断火气缸的单缸功率。

(2) 利用断火试验时的发动机转速下降值判断单缸动力性，发动机以某一转速稳定运转时，如果交替使各缸点火短路，则每次短路后发动机均应出现功率下降，导致发动机转速下降。若各气缸工作状况良好，则每次转速下降的幅度应大致相等。若某缸断火后，发动机依旧以原来的转速旋转或下降幅度不大，则可以断定该缸不工作或工作状况不良。据此，可以采用简单的转速表测定某缸不工作时的转速下降来判断该缸的动力性好坏。

断火试验时，发动机转速下降的程度与起始转速有关。试验表明：若发动机起始转速为1 000 r/min，使某缸不工作时，正常情况下发动机转速的下降范围见表4-1。

表4-1　某缸不工作时发动机转速的下降值

气缸数	平均转速下降值/r·min^{-1}	允许偏差/r·min^{-1}
4缸	100	±20
6缸	70	±10
8缸	45	±5

应该注意的是：由于某缸断开后，进入该缸的汽油混合气不参与燃烧，汽油会洗刷气缸壁上的润滑油膜，使气缸磨损加剧；同时流入油底壳的汽油会稀释机油。因此，进行断火试验时，其时间不能太长。

4.1.6 发动机综合性能检测仪及其使用

对发动机进行检测诊断，可以使用单一功能的检测设备，如无负荷测功仪、点火正时仪、点火示波器等；也可以使用具有多种检测功能的发动机综合性能检测仪。单一功能的检测设备可靠性好、价格便宜;综合性能检测仪可以实现微机自动控制,自动分析、判断及打印检测结果。

1. 发动机综合性能检测仪的基本功能

发动机综合性能检测仪是汽车检测设备中功能最多、检测项目和涉及系统最广的装置,也是结构较复杂、技术含量较高的设备,其基本功能一般为:

① 无负荷测功功能,即加速测功法;

② 检测点火系统,一次与二次点火波形的采集与处理,平列波、并列波和重叠角的处理与显示,断电器闭合角和开启角、点火提前角的测定等;

③ 机械和电控喷油过程各参数(压力、波形、喷油、脉宽、喷油提前角等)的测定;

④ 进气歧管真空度波形测定与分析;

⑤ 各缸工作均匀性测定;

⑥ 启动过程参数(电压、电流、转速)测定;

⑦ 各缸压缩压力测定;

⑧ 电控供油系统各传感器的参数测定;

⑨ 万用表功能;

⑩ 排气分析功能。

2. 发动机综合性能检测仪的构成和作用

发动机综合性能检测仪一般由信号提取系统(各种传感器)、信号处理系统、中央控制器(主机)和显示系统组成。信号提取系统的作用为测取发动机有关参数的信号,并把非电量转化为电量;信号处理系统的作用是把各种传感器输出的发动机有关参数的信号,经衰减、滤波、放大、整形,并转换成标准的数字信号送入中央处理器;检测仪的中央处理器在相应软件支持下,通过键盘操作完成发动机各种参数的测量和故障诊断;检测结果则由显示系统中的示波器或数码管显示,也可由打印机打印输出。图 4-5 为发动机综合性能检测仪的工作原理框图。

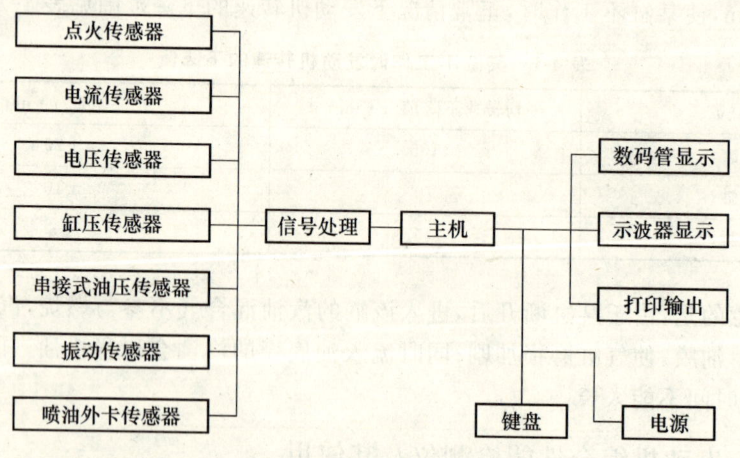

图 4-5 工作原理框图

发动机综合性能检测仪中各类传感器的作用为：

(1) 点火传感器。点火传感器包括转速传感器，白金信号黑、红鱼夹和点火高压传感器。

① 转速传感器。在各检测项目中，通过分缸线上的高压电取得发动机的转速信号，并确定波形的相位。

② 白金信号黑、红鱼夹。取得一次点火电压信号，控制单缸断火和达到设定的转速或测试时间后，使发动机熄火，在全面检测启动系统时取得发动机的转速信号，同时黑鱼夹也是电压传感器的搭铁极。

③ 点火高压传感器。取得二次点火电压信号。

(2) 电流传感器。测量启动电流和充电电流。根据气缸压缩时电流的变化，可以反映出各缸压力的相对值。

(3) 电压传感器。测量启动电压和充电电压。

(4) 缸压传感器。测量标准缸的气缸压力。气缸压缩压力最大值出现的时刻即为活塞到达上止点的时刻，依此来检测点火提前角。

(5) 振动传感器。取得发动机各种异响的振动信号。通过进排气门落座时振动，可以在动态下分析配气相位。

(6) 油压传感器。测量供油压力。在供油提前角检测时，确定供油时刻。根据供油频率确定发动机的转速。

(7) 喷油外卡传感器。喷油外卡传感器有两个，一个作为标准缸传感器；另一个作为检测缸传感器，在分析喷油波形时使用。

各主要检测项目应安装的传感器见表 4-2。

表 4-2 各检测项目应安装的传感器

检测项目	相应的传感器	检测项目	相应的传感器
启动电流 启动电压 气缸压力不均匀性	电流传感器 电压传感器 白金信号黑、红鱼夹	充电电流 充电电压 充电转速	电流传感器 电压传感器 转速传感器
启动转速 各缸的气缸压力值	缸压传感器 电流传感器 白金信号黑、红鱼夹	观测一次点火波形 观测二次点火波形	白金信号黑、红鱼夹 点火高压传感器和黑、红鱼夹
点火提前角	缸压传感器 转速传感器 白金信号黑、红鱼夹	异响分析	振动传感器 转速传感器
闭合角 重叠角	转速传感器 白金信号黑、红鱼夹	无负荷测功	转速传感器 白金信号黑、红鱼夹
单缸动力性	转速传感器 白金信号黑、红鱼夹 点火高压传感器		

3. 发动机综合性能检测仪的使用方法

发动机综合性能检测仪的使用应符合使用说明书的要求。以下主要以国内保有量较大的 WFJ-1 型发动机综合性能检测仪(图 4-6)介绍传感器的安装以及键盘各键的作用和仪器的调试方法。

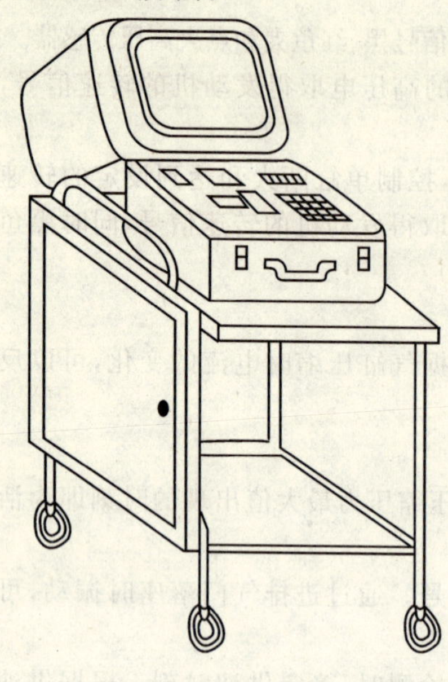

图 4-6 WFJ-1 型发动机综合检测仪

(1) 传感器与发动机有关部位的连接

使用 WFJ-1 型发动机综合性能检测仪检测汽油机时,传感器在发动机上的连接位置,低压点火传感器的红鱼夹夹在分电器低压火线接线柱上;黑鱼夹夹在真空调节器的金属管上(搭铁);高压点火传感器套在点火线圈高压线上;另一高压点火传感器插接在火花塞上,用于采集转速、点火时刻和点火顺序信号。

传感器的连接如图 4-7 所示。

(2) 仪器调试

检测仪在开机后、使用前,应进行下列调试工作:

① 按照要测试的机型,将仪器的"机型选择"开关置于相应位置。

② 接好电源线,打开显示器上的电源开关,数码管上出现"good"字样,显示器上出现"为您服务"字样。

③ 键入 01,数码管上出现"—Eb—",LV 表头应指零。如果电压传感器的红鱼夹已经夹在蓄电池的正极上,对于汽油机,LV 表头应指向 40%～50%(代表 12～13 V),对于柴油机应指向 80%～90%(代表 24～26 V)。

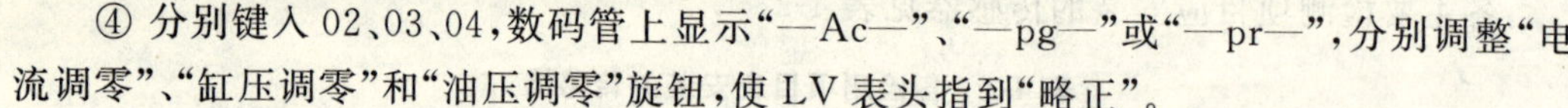

④ 分别键入 02、03、04,数码管上显示"—Ac—"、"—pg—"或"—pr—",分别调整"电流调零"、"缸压调零"和"油压调零"旋钮,使 LV 表头指到"略正"。

⑤ 调整显示器的自动同步系统。

(3) 输入键盘的作用

图 4-8 为 WFJ-1 型发动机综合性能检测仪面板图,面板上各键的作用为:

① 进纸。装微型打印机打印纸时用。

② 清机。清除微型打印机内的无用数据,使 LQ-1600K 打印机复位。

③ 打印。用微型打印机打印波形时用。

④ 复位。在任何情况下,可使主机停止工作,处于待命状态。

⑤ 供油/单缸。这是两用键。

⑥ 存储/全缸。这是两用键。

- 存储。* 数据存储:可将显示屏观测到的数据储存起来进行打印或重显。
  * 波形存储:可使显示屏观测到的波形储存起来进行重显、分析。动力性检测时,发动机置稳定怠速后,使屏幕上的"不可加速"字样消失 ,恢复转速测量。
- 全缸。键入"8 *"(* 为发动机气缸数),可用该键依次显示出已存入的多个全缸波形。

⑦ 数字键 0、1、2、3、4、5、6、7、8、9。当仪器处于待命状态时,轻敲一下这些键(不要按),可对仪器进行 0～99 共 100 项操作。例如:在进行发动机无负荷测功时,需按发动机最高转速的大小键入 23、24 或 25;检测单缸功率时,键入 14。

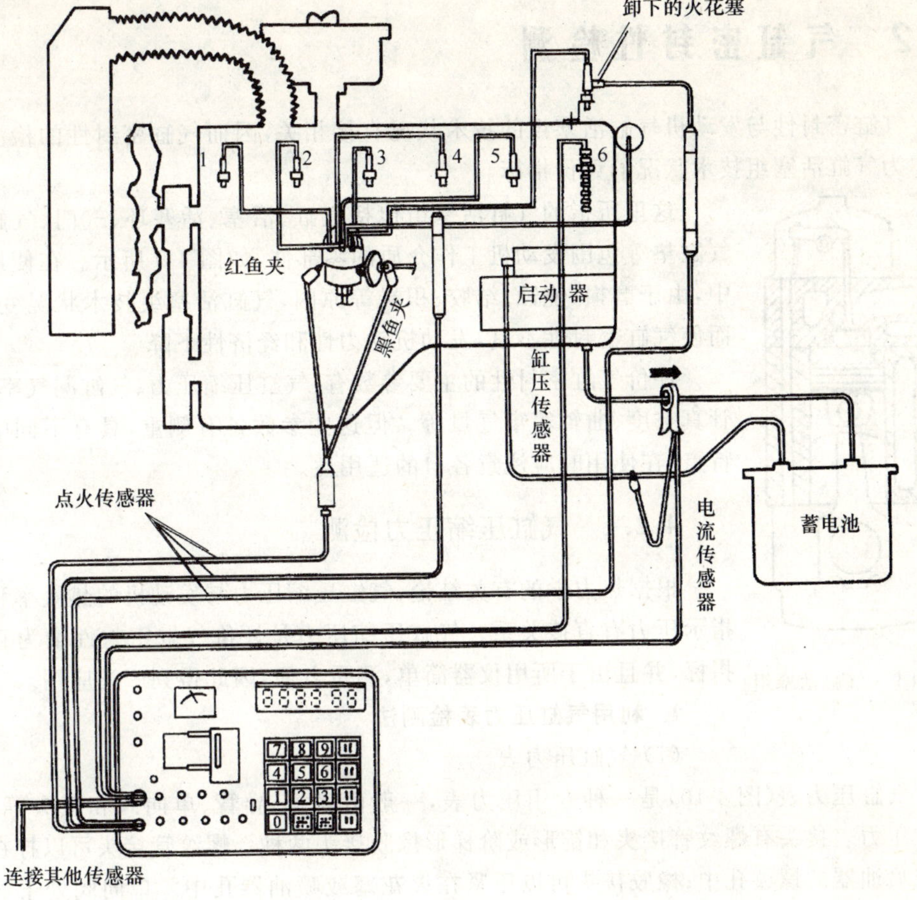

卸下的火花塞
1
2
3
4
5
6
红鱼夹
黑鱼夹
启动器
缸压传感器
蓄电池
电流传感器
点火传感器
连接其他传感器

显示器1
显示器2
电源输入
LV
WFJ-1型
微电脑发动机检测仪
信号输入
波形幅度
电流调零
缸压调零
油压调零
配气光标
机型选择
柴油机
汽油机
33
34
35
36
模拟转速
异响选择
7
8
9
进纸
4
5
6
清机
1
2
3
打印
0
存储全缸
供油单缸
复位

图 4-7　传感器连接图

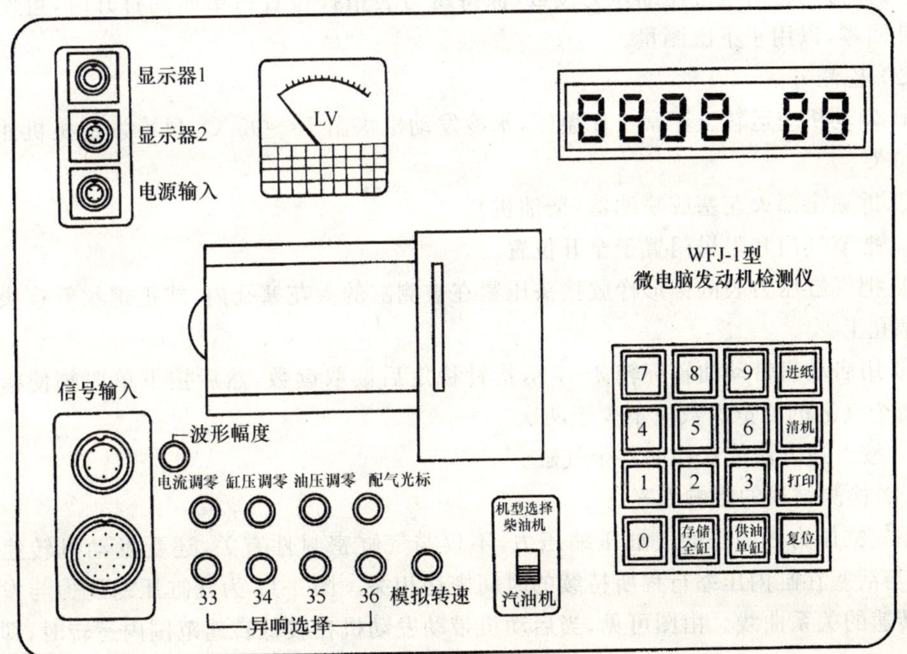

4.2 气缸密封性检测

气缸密封性与发动机气缸活塞组的技术状况直接相关，因而气缸密封性的检测参数可作为气缸活塞组技术状况的评价指标。

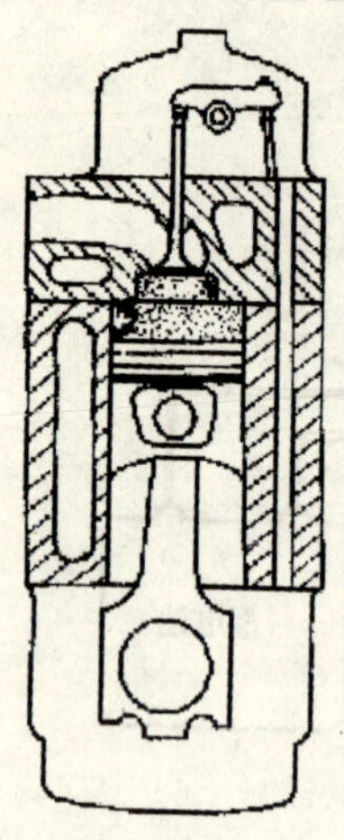

图 4-9 气缸活塞组

这里所指的气缸活塞组包括气缸、活塞、活塞环、气门、气缸盖和气缸垫等包围发动机工作介质的零部件，如图 4-9 所示。在使用过程中，由于磨损、烧蚀、结胶、积炭等原因，气缸活塞组技术状况变坏，从而使气缸密封性不良，发动机动力性和经济性下降。

评价气缸密封性的主要参数有：气缸压缩压力、气缸漏气率、进气管真空度、曲轴箱窜气量等。但这些参数各有侧重，具有不同的使用特点，在使用时应注意各自的适用性。

4.2.1 气缸压缩压力检测

根据热力学的有关结论，气缸压缩压力与发动机的热效率和平均指示压力有直接关系。气缸压缩压力是评价气缸密封性最为直接的指标，并且由于所用仪器简单，测量方便，因此得到广泛应用。

1. 利用气缸压力表检测法

(1) 气缸压力表

气缸压力表(图 4-10)是一种专用压力表，一般由表头、导管、单向阀和接头等组成。气缸压力表接头有螺纹管接头和锥形或阶梯形橡胶接头两种。螺纹管接头可以拧在火花塞或喷油器的螺纹孔中；橡胶接头可以压紧在火花塞或喷油器孔中。单向阀处于关闭位置时，可保持测得的气缸压缩压力读数(保持压力表指针位置)；单向阀打开时，可使压力表指针回零，以用于下次测量。

(2) 检测方法

① 发动机应运转至正常工作温度，水冷发动机水温 75～95 ℃，风冷发动机机油温度 80～90 ℃。

② 拆除全部火花塞或喷油器(柴油机)。

③ 把节气门和阻风门置于全开位置。

④ 把气缸压力表的锥形橡胶接头压紧在被测缸的火花塞孔内，或把螺纹管接头拧在火花塞孔上。

⑤ 用启动机带动曲轴旋转 3～5 s，指针稳定后读取读数，然后按下单向阀使指针回零。每个气缸的测量次数应不少于两次。

⑥ 按上述方法依次检测各个气缸。

(3) 检测结果的影响因素

用气缸压力表测得的气缸压缩压力，不仅与气缸密封性有关，还受发动机转速的影响，即与活塞在缸内压缩行程所持续的时间密切相关。图 4-11 为气缸压缩压力与发动机曲轴转速的关系曲线。由图可见，当启动机带动发动机在较低转速范围内运转时，即使是

较小的转速差 Δn，也能使气缸压缩压力检测结果发生较大的变化 Δp。只有当发动机曲轴转速超过某一值时(一般为 150 r/min)，检测结果受转速的影响才会较小。因此，检测时的转速应符合制造厂规定，见表 4-3。

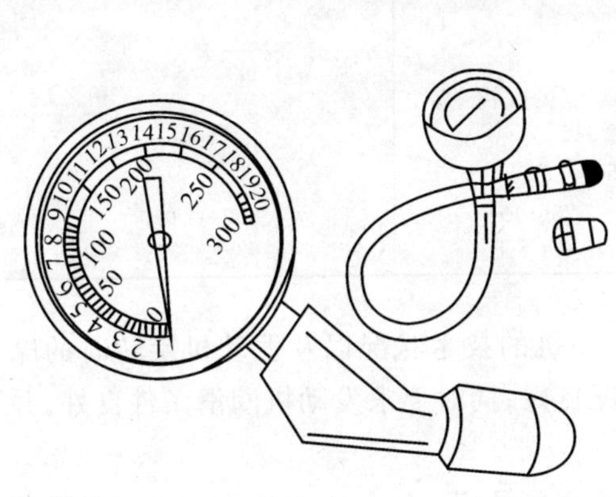

图 4-10　气缸压力表

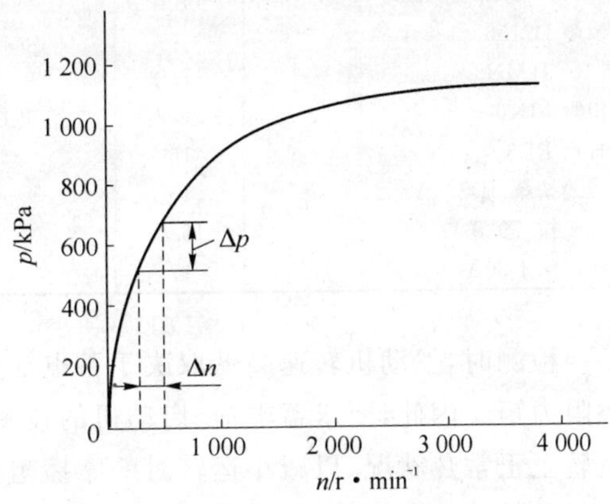

图 4-11　气缸压缩压力与曲轴转速的关系

表 4-3　常用汽车发动机气缸压缩压力

汽车或发动机型号	压缩比	气缸压力/kPa	检测压力时的转速/$r \cdot min^{-1}$
解放 CA6102	7.4	930	100～150
东风 EQ6100-1	7.0	不小于 833(各缸差＜147)	100～150
跃进 NJG427A	7.5	981	200～250
跃进 NJD433A	20	不小于 3 040	200～250
北京 2020	6.6	784	300
CA488	8.1	896	200～250
天津夏利 TJ7100	9.5	1 029～1 225	350
一汽捷达	8.5	900～1 200(各缸差＜300)	200～250
桑塔纳 JV	8.5	1 000～1 300	200～250
奥迪 100	8.5	800～1 100(各缸差＜300)	200～250
切诺基	8.6	1 068～1 275(各缸差＜206)	200～250
丰田 1Y、2Y、3Y	8.8	1 225.83	
4K		1 078.73	
4M/5M	8.5/8.8	1 078.73	250
12R	8.5	1 078.73	
伏尔加 24Д	8.2		
2401	6.7		
拉达 ВАЭ-2105	8.5		
-2103	8.5	不小于 980.67	
-2121	8.5		
波罗乃兹 1300BA	9.0		
1500AA	9.0		
1300BB	7.5	不小于 1 029.70	
1500AC	7.2		
1500AB	9.0		
菲亚特 116C、076/56	9.0	不小于 1 029.70	
115A、076/52	9.0		

续表

汽车或发动机型号	压缩比	气缸压力/kPa	检测压力时的转速 r·min
五十铃 $4JA_1$	18.4		
$4JB_1$ 或 493Q	18.2	3 100	200
罗曼 D2156			
HMN8	17.0		
田野 EC100	20.3	3 138.13～3 530.39	
日产 RD8	16	2 942	200
三菱扶桑 6DS70A	19	2 549.73	
太脱拉 T928	16.5	2 942～3 236.19	600～1 000
沃尔沃 D70A	17	2 745.86	

检测时，发动机转速高低取决于蓄电池和启动机的技术状况以及发动机旋转时的摩擦阻力矩。因此，要求蓄电池、启动机的技术状况良好；同时要求发动机润滑条件良好，并运转至正常热状况，以减小运转时的摩擦阻力。

启动转速不符合检测气缸压缩压力时的转速要求是用气缸压力表所得测试结果误差大的主要原因。因此，在检测气缸压力时，如能监控曲轴转速，对于减小测量误差，以获得正确的检测分析结果是非常重要的。

(4) 检测结果分析

当气缸压缩压力的检测值低于标准值时，常根据润滑油具有密封作用的特点，以下述方法确定导致气缸密封性不良的原因所在。

由火花塞或喷油器孔注入适量(一般 20～30 ml)润滑油后，再次检测气缸压缩压力，并比较两次检测结果。若：

① 第二次检测结果比第一次高，并接近标准值，表明气缸密封性不良是由于气缸、活塞环、活塞磨损过大或活塞环对口、卡死、断裂及缸壁拉伤等原因而引起。

② 第二次检测结果与第一次近似，表明气缸密封性不良的原因为进/排气门或气缸衬垫不密封(滴入的润滑油难以达到这些部位)。

③ 两次检测结果均表明相邻两缸压缩压力低，其原因可能是两缸相邻处的气缸衬垫烧损窜气。

如果气缸压缩压力高于标准值，并不一定表示气缸密封性好，具体原因应结合使用和维修情况分析。因为燃烧室内积炭过多、气缸衬垫过薄或缸体与缸盖的结合平面经多次修理后加工过甚，均会导致气缸压缩压力过高。同时，气缸压缩压力高于标准值常会导致爆燃、早燃等不正常燃烧情况的发生。

气缸压缩压力检测标准值一般由制造厂通过汽车使用说明书提供。常见汽车发动机压缩压力标准值见表 4-3。

气缸压缩压力与发动机的压缩比有直接关系，因此也可根据下列公式近似计算，但对于新型轿车，该式的计算值偏低。

$$p=0.15\varepsilon-0.22$$

式中：p——气缸压缩压力(MPa)；

ε——压缩比。

根据 GB/T15746.2—1995《汽车修理质量检查评定标准 发动机大修》的规定，大修竣工后，气缸压缩压力应符合原设计规定；每缸压力与各缸平均压力的差，汽油机不超过 8%，柴油机不超过 10%。

根据交通部“汽车运输业车辆技术管理规定”，汽车发动机气缸压缩压力不得低于原设计的 25%，否则应进行大修。

2. 利用气缸压力测试仪检测法

(1) 用气缸压力传感器式气缸压力测试仪检测

用压力传感器式测试仪测试气缸压力时，需先拆下被测气缸的火花塞或喷油器，旋上仪器配置的压力传感器，用启动机转动曲轴 3～5 s，将传感器输出的关于气缸压力的信号经放大后送入 A/D 转换器进行数模转换，输入显示装置即可指示出所测气缸的压缩压力。

(2) 用启动电流或启动电压降式气缸压力测试仪检测

① 检测原理

发动机启动时，启动机驱动曲轴的转矩 M 和启动工作电流 I_s 之间存在一定函数关系。电枢电流 I_s 与磁场(通常由励磁电流产生)的磁通量 Φ 相互作用，产生电磁力的电磁转矩，其关系为

$$M = K_m \Phi I_s$$

式中：K_m——电机常数，与结构有关；

Φ——磁通量(Wb)；

I_s——电枢电流(A)；

M——启动力矩(N·m)。

另一方面，电枢在磁场中旋转时，电枢绕组也要切割磁场的磁力线，从而在绕组中感应出反电动势 E'，其方向与电枢绕组电流 I_s 的方向相反，其值大小与电动机转速成正比。

$$E' = K_E \Phi n$$

式中：E'——感应电动势(V)；

K_E——常数，与电机结构有关；

n——启动机转速(r/min)。

启动机电枢端电压 V，电枢内阻 R_a 与电枢电流 I_s 间的关系为

$$I_s = \frac{V - E'}{R_a}$$

启动机的电磁转矩 M 为驱动力矩，稳定运转时，应与发动机的启动阻力矩 M' 平衡。发动机的启动阻力矩 M' 由机械阻力矩、惯性阻力矩和气缸压缩空气的反力矩构成。正常情况下，前两种阻力矩变化不大，可看作常数；而压缩空气反力矩显然是周期性波动的，在每一缸活塞到达压缩行程上止点时具有峰值。若阻力矩增加，电磁转矩 M 便暂时小于阻力矩 M'，启动机转速 n 下降；随着 n 下降，反电动势 E' 将减小，而电枢电流 I_s 将增大。于是电磁转矩 M 随之增加，直到与阻力矩 M' 达到新的平衡。若阻力矩降低，则启动机加速旋转，转速 n 增大；反电动势 E' 随之增大，从而电枢电流 I_s 及转矩 M 减小，直至 M 与 M' 平衡。

由此可见，发动机启动时，压缩压力的波动引起了启动机启动工作电流的波动，电流波动的峰值与气缸压缩压力成正比。如果能确定某一电流峰值所对应的气缸，如第一缸，按点火次序即可确定各缸所对应的启动电流峰值，其大小可代表该缸压缩压力值。用示波器记录的启动机启动电流曲线见图4-12。如果在测发动机启动电流的同时，用缸压传感器（图4-13）测出任一气缸（如第1缸）的气缸压缩压力值，则其他各缸的气缸压缩压力值可按其电流波形峰值计算而得。

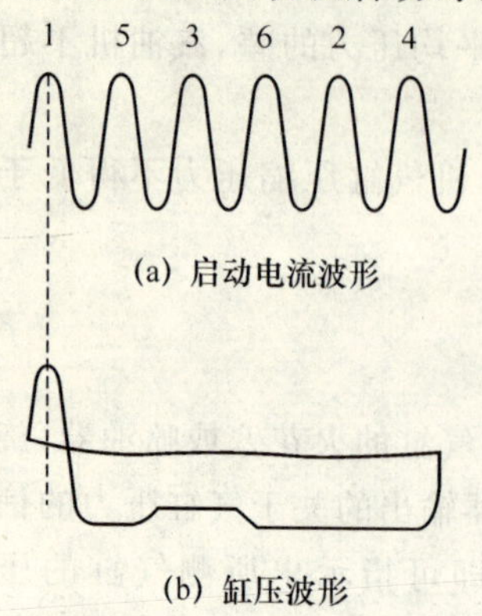

图 4-12 启动电流与缸压波形图

启动机工作电流 I_s 与蓄电池端电压 V 的关系为

$$V = E - I_s R$$

式中：E——蓄电池电动势（V）；

R——蓄电池内阻（Ω）。

因此，由气缸压缩空气阻力矩引起的启动机工作电流波动会导致蓄电池端电压的波动。启动电流增大时，端电压降低，即启动电流与电压降成正比。如前所述，启动电流峰值与气缸压缩压力成正比，因此启动时蓄电池的电压降也与气缸压缩压力成正比。所以，可以通过测量蓄电池的启动电压降检测气缸压缩压力。

根据上述原理制成的气缸压缩压力测试仪，称为启动电流式或启动电压降式气缸压缩压力测试仪。有的测试仪可以显示各缸压缩压力的具体数值，并能与标准值对照；有的仅能定性显示“合格”或“不合格”；有的只能显示波形。对于后者，如果检测时显示的各缸波形振幅一致，峰值又在规定范围内，说明各缸压缩压力符合要求；若各缸波形振幅不一致，对应某缸电流峰值低于规定范围，则说明该缸压缩压力不足，应借助其他方法测出压缩压力的具体数值，以便分析判断。至于各缸波形值对应的缸波形位置，其他缸的波形位置按点火次序确定。

② 检测方法

用气缸压力测试仪检测气缸压力时，发动机亦应首先运转至正常工作温度，并把节气门和阻风门置于全开位置。其传感器的安装及测试过程中的操作应按测试仪使用说明书的要求进行。用济南 WFJ-1 型发动机检测仪测试气缸压力时，传感器的安装和操作过程如下：

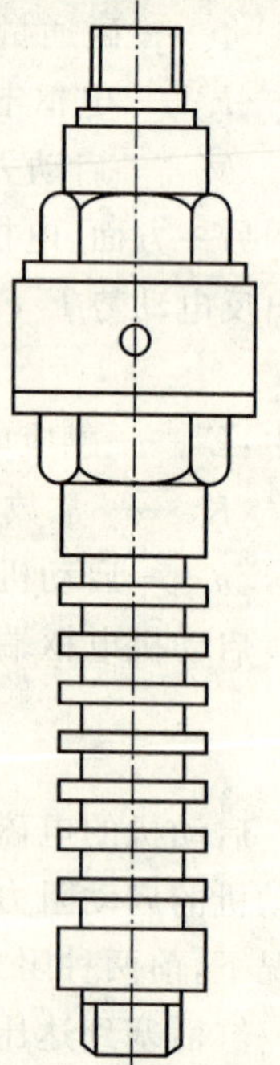

图 4-13 缸压传感器

1）拆下任一缸火花塞，把缸压传感器安装在火花塞孔中。

2）把电流传感器夹在蓄电池的搭铁线上，传感器上箭头指向蓄电池负极，两爪对正、密合，如图 4-14 所示；转速传感器安装于分缸线上；白金信号红鱼夹夹在点火线圈负极接线柱上或分电器接线柱上（触点点火系统），白金信号黑鱼夹搭铁。

3）在输入键盘上键入操作码 06，用启动机带动发动机运转 4～6 s，仪器将会自动打印出各缸的压缩压力值。缸压传感器所在缸为标准缸，其余各缸的压缩压力值从标准缸以下按点火次序排列。

应注意的是：标准缸的气缸压缩压力值是由缸压传感器直接测出的，其余各缸的压力值则是通过各缸启动电流峰值与标准缸启动电流峰值相比较而得到的。因此，为保证测试结果可靠、准确，应经常用气缸压力表的检测值与用缸压传感器的检测值相比较，以检查缸传感器是否准确。

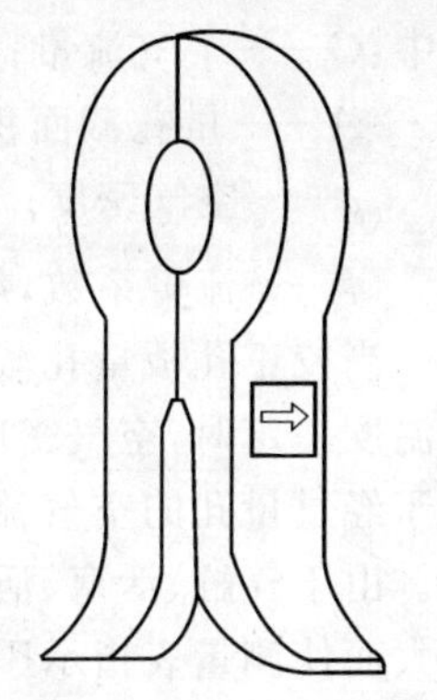

图 4-14　电流传感器

4.2.2　气缸漏气量(率)检测

气缸的漏气量也可用于对气缸密封性进行检测。检测时，发动机不运转，活塞处于压缩行程上止点；若把具有一定压力的压缩空气从火花塞或喷油器孔充入气缸，通过压力的变化即可检测气缸的密封性。

1. 检测原理

图 4-15 为常用 QLY-1 型气缸漏气量检测仪。测试时，检测仪的充气嘴安装于所测气缸的火花塞孔上，该缸活塞处于上止点位置。外接气源的压力应相当于气缸压缩压力，一般为 0.6～0.8 MPa，其具体压力值由进气压力表显示；经调压阀调压至某一确定压力 p_1(0.4 MPa)后，压缩空气经过校正孔板上的量孔及快换管接头、充气嘴进入气缸。当气缸密封不严时，压缩空气就会从不密封处逸漏出去，校正孔板量孔后的空气压力下降为 p_2。p_1 和 p_2 的关系为

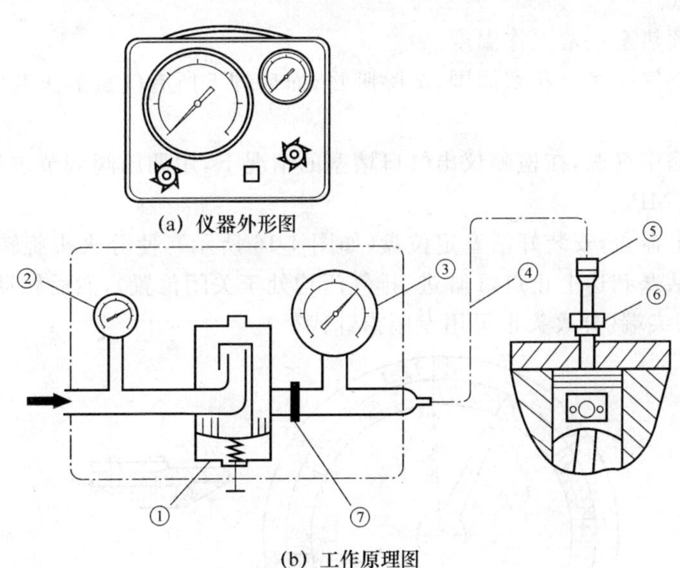

① 调压阀　② 进气压力表　③ 测量表　④ 橡胶软管
⑤ 快换接头　⑥ 充气嘴　⑦ 校正孔板

图 4-15　气缸漏气量检测仪

$$p_1 - p_2 = \frac{\rho Q^2}{2\phi^2 A^2}$$

式中：Q——空气流量；

A——量孔截面积；

ρ——空气密度；

ϕ——流量系数，$\phi = 1/\sqrt{1+\xi}$，ξ 为量孔局部阻力系数。

当校正孔板量孔截面积和结构一定时，A 和 ϕ 为常数；而进气压力 p_1 及测试时的环境温度一定时，空气密度 ρ 亦为常数，因此校正孔板量孔后的压力 p_2（由测量表指示）取决于经过量孔的空气流量 Q。显然，空气流量 Q 的大小（漏气量）与气缸的密封程度有关。由于气缸、活塞、活塞环和气门、气门座等处磨损过大或因故障密封不良时，漏气量 Q 增大而使测量表指示压力 p_2 低于进气压力 p_1 的量增大。因此，根据测量表压力下降值即可判断气缸的漏气量，并据此检测气缸的密封性。

通过气缸漏气量检测，发现某一缸的密封性不良后，可进一步在化油器、排气消声器出口、水箱加水口和机油加注口等处，察听有无漏气声，以判断气缸的漏气部位。

对于气缸漏气率检测，无论所使用的是何种仪器、检测方法，还是何种判断故障的方法，都与气缸漏气量的检测基本一致。所不同的是气缸漏气量的测量表以 kPa 或 MPa 为单位，而气缸漏气率测量表的标定单位为百分数，即：密封仪器出气口，漏气率为 0 时，测量表指针指示为 0；而打开仪器出气口，表示气缸内压缩空气完全漏掉，测量表指针指示值为 100%。测量表指示值在 0 到 100% 之间均匀分度，并以百分数表示。这样，把原表盘的气压值设定为漏气的百分数，就能直观地指示气缸的漏气率了。

2. 检测方式

① 发动机预热至正常工作温度。

② 用压缩空气吹净火花塞周围，清除脏物，而后拧下所有气缸的火花塞，并在火花塞孔装好充气嘴。

③ 接好压缩空气源，在检测仪出气口堵塞的情况下，用调压阀调节进气压力，使测量表指针指示 0.4 MPa。

④ 卸下分电器盖，安装好活塞定位盘（如图 4-16 所示），使分火头旋转至第一缸跳火位置（此时 I 缸活塞到达上止点，I 缸进、排气门均处于关闭位置），然后转动定位盘使用刻度 1 对准分火头尖端（分火头也可用专用指针代替）。

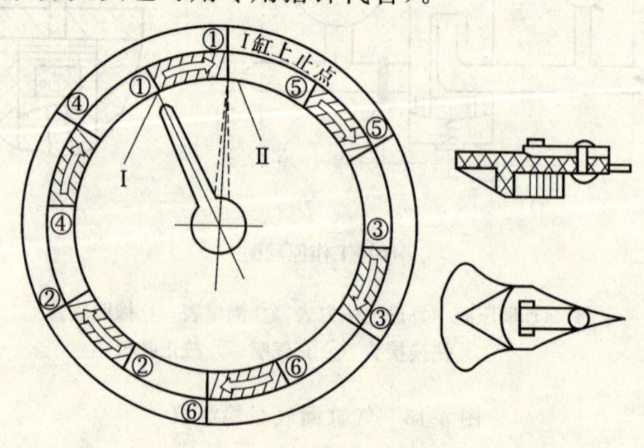

图 4-16　活塞定位盘

⑤ 为防止压缩空气推动活塞使曲轴转动，变速器挂高速挡，拉紧手制动。

⑥ 把Ⅰ缸充气嘴接上快换管接头，向Ⅰ缸充气，此时测量表上的压力读数便反映了该缸的密封性。

⑦ 摇转曲轴，使分火头(或指针)对准活塞定位盘上下一缸刻度线，按以上方法检测下一缸的漏气量。

⑧ 按以上方法和点火次序检测其余各缸的漏气量，为使检测结果可靠，各缸应重复检测一次。

3. 检测标准

气缸漏气量(率)检测标准应根据发动机种类、缸径、磨损情况等因素通过试验确定。对于缸径为102 mm左右的汽油发动机，用QLY-1型气缸漏气量检测仪检测时，若测量表上的压力指示值大于0.25 MPa，则密封性良好；而当测量表压力指示值小于0.25 MPa时，说明密封性较差，应进一步察听漏气部位，找出故障原因。气缸漏气率检测标准可参考表4-4。当气缸漏气率达30%～40%时，若能确认进排气门、气缸衬垫、气缸盖等处均不漏气，则说明气缸活塞摩擦副的磨损临近极限值。

表4-4　气缸漏气率参考值

气缸密封状况	仪器读数值/%	气缸密封状况	仪器读数值/%
良好	0～10	较差	20～30
一般	10～20	换环或镗缸	30～40

气缸漏气量(率)的检测虽然比较麻烦、费时，但检测全面、指示直观，比用气缸压缩压力检测值反映气缸密封性精确。

4.2.3　进气管真空度检测

1. 检测原理

进气管真空度指进气管内的进气压力与外界大气压力之差。通过检测发动机进气歧管真空度来评价发动机的气缸密封性，主要是针对汽油机而言。

汽油机负荷采用“量”调节，即依靠节气门开度变化控制进入气缸混合气的量，改变发动机输出功率。怠速时，节气门开度小，进气节流作用大，进气管中真空度较高；节气门全开时，进气管中真空度较小。由此可见，进气管真空度首先取决于发动机工作状态。检测进气管真空度，大多数是在怠速条件下进行，因为技术状况良好的汽油机怠速时，进气管真空度有一较为稳定的值(化油器式发动机约为57～70 kPa)，同时怠速时进气管真空度高，对因进气管、气缸密封性不良引起的真空度下降较为敏感。

进气管真空度还与发动机技术状况有关，可以反映气缸活塞组和进气管的密封性。若进气管垫、真空点火提前机构等处密封不良，气缸活塞组、配气机构因磨损或故障间隙增大，以及点火系统和供油系统的调整等都会影响发动机进气管的真空度。因此，通过对进气管真空度的检测也可发现这些部位的故障。

2. 检测方法

检测进气管真空度的真空表由表头和软管构成，软管一头固定在真空表上，另一头可

方便地连接在进气管上的检测孔上(真空助力或真空控制装置从进气管取真空的孔,即可作为检测孔)。检测步骤如下:

① 发动机预热至正常工作温度;

② 把真空表软管与进气歧管上的检测孔连接;

③ 变速器置于空挡,发动机怠速稳定运转;

④ 在真空表上读取真空度读数。

3. 检测结果分析

通过对进气管真空度检测结果分析,可判断发动机的技术状况和故障。

① 在海平面高度发动机怠速运转时,若真空表指针稳定在 57~70 kPa 之间,表明气缸密封性正常,海拔高度每升高 500 m,真空度应相应降低 4~5 kPa;当迅速开启、关闭节气门时,指针应能随之在 6.7~84.5 kPa 范围内摆动。

② 怠速时,指针在 50.66~67.55 kPa 间摆动,表示气门粘滞或点火系统有故障。

③ 怠速时,指针低于正常值,主要是由于活塞环、进气管或化油器衬垫漏气造成;若指针在 20 kPa 以下,主要是由于进气管漏气。此时若突然加大并关闭节气门,指针指示值降至零且回跳不到 84.5 kPa。

④ 怠速时,指针在 40.53~60.80 kPa 间缓慢摆动,表示化油器调整不良。

⑤ 怠速时,指针在 33.78~74.31 kPa 间缓慢摆动,且随转速升高而加剧摆动,表示气门弹簧弹力不足、气门导管磨损或气缸垫泄漏。

⑥ 怠速时,若指针指示值有规律地下跌几千帕或十几千帕,表明气门密封不严、气门烧蚀或有结胶。

⑦ 怠速时,指针指示值逐渐下降至零,表示排气消声器或排气系统堵塞。

⑧ 怠速时,指针快速摆动;升速时,指针反而稳定,这表示进气门、气门导管磨损松旷。

进气管真空度检测是一种综合性检测,能检测多种故障现象,而且检测时不需要拆下火花塞,因此是较实用、快速的检测方法;不足之处是往往不能确定故障的具体原因。

4. 检测标准

根据 GB/T15746.2—1995《汽车修理质量检查评定标准 发动机大修》的规定,大修竣工的汽油发动机在怠速时,进气歧管真空度应在 57~70 kPa 范围内。进气歧管真空度波动,六缸汽油机不超过 3 kPa,四缸汽油机不超过 5 kPa(大气压力以海平面为准)。

进气管真空度随海拔高度升高而降低。海拔每升高 1 000 m,真空度将降低 10 kPa 左右。因此检测发动机进气管真空度时,应根据当地海拔高度修正检测标准。

4.2.4 曲轴箱窜气量检测

1. 检测原理

气缸活塞组配合副磨损、活塞环弹性下降或粘结均会使密封性下降,工作介质和燃气将会从不密封处窜入曲轴箱。窜入曲轴箱的气体量越多,表明气缸与活塞、活塞环间不密封程度越高。窜入曲轴箱的废气可以溢出的通道有:加机油口、机油尺口和曲轴箱强制通风阀,如图 4-17 所示。

显然，曲轴箱窜气量与使用工况有关。但在确定工况下，曲轴箱窜气量可反映气缸活塞组的技术状况或磨损程度。图 4-18 表明曲轴箱窜气量与功率和油耗的关系。

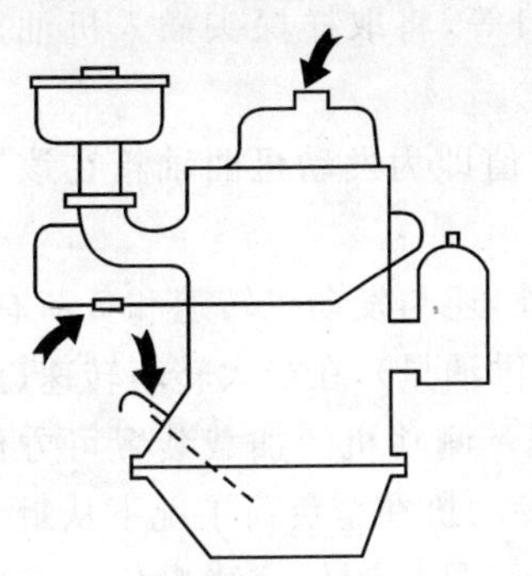

图 4-17　曲轴箱废气可以溢出的通道

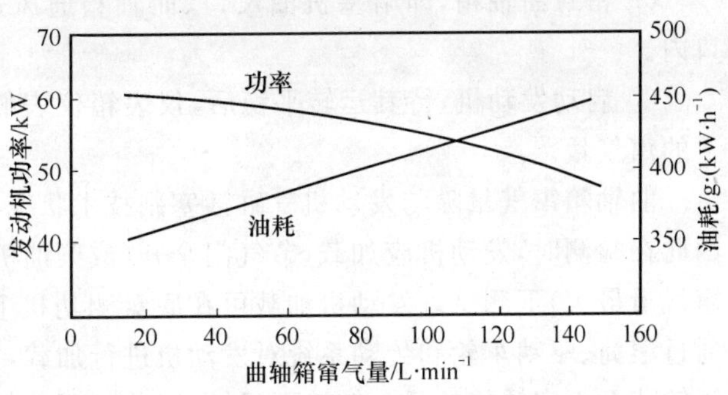

图 4-18　曲轴箱窜气量与功率、油耗的关系

因此，检测发动机工作状态下单位时间内窜入曲轴箱的气体量，可评价气缸活塞配合副的密封性。

2. 检测方法

由于从曲轴箱窜出的气体具有温度高、量小、脉动、污浊的特点，因而检测难度较大。

曲轴箱窜气量可采用曲轴箱窜气量检测仪检测。早期生产的检测仪由气体流量计及与之相连的软管、集气头构成。曲轴箱窜出的废气经集气头、软管输送到气体流量计，并测出单位时间流过气体流量计的废气流量。目前，曲轴箱窜气量检测仪使用微压传感器，当废气流过取样探头孔道时，在测量小孔处产生负压，微压传感器检测出负压并将其转变成电信号。流过集气头孔道的废气流量越大，流量小孔处产生的负压越大，微压传感器输出的电信号越强。该信号输送到仪表箱，由仪表指示出大小，以反映曲轴箱窜气量的大小。曲轴箱窜气量检测仪如图 4-19 所示。

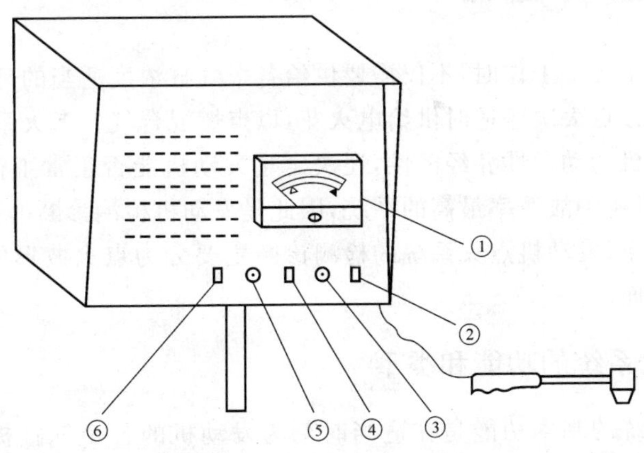

① 指示仪表　② 预测按钮　③ 预调旋钮
④ 挡位开关　⑤ 调零旋钮　⑥ 电源开关

图 4-19　曲轴箱窜气量检测仪

测试步骤如下：

① 打开电源开关，按仪器使用说明书的要求对检测仪进行预调。

② 密封曲轴箱，即堵塞机油尺口、曲轴箱通风进出口等，将取样探头插入机油加注口内。

③ 启动发动机，待其运转平稳后，仪表箱仪表的指示值即为发动机曲轴箱在该转速下的窜气量。

曲轴箱窜气量除与发动机气缸活塞副技术状况有关外，还与发动机转速和负荷有关。因此在检测时，发动机应加载，节气门全开（或柴油机最大供油量），在最大转矩转速（此时窜气量最大）下测试。发动机加载可在底盘测功机上实现。测功机的加载装置可方便地通过滚筒、驱动车轮和传动系统对发动机进行加载，并使发动机在全负荷工况下从最大转矩转速至额定转速的任一转速下运转，因此可用曲轴箱窜气量检测仪检测出任一工况下曲轴箱的窜气量。

对曲轴箱窜气量还没有制定出统一的检测标准；同时，由于曲轴箱窜气量大小还与缸径大小和缸数多少有关，很难把众多车型的曲轴箱窜气量综合在一个检测标准内。维修企业和汽车检测站应积累具体车型的曲轴箱窜气量检测数据资料，经分析整理制定企业标准，以作为检测依据。对于东风 EQ1090E 型汽车和解放 CA1091 型汽车，可用以下试验分析结果作为曲轴箱窜气量检测时的参考标准：

- 东风 EQ1090E 型汽车，2 000 r/min 时窜气量≤70 L/min；
- 解放 CA1091 型汽车，1 000 r/min 时窜气量≤40 L/min。

曲轴箱窜气量大，一般是因气缸、活塞、活塞环磨损最大、配合间隙增大或活塞环对口、结胶、积炭、失去弹性、断裂及缸壁拉伤等原因造成，要结合使用、维修和配件质量等情况进行分析判断。

4.3 点火系统检测

汽油机在不同工况下工作时，不仅需要供给各个气缸浓度适当的可燃混合气，还必须由发动机点火系统按点火次序适时供给电火花，以点燃混合气。点火系统技术状况好坏，不仅严重影响发动机的动力性和经济性，还决定了发动机能否正常工作。点火系统是汽油发动机各系统、机构中故障率最高的系统，因此是发动机检测诊断的重点。

在不解体情况下，发动机点火系统的检测诊断主要分为点火波形的检测与分析及点火正时检测两个方面。

4.3.1 点火系统的功能和类型

发动机点火系统的基本功能是在适当时刻为发动机的各个气缸提供足够能量的电火花。

目前汽车上常用的点火系统的类型如下。

1. 传统触点式点火系统

传统触点式点火系统的工作原理如图 4-20 所示。触点闭合时，一次电流经点火线圈一次绕组后搭铁，同时产生磁场；触点打开时，一次电流突然中断，由于流过点火线圈一次绕组的电流所产生的磁场骤然衰减，从而在点火线圈二次线圈上产生很高的感应电压(15 000～20 000 V)。该感应电压产生时，分电器分火头正对应于某缸点火高压线，从而在高电压作用下，火花塞(处于气缸燃烧室内)间隙被击穿，产生电火花点燃气缸内经过压缩的可燃混合气。

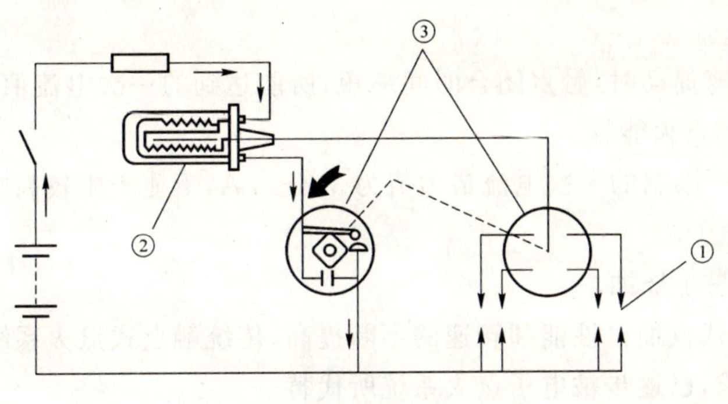

①火花塞 ②点火线圈 ③分电器

图 4-20 触点式点火装置工作原理图

2. 电子点火系统

电子点火系统是指利用半导体元器件(如晶体管)作为开关以代替传统点火系统中的断电器，接通与断开一次电流并在二次线圈中感应出高电压，通过火花塞产生电火花的点火系统，如图 4-21 所示。

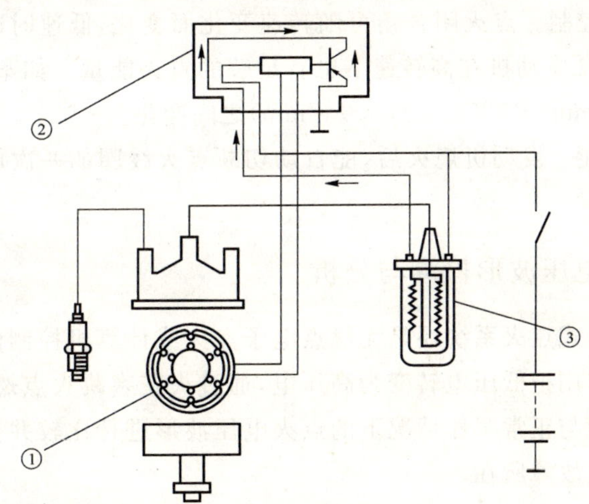

①分电器中的点火信号发生器 ②点火控制器
③高能点火线圈

图 4-21 电子点火装置工作原理图

3. 计算机控制点火系统

计算机控制点火系统是指把燃油供给、废气排放、点火控制等集成为一体的发动机控制点火系统。发动机工作时，通过各种传感器监测发动机的各种运行参数并输入计算机；

计算机对输入的各种信息进行处理后，向点火模块发出指令，迅速切断一次电路，使二次电路产生高压，经火花塞放电点燃混合气。该系统取消了离心和真空点火提前机构，点火正时由计算机控制，以保证汽油机在任何工况下均在最佳时刻点火。新型计算机控制点火系统已去掉了分电器，成为无分电器点火系统。

传统触点式点火系统，由于其结构简单、工作可靠，长期以来在汽车上得到广泛利用。但存在以下缺点：

① 发动机转速提高时，触点闭合时间缩短，所能达到的一次电流值降低。因此，高速时不能提供足够的点火能量。

② 白金触点所限制的一次电流最大值为 3.5～4 A，不能产生较高二次电压以点燃稀混合气。

③ 白金触点易于烧蚀。

因此，随着现代汽油机性能和转速的不断提高，传统触点式点火系统已不能满足现代汽油机点火的要求，已逐步被电子点火系统所代替。

无触点电子点火系统利用晶体管的导通和截止代替传统点火系统中白金触点的闭合与打开，以控制一次电流的接通和切断；控制晶体管导通和截止的触发信号来自分电器中的点火信号发生器，或由计算机按照传感器发来的信息进行控制。此外，电子点火系统还具有以下功能：

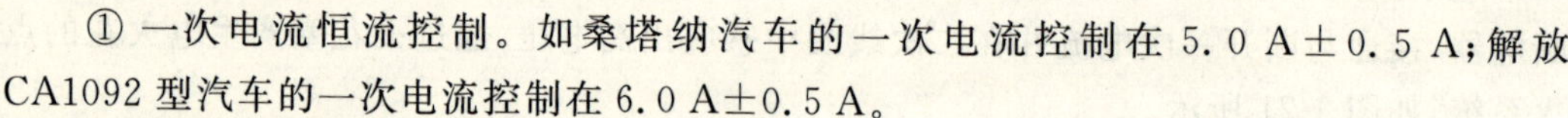

① 一次电流恒流控制。如桑塔纳汽车的一次电流控制在 5.0 A±0.5 A；解放 CA1092 型汽车的一次电流控制在 6.0 A±0.5 A。

② 点火闭合角控制。点火闭合角可随转速变化而变化，低速时减小闭合角，高速时则增大闭合角，以保证发动机在高转速下也有足够的点火能量。如桑塔纳汽车的闭合角可在 19°±3°(800 r/min)～62°±3°(3 500 r/min)之间变化。

③ 停车保护功能。发动机熄火后，能自动切断点火线圈的一次电路，对系统起保护作用。

4.3.2 点火电压波形检测与分析

无论是传统触点式点火系统还是无触点电子点火或计算机控制的点火系统，都是由点火线圈通过互感作用把低压电转变为高压电，通过火花塞跳火点燃混合气做功的。点火系统点火电压波形与正常工作情况下的点火电压波形进行比较并分析，可判断点火系统的技术状况好坏及故障所在。

1. 点火波形

发动机工作时，点火系统的一次电路周期性闭合或切断。

当传统点火系统的触点闭合或电子点火系统的晶体管导通时，点火线圈一次绕组开始有电流通过并增强，一次电源 i 的增长规律为

$$i=\frac{U}{R}\left(1-e^{-\frac{R}{L}t}\right)$$

式中：U——蓄电池电压(V)；

e_L——一次绕组的自感电动势(V);

R——一次电路中的电阻(Ω);

L——一次绕组电感(H)。

此时,触点两端的一次电压接近于零;但一次电路从切断到闭合及一次电流 i 的增长,使一次线圈产生的磁场强度由弱到强,一次绕组产生自感电动势;而二次绕组因互感产生逆电动势,在点火电压波形上表现为向下的振荡。在一次电路切断的时刻,一次电流所能达到的值 I_k 为

$$I_k=\frac{U}{R}(1-e_L{}^{-\frac{R}{L}t_b})$$

$$t_b=\tau_b\frac{120}{zn}$$

式中:t_b——触点闭合时间(s);

τ_b——相对闭合时间,即闭合时间比例;

z——气缸数;

n——发动机转速(r/min)。

由上式可见,在其他因素不变的条件下,缸数 z 增多,转速 n 增高,I_k 降低;而闭合角增大后,闭合时间比例 τ_b 增大,I_k 也增大。一次线圈流过电流 I_k 时,储存在线圈及铁芯中的磁场能量 E_L 为

$$E_L=\frac{1}{2}LI_k^2$$

一次电路切断后,一次电流及磁场迅速消失,一次电压迅速升高。由于磁场强度剧烈衰减,在二次绕组中感应出很高的感生电压 U_2,二次电压的最大值 U_{2max} 为

$$U_{2max}=I_k\sqrt{\frac{L}{C_1\left(\frac{N_1}{N_2}\right)^2+C_2}}\eta$$

式中:C_1——电容器电容量(F);

C_2——分布电容,指点火线圈电容、火花塞中心电极与电极间、高压线与机体间电容的总和(F);

N_1——一次绕组匝数;

N_2——二次绕组匝数;

η——热耗系数,$\eta=0.75\sim0.85$。

二次电压的最大值 U_{2max} 一般可达 15 000~20 000 V。实际上,二次电压在小于 U_{2max} 的某一数值时,即可把火花塞的电极击穿,此时的电压值称为击穿电压 U_j。电极被击穿后,一次电压、二次电压均迅速下降,电极间形成火花放电并延续一段时间,在二次电压波形上表示为火花线,即发火线后的一条起伏小而密的高频振荡曲线。当储存在点火线圈中的能量消耗到不足以继续维持放电时,火花终了,二次电压略有上升后又剧烈下降。此后,点火线圈和电容器中的残余能量以阻尼振荡的形式耗尽,在二次电压波形上出现低频振荡波形。由于一次、二次线圈的互感作用,上述高频振荡和

低频振荡波形也出现在一次电压波形中。通过放电和阻尼振荡消耗尽点火线圈的能量后，在一次电路接通之前，一次电压稳定于蓄电池的电压值，而二次电压降于零，直至一次电路接通后下一点火循环开始。

图 4-22 为点火过程中一次电流 i、一次电压 U_1 和二次电压 U_2 的波形图。

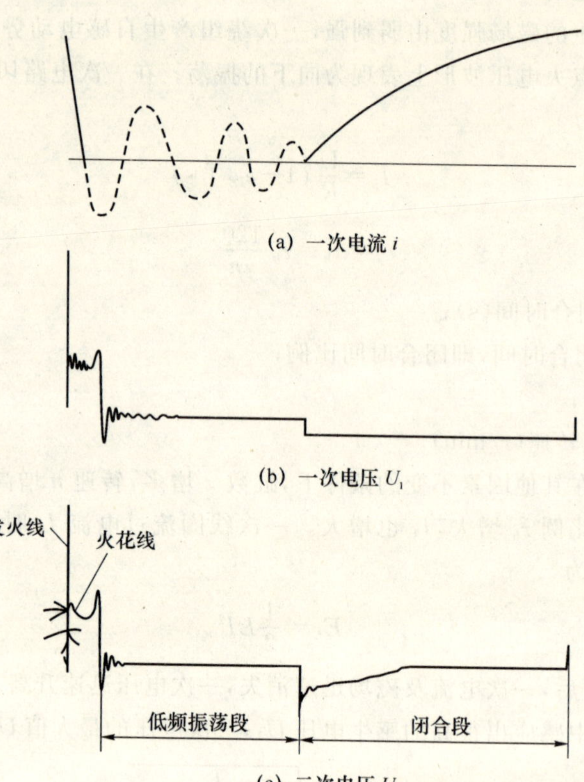

图 4-22 点火工作过程波形图

2. 检测仪器——示波器

示波器是可以将点火系统电压随凸轮轴转角的变化关系用波形直观表示出来，以便于观察和分析的测试仪器。凡是电压、电流以及能通过传感器转变为电压、电流的其他非电量（如压力、振动、温度、流量等）均可以用示波器观测。点火波形可以用专用示波器观测（如国产 QDS-1A 型示波器），也可以用发动机综合检测仪观测。大多数发动机综合检测仪（如国产 QFC-3、QFC-4 和 WFJ-1 型发动机综合检测仪）都配备有示波器，用于观测点火波形、缸压波形、油压波形、喷油器针阀升程波形和异响振动波形等。

图 4-23 为示波器工作原理。在示波器的显像管中，电子枪把电子束射向荧光屏，产生一个亮点。显像管中设有水平偏转板和垂直偏转板。水平偏转板使亮点从左至右横扫过荧光屏，形成一条亮线；垂直偏转板从发动机点火电路通过示波器电路接收电荷，电荷大小与点火系统电压的瞬时变化成比例，随电子束从左到右的扫描，变化着的电荷使其在垂直方向产生弯曲，因此光亮点在荧光屏上扫出一条曲线。曲线代表了点火系统的电压随时间（凸轮轴转角）而变化的规律。对曲线图形的坐标，水平方向表示时间（凸轮轴转

角）；垂直方向表示电压，并且以基线为准，向上为正电压，向下为负电压。

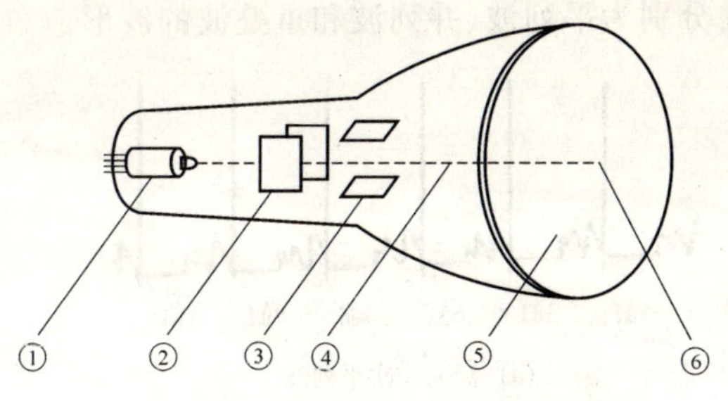

①电子枪 ②水平偏转板 ③垂直偏转板
④电子束 ⑤荧光屏 ⑥亮点

图 4-23 示波器原理图

3. 检测方法

（1）传感器的连接方法

传统点火系统一次点火波形信号是从断电器触点两端采集到的，故又称为白金波形；而二次点火波形是从点火线圈高压线上采集到的。当使用 WFJ-1 型发动机综合检测仪时，传感器的连接如图 4-7 所示。图中，低压点火传感器（白金信号）的红鱼夹夹在分电器低压接线柱上，黑鱼夹夹在真空调节器的金属上搭铁，点火高压传感器套在点火线圈高压线上；转速传感器插接在Ⅰ缸火花塞上，用于采集转速、点火时刻和点火顺序信号。

在电子点火装置中，一次电流流经点火线圈一次绕组后，不流经分电器，而是通过点火控制器搭铁。因此，低压点火传感器的红鱼夹应在点火线圈的负极接线柱上。

（2）检测步骤

① 按发动机点火示波器或发动机综合检测仪使用说明书的要求，对仪器通电预热，检测校正。

② 启动发动机并预热至正常工作温度。

③ 按要求正确联机，即把各类传感器连接在发动机有关部位。

④ 通过按键或输入操作码可分别测得发动机的重叠波、并列波、平列波和单缸选择波。调节检测仪上的“亮度”、“对比度”、“水平位置”、“水平幅度”、“垂直位置”、“垂直幅度”、“示波同步”等旋钮，可使荧光屏上的亮度、对比度、波形位置、波形幅度等符合观测要求。同时，观测波形时，应使发动机在规定转速下运转。

平列波、并列波和重叠波及单缸选择波可根据检测目的而选择。

平列波：按点火顺序从左至右首尾相连排列，易于比较各缸发火线的高度。

并列波：按点火顺序从下至上分别排列，可以比较火花线长度和一次电路闭合区间的长度。

重叠波：把各缸波形之首对齐重叠在一起排列，用于比较各缸点火周期、闭合区间及断开区间的差异。

单缸选择波：按点火顺序逐个单选出一个缸的波形进行显示，把横坐标拉长，以看清点火波形各阶段的变化，也可看清火花线的长度和高度。单缸选择波的显示对火花线和低频振荡阶段的显示和分析非常有利。

图 4-24、4-25、4-26 分别为平列波、并列波和重叠波的波形。

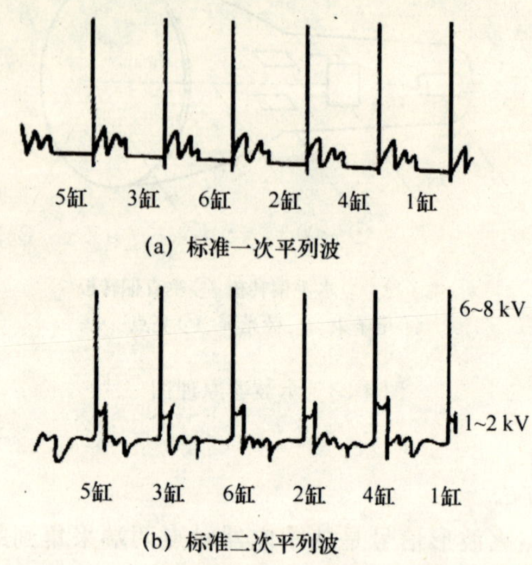

图 4-24 平列波

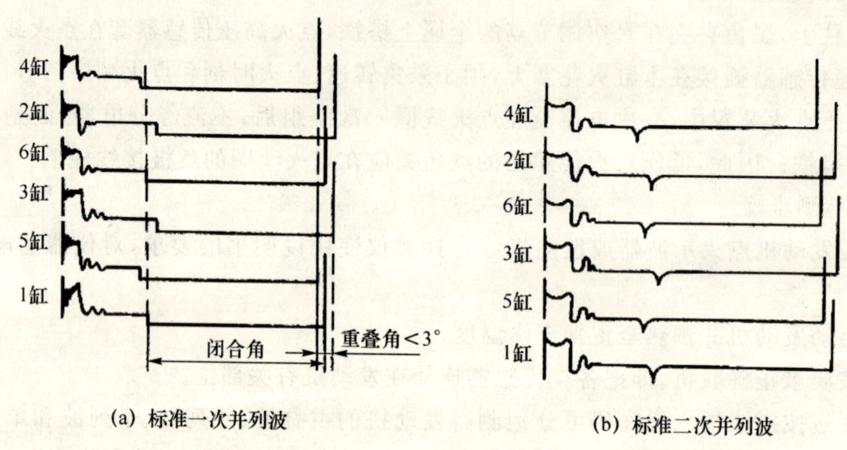

图 4-25 并列波

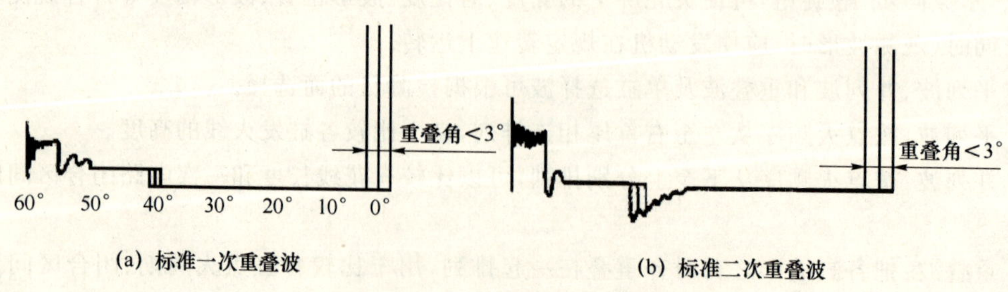

图 4-26 重叠波

4. 波形分析

波形分析是指把汽车发动机点火系统实际点火波形与标准波形比较以判断点火系统故障的过程。

(1) 标准波形

传统触点式一次、二次点火电压波形如图 4-22 所示。电子点火系统的二次点火波形与传统点火系统点火波形的主要区别在于,其闭合段后部电压略有上升。有的波形在闭合段中间也有一个微小的电压波动,这反映了点火控制器(电子模块)中限流电路的作用。另外,电子点火波形闭合段的长度随转速变化而变化。电子点火波形如图 4-27 所示。

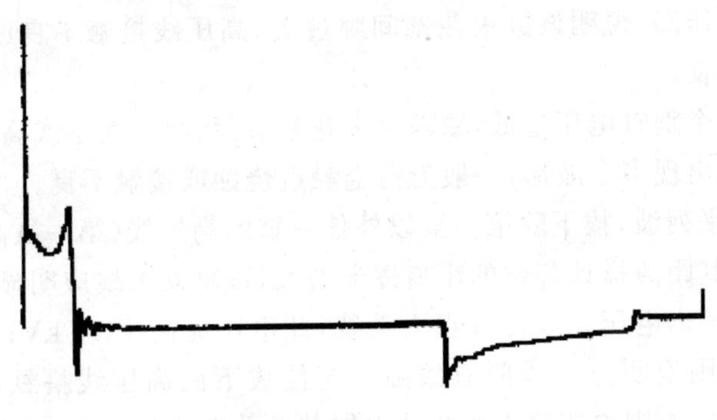

图 4-27 电子点火波形

(2) 故障波形

① 波形上的故障反映区

如果用示波器测得的波形与标准波形比较有差异,说明点火系统有故障。传统点火系统故障在波形(以二次波形为例)上有 4 个主要反映区,如图 4-28 所示。

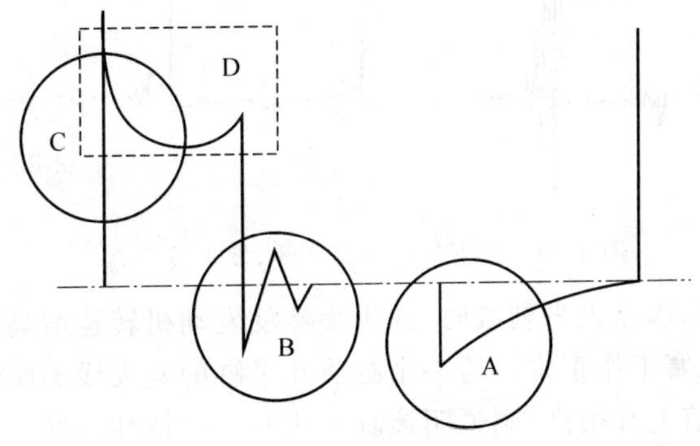

图 4-28 二次波形故障反映区

C 区域为点火区:当一次电路切断时,点火线圈一次绕组内电流迅速降低,所产生的磁场迅速衰减,在二次绕组中产生高压电(15 000~20 000 V),火花塞间隙被击穿。击穿电压一般为 4 000~8 000 V。火花塞电极被击穿放电后,二次点火电压随之下降。

D 区域为燃烧区:当火花塞电极间隙被击穿后,电极间形成电弧使混合气点燃。火花放电过程一般持续 0.6~1.5 ms,在二次点火电压波形上形成火花线。

B 区域为振荡区:在火花塞放电终了,点火线圈中的能量不能维持火花放电时,残余能量以阻尼振荡的形式消耗贻尽。此时，点火电压波形上出现具有可视脉冲的低频振荡。

A 区域为闭合区：一次电路再次闭合后，二次电路感应出 1 500～2 000 V 与蓄电池电压相反的感生电压。在点火波形上出现迅速下降的垂直线，然后上升过渡为水平线。

② 典型故障波形

1）发火线分析

转速稳定时，显示出各缸平列波，若点火电压高于标准值，说明高压电路有高电阻。

- 若各缸都高，说明高电阻发生在点火线圈插孔及分火头之间，如高压断线、接触不良、分火头脏污等；
- 若个别缸电压高，说明该缸火花塞间隙过大，高压线接触不良或分火头与该缸高压线接触不良；
- 若全部缸或个别缸电压过低，原因为火花塞脏污、间隙太小或高压短路；
- 发火线下端出现多余波形，一般为白金触点烧蚀或接触不良。

当显示出各缸平列波，拔下除第一缸以外任一缸的高压线（第一缸高压线上包夹着示波器的传感器），使其距离搭铁部位的距离逐渐增大，该缸发火线应明显上升，其电压值应是点火线圈的最高输出电压。对传统点火系统，此电压应高于 20 kV；对电子点火系统，则应高于 30 kV，否则说明点火线圈有故障。若使拔下的高压线搭铁，发火线应明显缩短，其值应低于 5 kV，否则说明分火头或分电器盖插孔电极间隙大，或分缸高压线与插孔接触不良。图 4-29 为拔下一缸高压线后发火线升高的情况。

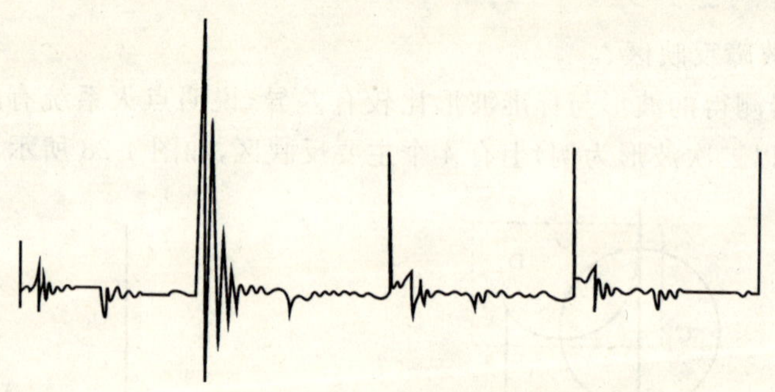

图 4-29 拔下任一缸高压线，发火线升高

当荧光屏上显示二次点火平列波时，如果突然使发动机转速增高，所有缸的发火线均匀升高，说明各缸火花塞工作正常。若一个缸或几个缸的发火线不能升高，说明火花塞有积炭。若某缸高压峰值上升很高，则说明该缸火花塞加速特性不好。

2）火花线分析

利用单缸选择波可较容易地观察该缸火花线，在具有毫秒扫描装置的示波器上，可以从刻度上读出火花线延续时间和点火电压值（如美国 BEAR-200 型发动机检测仪可显示出火花线延续时间的毫秒数）。对于装有电子点火系统的大多数汽车而言，火花延续时间在转速为 1 000 r/min 时约为 1.5 ms。火花延续时间小于 0.8 ms 时，就不能保证混合气完全燃烧，同时排气污染增大、动力性下降；若火花延续时间超过 2 ms，火花塞电极寿命会明显缩短，传统点火系统火花线长度一般为 0.6～0.8 ms，燃烧区电压一般为 1～2 kV。

若火花线过短，其原因一般为：

- 火花塞间隙过大；
- 分火头和分电器盖电极烧蚀或两者间隙过大；
- 高压线电阻过高；
- 混合气过稀。

若火花线过长，原因一般为：

- 火花塞脏污；
- 火花塞间隙过小；
- 高压线或火花塞短路。

用某些发动机综合检测仪观测点火波形时，尽管不能确定火花线的具体长度，但通过对各缸点火波形的比较，亦可发现火花延续时间较短及电压较低的气缸。

3）低频振荡区分析

发动机点火系统技术状况良好时，其低频振荡区应有5个以上可见脉冲；高功率线圈所产生的脉冲将多于8个。振荡脉冲数少，且振幅也小的原因是：

- 点火线圈短路；
- 电容器漏电；
- 点火线圈一次电路接头或线路连接不良，阻值过大。

若振荡脉冲数过多，则表明电容器容量过大。

对于电子点火系统，低频振荡区异常时，仅表示点火线圈技术状况不正常，而与电容器无关，这是因为电子点火系统无电容器的缘故。

4）闭合区分析

对传统点火系统，在触点闭合时，点火波形上产生垂直向下的直线，在此处有杂波说明白金触点烧蚀、接触不良或触点弹簧弹力不足，如图4-30所示。同理，在闭合区一端发火线前若有杂波，也说明白金触点技术状况不良。

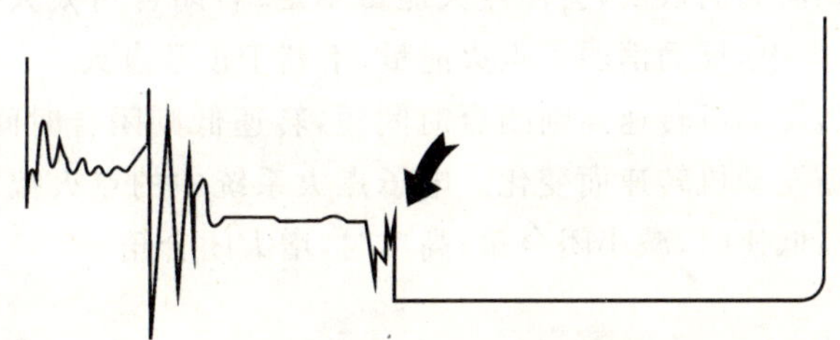

图4-30 触点烧蚀故障波形

对于电子点火系统而言，闭合区的波形虽与传统点火系统极相似，但反向电压和击穿电压是由于晶体管导通和切断一次电流而产生的。因此，该两处波形异常是由于晶体管技术状况不良造成的。电子点火系统闭合区波形的长度、形状与传统点火系统不同，主要表现在：闭合区在高转速时拉长，闭合段内有波纹或凸起；有的电子点火系统在闭合区结束前，先产生一条锯齿状的上升斜线，而后出现点火线。以上均属正常情况。

5）波形倒置

点火线圈正负极接反时，发动机也能启动，但点火消耗的能量增加，这是因为火花塞工作时，中心电极的温度较旁电极高，电子从中心电极向旁电极运动较容易；反之则稍难。点火线圈正负极接线正确时，发火线向上；极性接反时，则发火线向下，如图 4-31 所示。

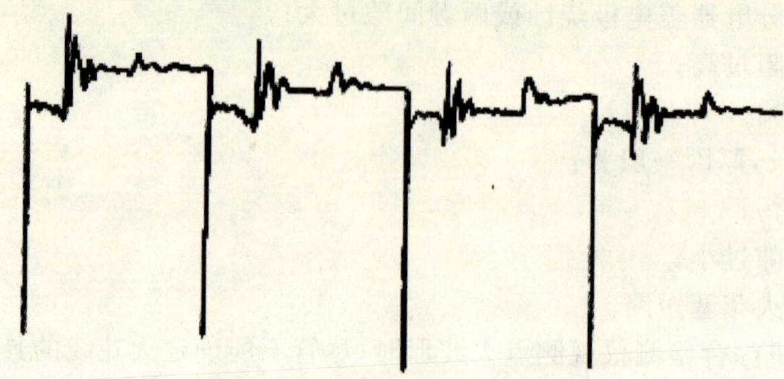

图 4-31　点火线圈极性接反的故障波形

6）闭合角检测

汽油机点火过程中，一次电路导通阶段所对应的凸轮轴转角称为闭合角。对于传统点火系统，闭合角为白金触点闭合时期所占的凸轮轴转角；对于电子点火系统，则是三极管导通所占的凸轮轴转角。

利用一次并列波（如图 4-25 所示）可方便地观测各缸的闭合角，闭合角的大小应在以下范围内：

3 缸发动机：60°～66°

4 缸发动机：50°～54°

6 缸发动机：38°～42°

8 缸发动机：29°～32°

对于传统有触点点火系统而言，测出的闭合角小，说明触点间隙太大，触点闭合时间短，一次电流增长不到需要的数值，会使点火能量不足；若闭合角太大，说明触点间隙小，会使触点间发生电弧放电，反而消弱了点火能量，不利于正常点火。

在闭合角相同时，发动机转速高则闭合时间短，转速低则闭合时间长。因此，为保证点火可靠，闭合角应随发动机转速而变化。电子点火系统中的点火控制器可对闭合角的大小进行控制和调节：低速时，减小闭合角；高速时，增大闭合角。

7）重叠角检测

各缸点火波形首端对齐，最长波形与最短波形长度之差所占的凸轮轴转角称为重叠角。

重叠角不应大于点火间隔的 5%，即：

4 缸发动机≤4.5°

6 缸发动机≤3°

8 缸发动机≤2.25°

重叠角的大小反映多缸发动机点火间隔的一致程度，重叠角愈大，则点火间隔愈不均匀。这不仅会影响发动机的动力性、经济性，还影响发动机运转的稳定性。重叠角太大是由分电器凸轮磨损不匀或分电器轴磨损松旷、弯曲变形等原因造成的。

4.3.3 点火正时检测

点火正时指正确的点火时间，一般用点火提前角表示。从点火开始到活塞到达上止点这一段时间内，曲轴转过的角度称为点火提前角。点火提前对发动机的动力性、经济性和排放性能有很大影响，因此应重视对发动机点火提前角的检测。

发动机的最佳点火提前角应随转速、负荷而变化。点火提前角应随发动机转速增高而增大，因为转速升高后，曲轴转过同样的角度所用的时间将会缩短；同时，点火提前角应随发动机负荷（节气门开度）的增大而减小，因为在大负荷时，压缩行程终了的压力和温度增高，燃烧速度加快。对于传统点火系统，分电器中具有离心点火提前机构和真空点火提前机构，以实现点火提前角随转速和负荷变化的调节。在离心点火提前机构和真空点火提前机构工作正常的情况下，发动机点火提前角是否正确往往决定于初始点火提前角，即点火提前装置进入工作状态前的点火提前角。对于现代发动机上的计算机控制电子点火系统，各种传感器将关于发动机工作情况的信息传输至计算机，计算机计算出正确的点火时间，以控制三极管的导通或截止，控制点火线圈一次电流的接通和切断，实现点火时刻的调节。计算机控制点火时刻，除与发动机转速和负荷两个因素有关外，还与发动机的工作温度、海拔高度、爆震倾向等因素有关。

尽管凭经验可对发动机的点火正时进行粗略检查并校正，但点火提前角的精确检测必须借助于仪器。常用的检测方法有频闪法和缸压法。

1. 点火提前角的检测——频闪法

用频闪法检测点火提前角使用的点火正时仪又称为正时灯，如图 4-32 所示。该仪器由闪光灯、传感器、整形装置、延时触发装置和显示装置构成，其基本工作原理建立在频闪原理的基础上。即：如果在精确的确定时刻，相对转动零件的转角，照射一束短暂（约1/5 000 s）的且频率与旋转零件转动频率相同的光脉冲，由于人们视力的生理惯性，似乎觉得零件是不转动的。

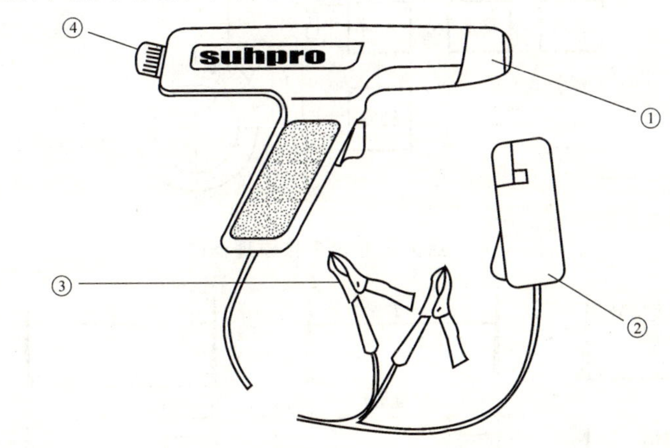

①闪光灯 ②点火脉冲传感器 ③电源夹 ④电位计旋钮

图 4-32 正时灯

(1) 点火正时仪工作原理

在发动机飞轮或曲轴带轮上，一般都刻有正时标记，在与之相邻的固定机壳上也刻有标记。曲轴旋转至活动标记与固定标记对齐时，第一缸活塞刚好到达上止点。如果用第一缸的点火信号触发闪光灯，并使之发出短暂光脉冲，当用闪光灯照射刻有活动定时标记的飞轮或曲轴带轮时，若发动机转速稳定，则活动标记与闪光灯闪光在光学上是相对静止的，活动标记似乎不动。当闪光灯在第一缸点火信号发生的同时闪光时，一缸活塞尚未到达上止点，活动标记与固定标记尚未对齐，此时两标记之间所对应的发动机曲轴转角即为点火提前角，如图4-33所示。

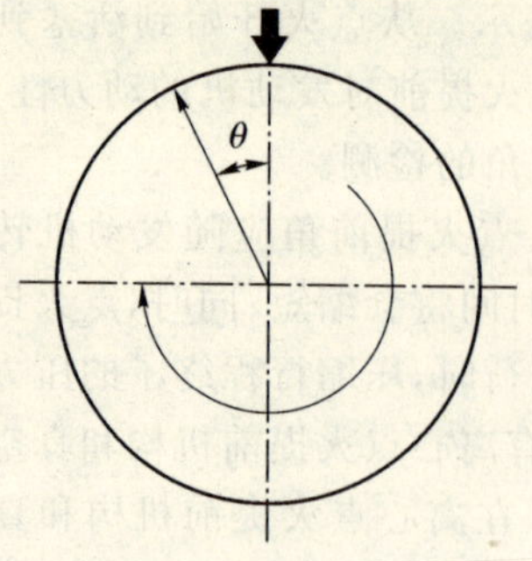

图4-33　飞轮及壳上的标记和点火提前角

为了测出点火提前角的大小，点火正时仪具有延时触发电路，并可用电位计来改变延时常数，使闪光滞后于一缸点火一定的时间发生。此时闪光照射于活动标记时，发现随延时常数增加，活动标记距固定标记转过的角度越来越小。当两标记对齐时，延时常数所对应的发动机曲轴转角即为点火提前角。

图4-34为根据上述原理制造的点火正时仪工作原理框图。测试时，把点火脉冲传感器串接或外卡在第一缸高压线上，传感器输出的第一缸点火信号电脉冲经过整形后，进入延时装置。延时装置是一个单稳态延时可调电路。如果此时延时电路处于非延时状态，即延时常数为零，则延时电路即刻输出一极窄的矩形脉冲，直接使闪光灯触发装置工作，闪光灯闪光。此时，一缸点火脉冲、延时电路脉冲和闪光灯触发信号处于同一时刻（见图4-35），如在闪光灯下，活动标记与固定标记重合，说明提前角为零，若点火提前角不为零，则活动标记位于固定标记之前某个曲轴转角。

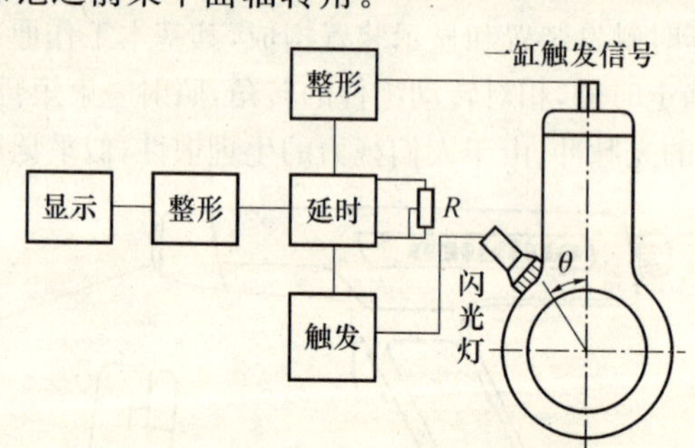

图4-34　点火正时仪工作原理框图

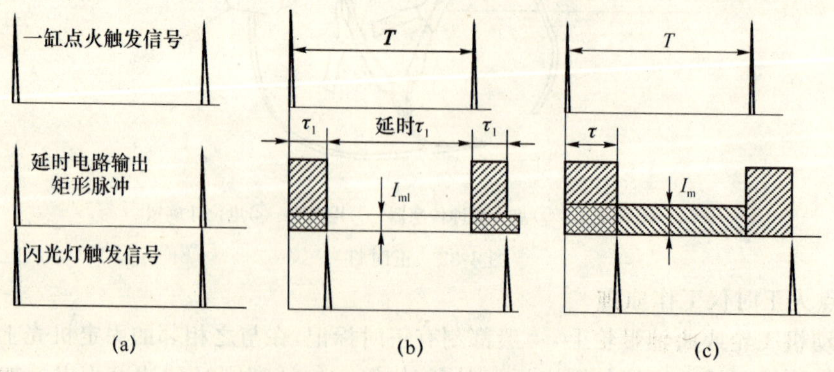

图4-35　点火、延时、闪光信号示意图

设点火提前角为 θ,则

$$\theta = 6n\tau$$

式中:θ——点火提前角(°);

n——发动机转速(r/min);

τ——转过 θ 角的时间(s)。

一缸点火信号脉冲频率 f(次/s)与发动机转速 n 之间的关系为 $n=120f$,从而

$$\theta = 720f\tau$$

稳定转速下,f 为常数,故只需测出转过 θ 角的时间 τ 即可得到点火提前角。

改变延时电路电位计电阻值 R 至 R_1,以改变延时电路的时间常数。此时延时电路输出一个矩形脉冲,脉冲宽度对应时间 τ_1,该矩形脉冲的后沿微分,产生触发闪光灯工作的脉冲,所以此时闪光灯发光延迟了时间 τ_1。在闪光灯下,活动标记向固定标记靠拢,转过的角度 $\theta_1 = 6n\tau_1$,而代表延时电路矩形脉冲宽度的平均工作电流为 I_{m1},τ_1 与 I_{m1} 成正比,因此 θ_1 也与 I_{m1} 成正比。继续改变电位器电阻值,直至活动标记与固定标记重合。此时闪光灯延时时间 τ 与提前角 θ 成正比,也与矩形脉冲的平均工作电流 I_m 成正比。因此,在稳定转速下,电流 I_m 的大小可代表点火提前角,并可在表头上直接显示出点火提前角的值,一般用曲轴转角表示。延时电路输出的电流值 I_m 为

$$I_m = K\frac{\tau}{T} = Kf\tau = K'\theta$$

式中:K——结构常数;

T——一缸点火周期。

上式说明,点火提前角 θ 的大小只决定于延时电路输出的电流值 I_m,而与转速无关。这是由于转速增加,转过 θ 角所需时间 τ 和一缸点火周期均相应缩短,比值不变的缘故。

(2) 检测方法

检测时,先接上正时灯,再把点火脉冲传感器串接在一缸火花塞与高压线间或外卡在一缸高压线上(感应式传感器),擦拭飞轮或曲轴带轮使之清晰显露出正时标记。置发动机于怠速工况下运转,打开正时灯并使之对准正时标记,调整电位计旋钮,使活动标记与固定标记对齐,此时显示的读数即为怠速工况下的点火提前角。用同样方法可测出不同工况下的点火提前角。

发动机怠速运转时,离心式和真空式点火提前装置未起作用或起作用很小,此时测得的点火提前角为初始提前角。测出的各工况下的点火提前角若符合规定,说明初始点火提前角调整正确,同时表明离心点火提前装置和真空点火提前装置工作正常。也可对各种工况下的离心提前角和真空提前角进行测试。拆下分电器真空提前装置的真空软管,用在真空提前装置不起作用的各种转速下的点火提前角减去初始点火提前角,即可得到各种转速下的离心提前角;在连接真空提前装置真空软管的情况下,用在同样的转速下测得的点火提前角减去离心提前角和初始提前角,则又可得到真空点火提前角。

对于计算机控制电子点火系统而言,其点火提前角的检测应按制造厂规定的校准点火正时的步骤进行。检测时,一般应先把发动机罩下的点火正时检验接线柱搭铁,使计算机控制点火提前不起作用。首先检测基本提前角(即发动机自动控制点火提前装置不起

作用时的点火提前角)，检测完毕后再把搭铁导线拆除。具体检测方法和步骤应查阅说明书。表 4-5 为常见车型发动机的基本点火提前角。

表 4-5　点火提前角及标记位置

车型或发动机型号	基本点火提前角	上止点标记位置
EQ6100	9°	飞轮壳右侧
CA6102	$(14°\pm2°)/1\,200\ r\cdot min^{-1}$	
桑塔纳(JV)	$(6°\pm1°)/850\ r\cdot min^{-1}$	左侧飞轮壳窗口
北京切诺基	$12°/1\,600\ r\cdot min^{-1}$	曲轴带轮左侧
广州标致	$10°/900\sim950\ r\cdot min^{-1}$	
一汽捷达	$20°/850\ r\cdot min^{-1}$	
富康	$8°/750\ r\cdot min^{-1}$	
TJ7100	$(5°\pm2°)/800\ r\cdot min^{-1}$	左侧飞轮壳窗口

2. 点火提前角的检测——缸压法

当某缸活塞到达压缩行程上止点时，气缸内压缩压力最高。用缸压传感器检测出这一时刻，同时用点火传感器检测出同一缸的点火时刻，两者间所对应的曲轴转角即为点火提前角。用缸压法制成的点火正时仪，由缸压传感器、点火传感器、处理装置和指示装置等构成。如果正时仪带有油压传感器，还可以用来检测柴油机的供油提前角。许多类型的发动机综合检测仪(如国产 QFC-4 型和 WFJ-1 型等)都具有用缸压法检测发动机点火提前角的功能。图 4-36 为缸压法检测发动机点火或供油提前角的原理图。

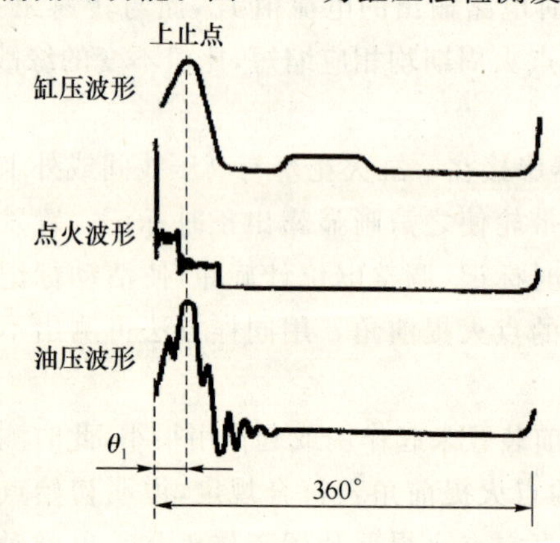

图 4-36　缸压法检测点火供油提前角原理图

用缸压法点火正时仪或发动机综合检测仪检测发动机的点火提前角时的检测步骤如下：

① 运转发动机使其达到正常工作温度后停机。

② 拆下某一缸的火花塞，把缸压传感器装在火花塞孔内。

③ 把拆下的火花塞固定在机体上使之搭铁(注意：中心电极不能与机体相碰)，并把点火传感器插接在火花塞上，连接好该缸的高压线。此时，该缸火花塞可在缸外点火。

④ 启动发动机运转，由于被测缸不工作，因而缸压传感器输出的缸压信号反映气缸压缩压力大小，其最大值产生于活塞压缩终了上止点，连接在该缸火花塞上的点火传感器输出点火脉冲信号或点火电压波形信号。

⑤ 按仪器使用说明书的要求操作(如使用 WFJ-1 型发动机检测仪测点火提前角时，需键入操作码 08，按屏幕上的提示进行操作)，可从指示装置上测得怠速、规定转速或任一转速下的点火提前角。对具有打印功能的检测仪，在按下打印键后，还可以打印出检测结果。

缸压法与闪光法一样，可测得初始点火提前角和不同工况下的总提前角、离心提前角、真空提前角以及计算机控制电子点火系统的基本点火提前角。检测点火正时时，一般只测一个缸（如1缸），其他缸的点火提前角决定于点火间隔，而点火间隔可从示波器屏幕上显示的并列波上得到。当各缸点火波形的重叠角很小时，可认为各缸的点火间隔相等，因而其他缸的点火提前角与被测缸相同，此时被测缸的点火提前角即是整台发动机的点火提前角。

4.4 汽油机燃油供给系统检测

汽油机燃油供给系统的作用为：根据发动机各种工况的要求，向气缸即时提供一定数量和浓度的可燃混合气，以便在临近压缩终了时使发动机点火燃烧而膨胀做功，最后把燃烧产物排至大气。燃油供给系统是发动机较易发生故障的系统之一，其技术状况好坏直接影响着发动机的动力性、经济性和工作稳定性。

4.4.1 混合气质量检测

无论化油器式燃油供给系统或电控燃油喷射供给系统，都必须根据发动机的工况供给气缸高质量的混合气，只有这样，发动机才能正常工作并具有良好的动力性和经济性。因此，混合气质量是发动机燃油供给系统检测的综合性检测项目。

混合气质量一般用空燃比（A/F）或过量空气系数（a）评价。空燃比指可燃混合气中空气的质量与燃油质量的比值，理论空燃比为14.7，即1 kg汽油完全燃烧所需要的空气质量为14.7 kg。过量空气系数指燃烧过程中实际供给的空气质量与理论上完全燃烧所需要空气质量的比值。

1. 空燃比的直接测定

利用空气流量计和燃油流量计分别测出进入化油器的空气量和燃油量（如图4-37所示），空燃比可经计算求得。

空气量的测量有体积法和质量法两种。当采用体积法测量时，应考虑发动机工作温度、空气滤清器洁净程度、发动机工况、海拔高度等因素对测量结果的影响。

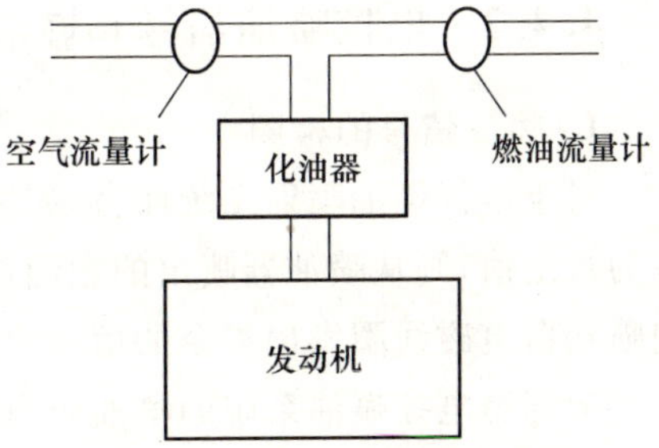

发动机工况改变时，由于化油器燃油供给系统混合气形成过程有较大惯性或滞后性，所以该测量方法仅适合于工况稳定时空燃比的测量。

图4-37 空燃比测定原理框图

2. 空燃比的间接分析

（1）汽油机的排气成分与空燃比的关系

在保证发动机动力性的前提下，获得最佳经济性和排气净化，是发动机燃油供给系统技术状况好、供给可燃混合气质量高的表现。随着世界各国制定的汽车排放法规逐步严格，汽车排放废气中的成分及含量也逐渐成为评价混合气质量的重要指标。

在发动机一定转速和节气门开度下，空燃比或过量空气系数与发动机排放废气的成分及含量间存在一定的关系，如图 4-38 所示。由图可见，当 A/F 值低时，混合气较浓，燃油在燃烧过程中缺氧，一部分燃油未经燃烧而排出，HC 排放量较高；当 A/F 值高时，混合气较稀，若稀到一定程度，就会发生缺火现象，未燃的 HC 经排气管排出，HC 排放量也增大。CO 生成的主要原因是空燃比低，A/F 值低时，混合气浓，燃油缺氧燃烧会产生大量 CO；当 A/F 值高时，燃油在高氧含量状态下燃烧，排气中的 CO 含量降低。由图可见，CO 含量与空燃比的大小有极好的对应关系，因此可通过检测废气中 CO 的含量来判断空燃比的大小。汽车排气中的含氧量，是电控燃油喷射式发动机监测空燃比、控制排放量、保护三元催化反应器正常工况的重要信号，排气中氧的含量与空燃比亦有很好的对应关系，但变化趋势与 CO 含量的变化趋势相反。

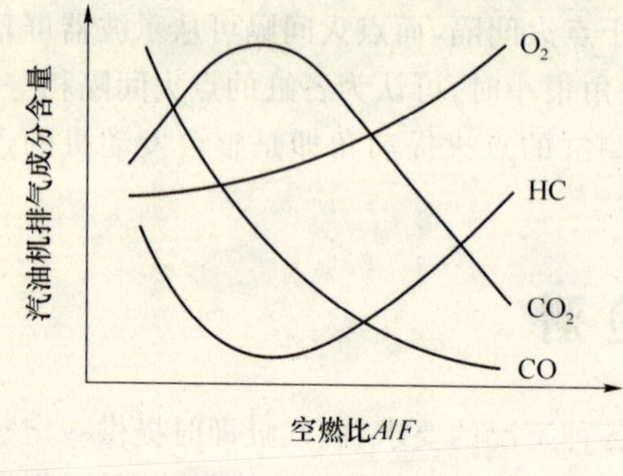

图 4-38　汽油机排气成分与空燃比的关系

(2) 空燃比的分析方法

如果排出的废气中 CO、HC 的含量很高，CO_2 和 O_2 的含量均较低时，表明空燃比太小，混合气过稀。

O_2 的含量是最有用的诊断分析依据之一。发动机技术状况正常时，装有催化转换器的发动机所排出废气中氧的含量在 1.0%～2.0%之间。小于 1.0%时，说明空燃比太小，混合气太浓，不利于完全燃烧；大于 2.0%时，说明空燃比太大，混合气过稀，易于导致缺火。

由于发动机排气成分与空燃比具有直接关系，因此可在使用废气分析仪对发动机排放进行监测的条件下，对化油器或电控燃油喷射装置进行调整，改善混合气质量，使其达到各工况下的最佳空燃比，以提高发动机的动力性、经济性和排放性能。

4.4.2　电控喷油信号和燃油压力的检测

1. 喷油信号的检测

对于电控燃油喷射系统而言，如果燃油压力由调节器控制，使其与进气歧管的压力之差为规定值，则从喷油器喷出的燃油量仅取决于喷油器的开启时刻，该时刻是由微处理器向喷油器电磁线圈发出指令的信号控制的。

为测得电控喷油系统的喷油压力脉冲信号，可拆开喷油器电路插头，中间接入专用 T 形接头。其一端接喷油器，另一端接电路插头，中间引出端接发动机综合检测仪的信号提取系统的信号探针，如图 4-39 所示。该 T 形接头有两种形式，左图为直接插头引出式，右图为鱼夹引出式，可供多种传感器信号引出用。

图 4-40 为发动机综合检测仪采集到的喷油器喷油电压信号波形。图中：①为喷油器关闭时的信号；②为电子控制装置(ECU)给出喷油信号开始喷油的时刻；③为针阀全开提供给发动机基本喷油量的时期，该时期长短由 ECU 根据传感器输送的空气流量、水温、气温、气

压等信号计算确定，一般为 0.8～1.1 ms；④为基本供油电压信号终止时刻，喷油器线圈因自感而产生约 35 V 的电压脉冲；⑤为补偿加浓时期，该时期长短由 ECU 根据各种传感器输送的有关转速、负荷、进气温渡、进气歧管压力的信息计算确定，一般约为 1.2～2.5 ms；⑥与④相似，为补偿加浓电压信号终止时在喷油器线圈中产生的自感电压脉冲，一般为 30 V。

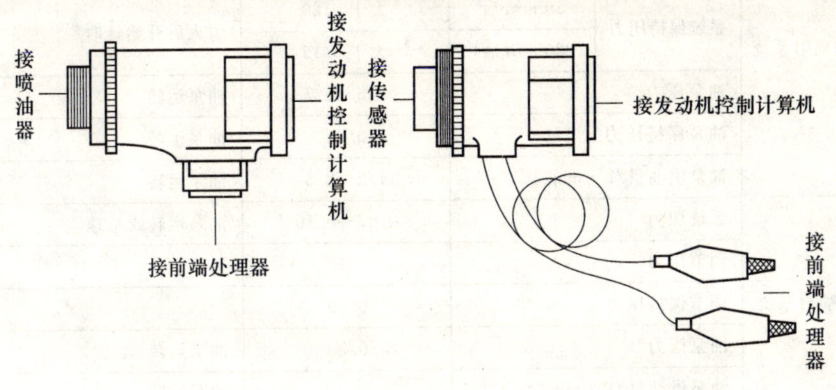

图 4-39　T 形接头的连接

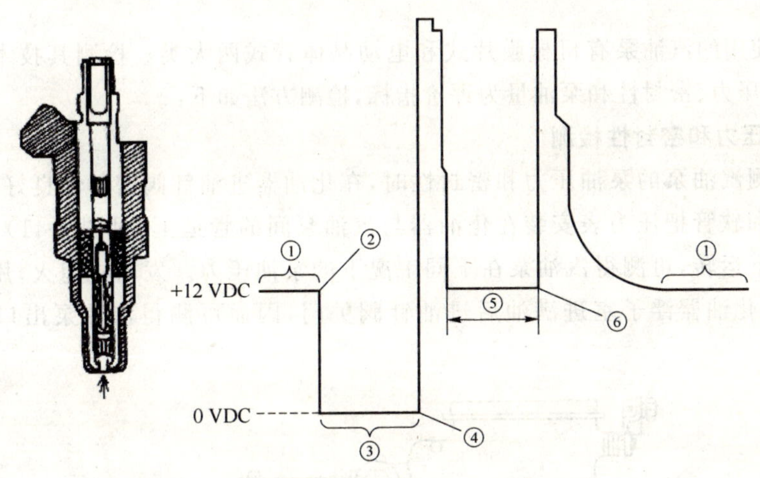

图 4-40　喷油器电压信号波形

2. 燃油压力的检测

对于 MPI 多点燃油喷射系统而言，压力检测时应把压力表接到燃油分配总管的测压接口上，使油泵工作或发动机怠速运转，从压力表上可测得调节压力；拔掉燃油压力调节器上的真空软管，可测得系统压力。保持压力指发动机熄火后为便于再次启动，燃油管路中所应保持的压力。测得系统压力后，使发动机熄火，待 10 min 或 20 min 后，压力表上指示的压力值就是保持压力。保持压力低的原因是由于燃油泵单向阀不密封或喷油器、燃油压力调节器泄漏。

表 4-6 为电控燃油喷射系统供油压力和供油量的规定值。

表 4-6 电控燃油喷射系统的供油压力和供油量

类型	测试项目		压力值/MPa	测试条件
MPI 型电控喷射系统	系统压力		0.25～0.35	油泵运转或怠速
	调节压力		0.20～0.26	
	系统保持压力	10 min 后	大于 0.20	熄火后开始计时
		20 min 后	大于 0.15	
	油泵压力		0.5～0.7	油泵运转
	油泵保持压力		0.35	油泵运转
	油泵供油量/L・min^{-1}		1.2～2.6	油泵运转
SPI 型电控喷射系统	系统压力		0.07～0.10	油泵运转或怠速
	调节压力		0.10	
	调节保持压力		0.05	
	油泵压力		0.30	油泵运转
	油泵供油量/L・min^{-1}		0.83～1.5	油泵运转

4.4.3 汽油泵的检测

汽车上使用的汽油泵有机械膜片式和电动晶体管式两大类。检测其技术状况好坏时，均以泵油压力、密封性和泵油量为评价指标，检测方法如下：

1. 泵油压力和密封性检测

就车检测汽油泵的泵油压力和密封性时，在化油器进油针阀密封性良好的情况下，用三通接头和软管把压力表安装在化油器与汽油泵间的管道上(见图 4-41)，使发动机在不同工况下运转，可测得汽油泵在不同工况下的泵油压力。发动机熄火，用手油泵泵油，由于此时化油器浮子室进满油后进油针阀关门，因而可测得汽油泵出口的关闭压力。

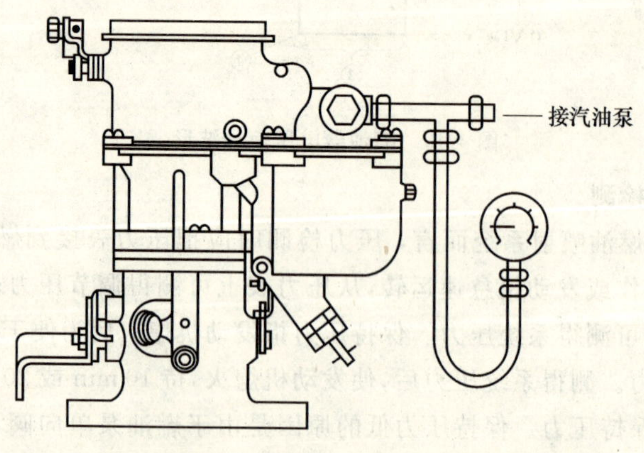

图 4-41 泵油压力和密封性检测

测得关闭压力后，在停止泵油的同时启动计时器，观察压力表压力下降情况。若

1 min后压力下降不大于2.66 kPa(单阀汽油泵)或不大于5.33 kPa(双阀或大阀径汽油泵),则密封性符合要求。

2. 泵油量检测

泵油量指汽油泵单位时内的供油量。准确测量时,需把汽油泵从发动机上拆下后安装在汽油泵试验台上再进行,以测得每小时或每分钟的泵油量。就车检测泵油量时,需采用专用流量试验装置。目前国外使用的汽油泵试验计,既能检测泵油压力和密封性,又能检测泵油量。该试验计由压力表、量瓶和油路开关构成,也可用三通接头安装在化油器与汽油泵之间的管道上。当检测完泵油压力和密封性后,使发动机以测泵油量时的规定转速运转,然后操纵油路开关,在切断对化油器供油的同时,打开通往量瓶的开关并启动计时器,使汽油泵输出的汽油通过软管全部流入具有刻度的量瓶中,直至化油器的燃油燃尽。根据汽油泵输出的汽油量和输油时间,即可换算成单位时间内的输油量即泵油量。

在泵油压力和密封性正常的情况下,汽油泵的泵油量往往几倍于需要量,因此亦可不检测泵油量。

表4-7为国产机械膜片式汽油泵的主要参数。

表4-7 机械膜片式汽油泵主要参数

型号	凸轮轴转速/r·min^{-1}	泵油量/L·min^{-1}	出油口关闭压力/kPa	停止泵油1 min后压力下降/kPa
262	1 200	>1.5	20~30.66	<2.66
262A_1	1 800	>0.84	20~30.66	<2.66
266	1 200	>3.16	20~30.66	<5.33
266G	1 200	>3.16	20~30.66	<5.33
262A_1	1 800	>2.5	20~30.66	<5.33
266A_{16}	1 800	>2.5	20~30.66	<5.33
266A_2	2 200	>3.5	26.66~33.33	
268	1 200	>3.16	26.66~36.66	<2.66

4.5 柴油机燃油供给系统的检测

柴油机具有热效率高、可靠性强、排气污染少和较大功率范围内的适应性等优点,因而在汽车上的应用愈来愈广泛。与汽油机相比,柴油机最大的不同点是所用燃料和燃料供给、着火方式的不同。汽油机吸入气缸中的混合气是由电火花点燃的,而柴油机采用压燃点火,即在压缩行程接近终了时,把柴油喷入气缸,使之与空气混合成可燃混合气,并利用空气压缩所形成的高温、高压使其自行发火燃烧。柴油机燃油供给系统的作用是根据柴油机各种工况的需要,将适量的柴油在适当时间并以合理的空间形态三方面进行有效控制。柴油机燃油供给系统的技术状况对于混合气的形成及燃烧过程的组织具有重要作用,是对发动机的动力性和经济性影响最大的因素。

4.5.1 混合气质量检测

与汽油机所燃用混合气质量的检测方法类似,柴油机燃油供给系统供给气缸的混合气质量也可采用两种方法测定：①直接测定，即分别测出进入气缸的空气量和燃油量，计算出混合气的空燃比或过量空气系数；②测试柴油机排放废气的烟度，根据空燃比或过量空气系数与烟度的关系对混合气质量进行分析评价。以下主要介绍第二种方法。

在一定工况下，发动机的过量空气系数取决于进入气缸的空气量和喷油器的喷油量。对于柴油机而言，过量空气系数 a 只能通过改变供油量调整，即 a 主要与供油量的多少有关。一般情况下，柴油机每一工况对应于一确定的 a 值(称冒烟界限)。低于该值时，混合气过浓，燃烧不完全，烟度增大。若进气系统工作状况正常，则由冒烟界限决定柴油机在各种工况下的极限供油量。由于在不同转速下，冒烟界限有所不同，因此不同转速下的极限供油量也会有所不同。如果在任何转速下，喷油泵-喷油嘴的供油量均低于极限供油量，柴油机排放废气的烟度就较低。

图 4-42 为柴油机所排放废气中 CO 浓度和烟度(哈特里季烟度 R_H)的关系。由图可见，烟度与过量空气系数几乎成线性关系，因此，可根据测得的柴油机排放废气的烟度值反映混合气质量好坏以及过量空气系数是否适当；同时，可在对排放烟度值进行监测的条件下，对喷油泵的循环供油量进行精确调整，以改善可燃混合气质量，提高柴油机的动力性、经济性和排放性能。

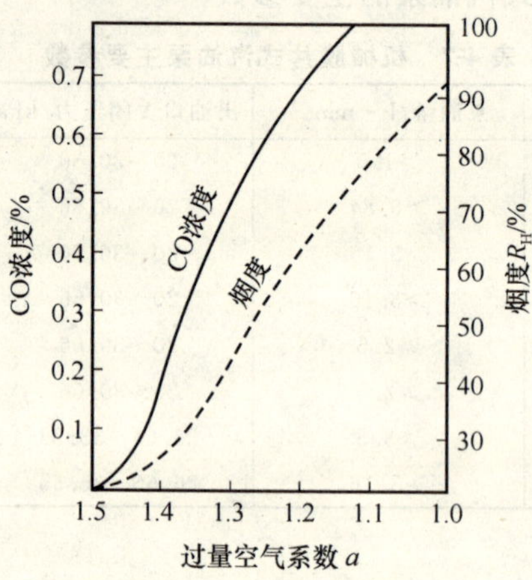

图 4-42　柴油机废气中 CO 浓度和烟度与过量空气系数的关系

4.5.2　喷油压力波形分析

柴油机喷油泵和喷油器的技术状况决定了燃油的喷射质量，从而对柴油机的工作性能有很大影响。在不解体情况下，可以通过燃油喷射过程中高压油管中的压力变化来检测柴油机燃油供给系统的技术状况。因为当燃油供给系统某一主要零部件工作不良时，必然会对燃油喷射过程产生影响，其喷油压力波形也就会发生变化。因此，根据测得的喷油压力波形的特征并与标准波形进行比较，就可以据此判断燃油供给系统的故障原因。

1. 燃油喷射过程

图 4-43 为在有负荷情况下实测得到的高压油管内压力 p 和喷油器针阀升程 S 随凸轮轴转角 θ 变化的关系曲线。由于在高压油管内靠近喷油泵端和靠近喷油器端的压力并不完全相同，因此分别给出了燃油喷射过程中该两端的压力变化曲线。

图中，高压油管中的压力 p_0、p_{max}、p_b、p_r 分别表示针阀开启压力、最高压力、针阀关闭压力和油管中的残余压力。整个燃油喷射过程中，高压油管中的压力变化可分为3个阶段：第Ⅰ阶段为喷油延迟阶段，对应于从喷油泵泵油压力上升到超过高压油管内的残余压力 p_r，燃油进入油管使油压升高到针阀开启压力 p_0 的一段时间，即喷油泵供油始点至喷油器喷油始点的一段时间。若针阀开启压力 p_0 过高、高压油管渗漏、出油阀偶件或喷油器针阀偶件不密封而使残余压力 p_r 下降，以及增加油管长度或增加高压油系统的总容积，均会使喷油延迟阶段增长。第Ⅱ阶段为主喷油阶段，其长短取决于喷油泵柱塞的有效供油行程，并随发动机负荷大小而变化，负荷越大，则该阶段越长。第Ⅲ阶段为自由膨胀阶段，当柱塞有效行程结束、出油阀关闭，尽管燃油不再进入油管，但由于油管中的压力仍高于针阀关闭压力 p_b，燃油会继续从喷孔中喷出。若油管中最大压力 p_{max} 不足，该阶段缩短，反之则该阶段延长。

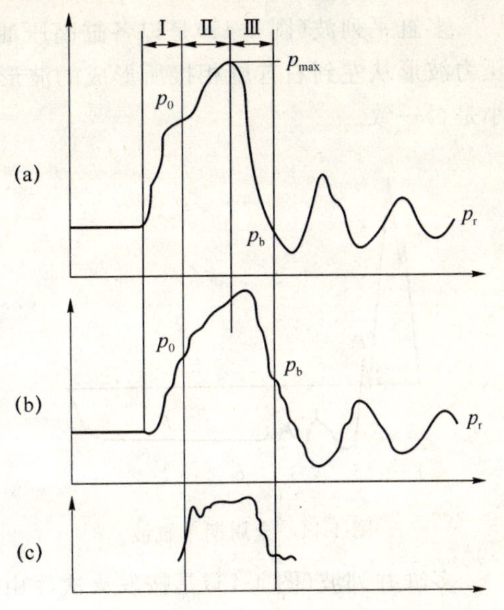

(a) 喷油泵端压力曲线　(b) 喷油器端压力曲线
(c) 针阀升程曲线

图 4-43　高压油管内压力曲线和针阀升程曲线

由图可见，喷油泵的实际供油阶段为第Ⅰ、Ⅱ阶段，喷油器的实际喷油阶段为Ⅱ、Ⅲ阶段。若循环供油量即柱塞有效行程一定，则第Ⅰ阶段延长和第Ⅲ阶段缩短时，喷油器针阀开启所对应凸轮轴转角减少，喷油量减少；反之，若第Ⅰ阶段缩短、第Ⅲ阶段延长，则喷油量增大。因此，压力曲线上3个阶段的长短，对发动机工作状况的好坏会产生影响。对多缸发动机而言，若各缸供油压力曲线上的Ⅰ、Ⅱ、Ⅲ段不一致，则对发动机工作性能的影响会更大。

2. 压力波形检测

采用柴油机专用示波器和柴油机综合测试仪、汽柴油机综合测试仪等，均能在柴油机不解体情况下，检测各缸高压油管中的压力波形和喷油器针阀升程波形。通过波形分析，不但可以得到最高压力 p_{max}，针阀开启、关闭压力 p_0、p_b 以及残余压力 p_r，还可判断喷油泵、喷油器故障和各缸喷油过程的均匀性。常用的检测仪器有CFC-I型柴油发动机测试仪、QFX-4型发动机综合测试仪和WFJ-1型微电脑发动机检测仪等。

检测时，检测仪经预热、自校、调试后，把串接式油压传感器按使用要求安装在高压油管与喷油器之间，或把外卡式油压传感器按要求卡在高压油管上；将发动机转速稳定在800～1 000 r/min，按使用说明书的要求通过按键选择，屏幕上即可出现被测发动机的供油压力波形。

高压油管内的压力波形，可通过按键选择用全周期单缸波、多缸平列波、多缸并列波和多缸重叠波4种方式进行观测。

全周期单缸波(图4-44)指喷油泵凸轮轴旋转360°时某单缸高压油管中的压力变化

波形。

多缸平列波(图 4-45)是以各缸高压油管中的残余压力 p_r 为基线,按发火次序把各缸压力波形从左到右首尾相接所形成的波形,利用该波形可比较各缸的 p_0、p_b 和 p_{max} 的大小是否一致。

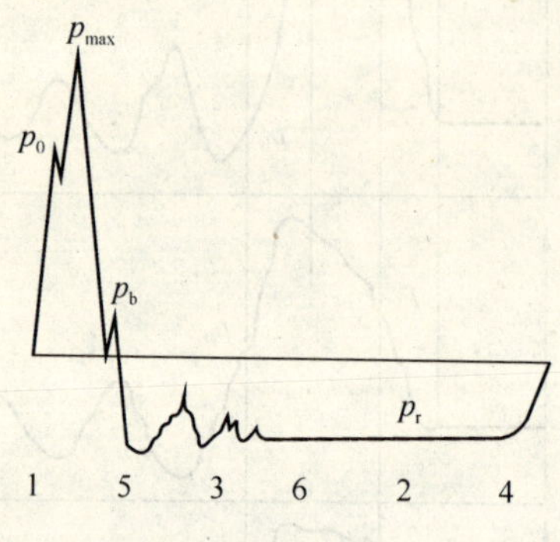

图 4-44 全周期单缸波

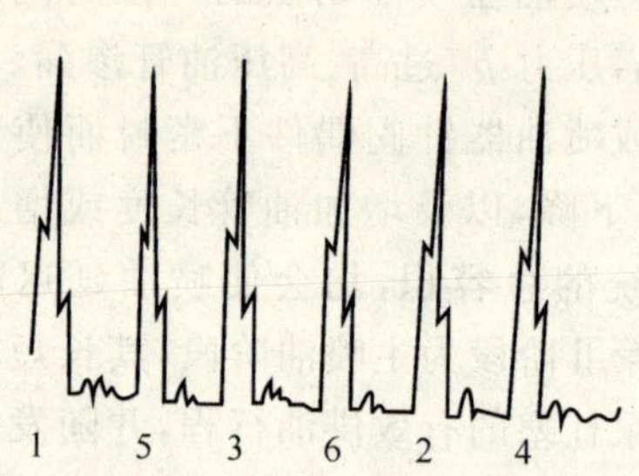

图 4-45 六缸平列波

多缸并列波(图 4-46)是按发火次序由下而上展开所形成的波形,通过比较各缸压力波形三阶段面积的大小,即可判断各缸喷油量的一致性。

多缸重叠波(图 4-47)指将各缸压力波形首部对齐重叠在一起所形成的波形,利用重叠波可以比较各缸压力波形的高度、长度、面积和各缸 p_0、p_b、p_{max}、p_r 的一致性。

4
2
6
3
5
1

图 4-46 六缸并列波

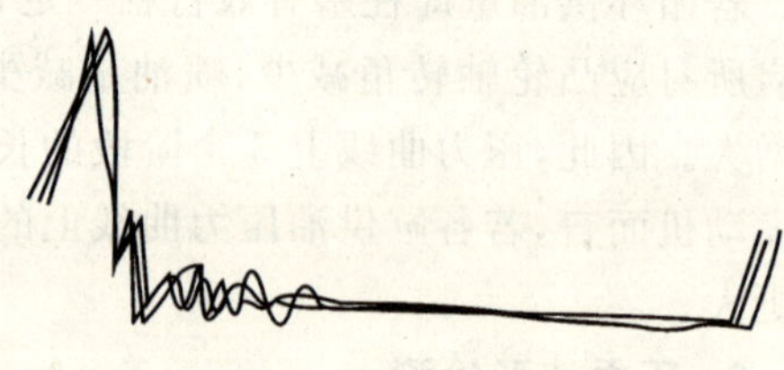
图 4-47 六缸重叠波

观测针阀升程波形时,应拆下所测缸喷油器的回油管,并旋入针阀传感器。当传感器触杆被顶起时,把传感器锁紧,按使用要求通过按键选择,被测缸的针阀升程波形则会显示在屏幕上。必要时,可把该缸针阀升程波形和压力波形同时显示在屏幕上,以便对照观测。

用 WFJ-1 型微电脑发动机检测仪检测柴油机燃油供给系统时,除用示波器显示外,还可打印输出发动机转速值、最大压力 p_{max}、残余压力 p_r 和压力波形。

3. 压力波形分析

(1) 典型故障波形

把所测压力波形与典型供油压力波形比较,可判断喷油泵或喷油器故障,使用WFJ-1型微电脑发动机检测仪测得的常见故障波形如下:

① 喷油泵不泵油或喷油器在开启位置"咬死"不能关闭。当喷油泵柱塞弹簧折断或因其他原因而使喷油泵不泵油或泵油很少时,高压油管内的压力很低;喷油器针阀在开启

位置“咬死”不能落座关闭时，高压油管内同样不能建立起足够高的喷油压力，此时的故障波形如图 4-48 所示。

② 喷油器在关闭位置不能开启。产生该故障的主要原因是针阀开启压力调整过高或喷油器针阀被高温烧蚀而“咬死”。此时，喷油泵正常供油但喷油器不喷油，反映在油压波形的曲线上，则曲线光滑无抖动，如图 4-49 所示。

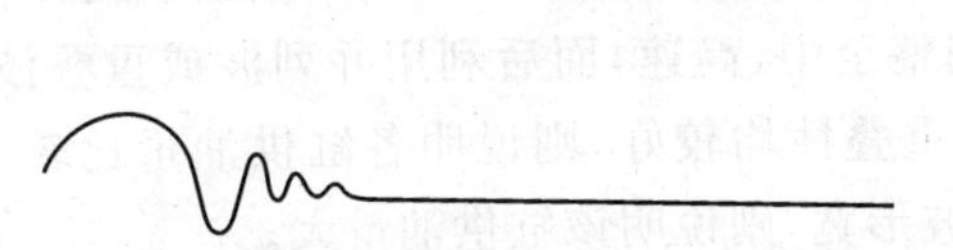
图 4-48 喷油泵不泵油或喷油器针阀在开启位置“咬死”

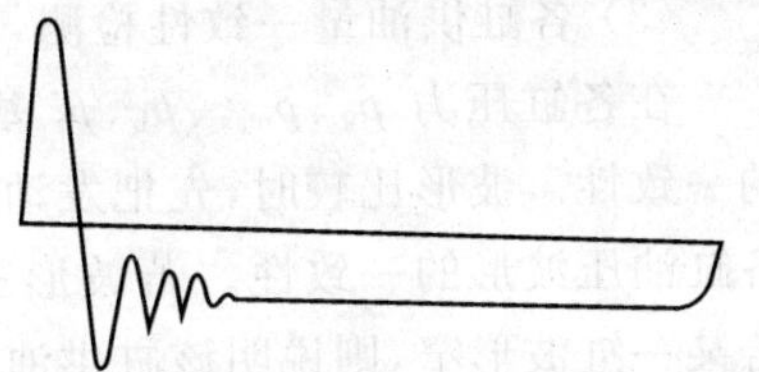
图 4-49 喷油器在关闭位置不能开启

③ 喷油器喷前滴漏。产生喷前滴漏的主要原因是喷油器针阀密封不严，或者针阀磨损过度，或者脏物粘在针阀密封表面。在油压波形曲线上，表现为压力上升阶段有两个抖动点，如图 4-50 所示。

④ 高压油路密封不严。高压油路密封不严时，油压波形曲线残余压力部分呈窄幅振抖并逐渐降低，如图 4-51 所示。

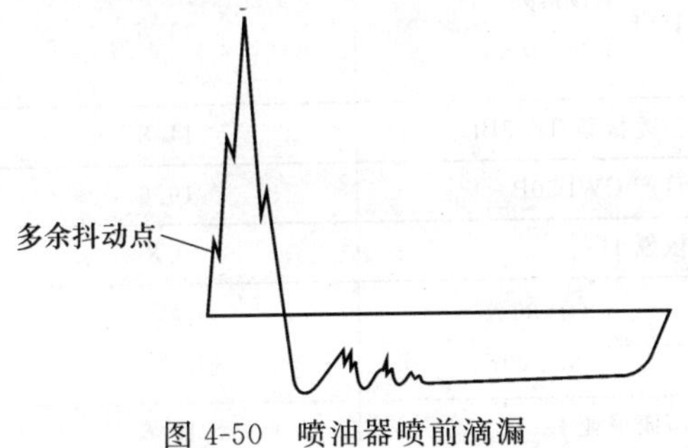

图 4-50 喷油器喷前滴漏

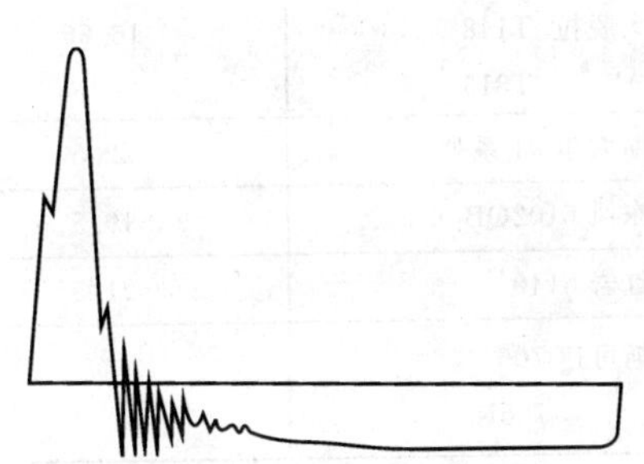
图 4-51 高压油路密封不严

⑤ 隔次喷射。隔次喷射指某次喷射后，油管内残余压力低，而下一次供油量又很小，高压油管中产生的油压不足以使喷油器针阀开启，于是燃油储存在油管中，直到第二次供油时针阀才开启，使两次供油一次喷出。隔次喷射一般在供油量较小、喷油器弹簧压力较高时发生。反映在油压波形曲线，则残余压力部分上下抖动，如图 4-52 所示。

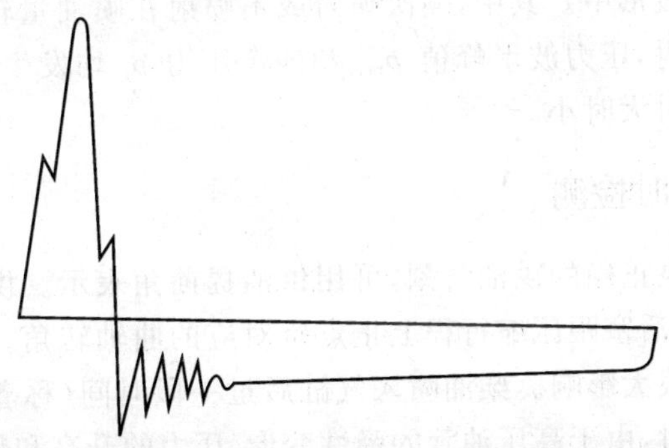
图 4-52 喷油器隔次喷射

(2) 油压检测

为使柴油发动机有良好的工作性能，在发动机各缸油压波形曲线上观测到的最高压力 p_{max}、针阀开启压力 p_0、针阀关闭压力 p_b 和油管中的残余压力 p_r 应基本相等，并符合规定要求。表 4-8 列出了常见车型的喷油器喷油压力（喷油器针阀开启压力）。若喷油压力低于规定值时，应在专用喷油器试验台上对喷油器进行调试。

(3) 各缸供油量一致性检测

在各缸压力 p_0、p_{max}、p_b、p_r 基本一致的前提下，可通过波形比较来检测各缸供油量的一致性。波形比较时，先把发动机转速调整至中、高速，而后利用并列波或重叠波比较各缸油压波形的一致性。若波形三阶段的重叠性均较好，则说明各缸供油量比较一致。若某一缸波形窄，则说明该缸供油量小；若波形宽，则说明该缸供油量大。

表 4-8 常见柴油车的喷油压力

车型或发动机型号	喷油压力/MPa	车型或发动机型号	喷油压力/MPa
EQ6110	22	五十铃 TXD50 TD72LD TD50A-D	9.8
EQ6105	18.5		
黄河 JN162	21		
太脱拉 T138 T148 T815	16.66	日野 KL 系列 KM400	11.8
斯太尔 91 系列	22.5	三菱扶桑 T653BL	11.8
东风 6102QB	19.5	日产 CWL50P	19.6
红岩 6140	21.5	依发 H6	9.8
斯可达 706 706R	13.7	沃尔沃 GB-88 N86-44S	18.1 15.4
斯可达 RT	17.2	斯康尼亚 L_{1105}	19.6

(4) 针阀升程波形

针阀升程波形的观测可对针阀开启、关闭时刻及针阀跳动和不正常喷射现象作出正确判断，喷油器隔次喷射、针阀“咬死”不喷射或喷油泵不供油引起的不喷射、针阀抖动等都会反映在针阀升程波形中。其中，隔次喷射或不喷射在喷油量较小的怠速或低速情况下发生较为频繁。此时，压力波形峰值 p_{max} 和残余压力 p_r 均发生变化，针阀升程波形表现为时有时无或升程时大时小。

4.5.3 供油正时检测

供油正时指喷油泵正确的供油时刻，可用供油提前角表示。供油提前角则指喷油的柱塞开始供油时，该缸活塞距压缩行程上止点所对应的曲轴转角。供油提前角的大小对柴油机的工作性能有很大影响。柴油喷入气缸后过一段时间（称着火落后期）才能燃烧；喷油泵向喷油器供油时，由于高压油管的弹性变形、压力的升高和传递过程均使喷油的时刻滞后于喷油泵供油的时刻。因此，要使活塞在通过压缩行程上止点附近气缸内出现最高爆发压力，以获得最佳燃烧效率，喷油泵必须在上止点前开始供油。供油提前角过大时，气缸内燃油的速燃期在上止点前发生，活塞到达上止点前，气缸内压力升高速率过大或出现压力峰值，将使发动机工作粗暴、功率下降、油耗增加、怠速不良、加速不灵及启动困难；当供油提前角过小时，气缸内燃油的速燃期在活塞越过上止点下行后逐渐发生，将使爆发压力峰值降低，也会使发动机功率下降、油耗增多、加速无力，同时会因补燃增多而使发动机过热。供油提前角的最佳值，应能在供油量和转速一定的情况下，获得最大功率和最小油耗。柴油机的最佳供油提前角应能随转速和负荷变化而变化。转速升高或供油量增大时，供油提前角也应相应增大。有些喷油泵上装有供油提前角调节器，可在初始供油提前角的基础上，随转速变化而自动调节。

供油提前角的检测有人工经验检测校正、发动机综合测试仪检测和柴油机供油正时灯检测 3 种方法。

1. 人工经验检测校正

步骤如下：

① 摇转曲轴使 1 缸活塞处于压缩行程，当飞轮上的上止点标记与发动机外壳上的标记对准时，停止转动。

② 检查喷油泵连轴器从动盘上的刻线记号是否与泵壳前端面上的刻线对齐，如图 4-53所示。若两者对齐，说明喷油器供油时刻正确；若从动盘刻线位于泵壳前端固定刻线之前，则 1 缸供油迟；反之，则 1 缸供油早。

③ 当 1 缸油过早或过晚时，松开喷油泵连轴器固定螺钉，使活动记号与固定记号对齐后紧固，并启动发动机进行路试。

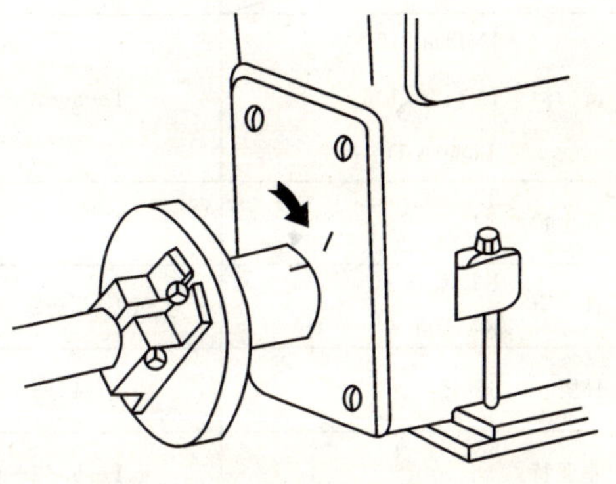

图 4-53　喷油泵 1 缸开始供油记号

④ 选择平坦、坚硬的直线道路作为供油提前角的试验道路，待汽车走热后以最高挡、最低挡稳定车速行驶，而后将加速踏板猛踩到底使汽车急加速。如果此时柴油机有轻微的着火敲击声，并能在短时期内自行消失，则供油提前角正确；若着火敲击声强烈，且在短时间内不能自行消失，则供油提前角太大；若听不到着火敲击声，且加速无力、排气管冒白烟，则供油提前角太小。当发动机供油提前角过大或过小时，可停车松开喷油泵连轴器固定螺栓，使喷油泵凸轴逆转动方向或顺转动方向转动少许后固定，反复试车调试，直到供油时刻正确为止。

2. 发动机综合测试仪检测

使用发动机综合检测仪，采用缸压法可快速检测发动机 1 缸或某缸的供油提前角。其基本原理是：用缸压传感器确定某缸压缩压力最大点(即该缸活塞上止点)，用油压传感器确定该缸的供油时刻。两者之间所对应的曲轴转角即是该缸供油提前角的数值。

测量时，拆下所测缸的喷油器，并在其座孔上安装缸压传感器；把油压传感器按要求串接在所测缸的喷油器和高压油管之间，使喷油器向外喷油；把发动机转速稳定在规定转速(80～1 000 r/min)，根据仪器使用说明书的要求选择按键，即可在屏幕上显示出所测缸供油提前的检测值。

3. 柴油机供油正时灯检测

在频闪原理基础上制成的柴油机供油正时仪，其组成、工作原理和使用方法与汽油机点火正时仪基本相同。

检测时，供油正时仪的油压传感器串接于1缸高压油管与喷油器之间或外卡于高压油管，使油压脉冲信号转变为电信号，并触发正时灯闪光。闪光一次，则1缸供油一次，两者具有相同频率。用正时灯对准1缸压缩终了上止点标记，并与供油时刻同步闪光时，可看到运转飞轮或曲轴带轮上的供油提前角记号位于固定记号之前，说明1缸供油时，活塞尚未到达上止点，供油时刻在活塞到达上止点前。为测得供油提前角的大小，可调整正时灯上的电位计，使频闪时刻延迟于供油时刻，逐渐使转动部件上的供油提前角标记接近固定标记，并使两标记对齐，闪光延迟的时间即为供油提前的时间，经仪器变换为供油提前角数值后，即可在指示装置上显示出来。

调整供油提前角的方法如前所述，调整后的供油提前角应使其符合原厂规定。可采用供油正时仪边检测边调整，以使供油提前角达到规定值。常见柴油汽车发动机供油提前角的规定值见表4-9。

表4-9 常见车型的供油提前角

车型 \ 项目		供油顺序	供油提前角
黄河	JN1150/100	1—5—3—6—2—4	28°～30°
	JN1150/106		24°±1°
	TD50A-D		17°
五十铃	TXD5C TD72LC	1—4—2—6—3—5	17°
日野	KL系列 KM400	1—4—2—6—3—5	18°
日野	650E	1—4—2—6—3—5	10°
菲亚特	$682N_3$	1—5—3—6—2—4	24°
	$693N_1$		20°
三菱扶桑	T653BL T653EL	1—5—3—6—2—4	带送油阀15°，不带送油阀17°
斯可达	706 706R	1—5—3—6—2—4	30°
太脱拉	138A	1—6—3—5—4—7—2—8	26°～28°
	$148S_1M$		23°～25°
依发	H_6	1—5—3—6—2—4	27°～29°
沃尔沃	GB-88	1—5—3—6—2—4	23°～24°
斯康尼亚	L_{1105}	1—5—3—6—2—4	25°
贝利埃	$TBO^{15}M^2 6\times4$	1—5—3—6—2—4	40°
却贝尔	D-450	1—3—4—2	19°～21°

4.5.4 喷油器技术状况检测

喷油器的技术状况决定柴油机燃油的喷射质量，因此对柴油机的燃烧过程和技术性能有重大影响。

喷油器技术状况的检测应在专用试验器上进行，如图 4-54 所示。试验器由手压泵、油箱及压力表组成。油箱内的柴油经滤清后流入手压油泵的油腔，压动手压油泵泵油时，高压油经油阀流入喷油器，使喷油器喷油，同时在压力表上显示出油压。

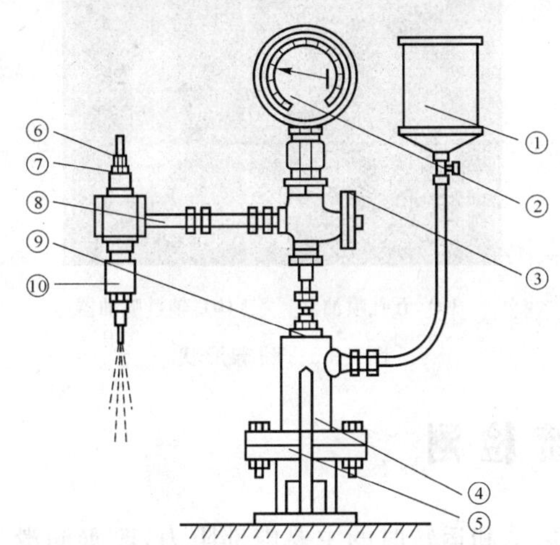

①油箱 ②压力表 ③开关 ④高压油泵
⑤手柄 ⑥调节螺钉 ⑦锁紧螺母
⑧高压油管 ⑨放气螺塞 ⑩喷油器

图 4-54 喷油器试验

1. 喷油压力测试

拆下试验器的锁紧螺母，旋松调节螺钉，然后把喷油器装在试验器上；压动试验器手柄，排出留在油管和喷油器中的空气和脏物。

以每分钟 60 次的速度按压试验器手柄，同时观察喷油器喷油过程中压力表上的读数。各缸喷油器的喷油压力应相同，并应符合制造厂的规定标准。如果喷油器的喷油压力不符合规定，可通过增、减喷油器调压弹簧处的垫片或调整喷油器调压螺钉的旋入量调节喷油压力。旋入调压螺钉时，喷油压力应提高；反之，则应降低。

调整喷油器后，应旋紧试验器锁紧螺母，再次进行喷油压力试验，直至调整到符合标准值。

2. 喷雾质量检查

以每分钟 120 次的速度按压试验器手柄，喷油器喷出的油雾束应细小均匀呈雾状，油束的锥角、喷射方向应符合要求。

如图 4-55 所示，五孔喷油器应喷出 5 束锥角在 10°～40°、均匀并对称的油雾；轴针喷油器应能喷出一束锥角在 10°～60°、均匀并对称的油雾。

3. 喷油滴漏现象的检查

当以较慢的速度按压试验器手柄，或在低于标准喷油压力时停止按压时，喷油器喷孔处不应有油滴流出。

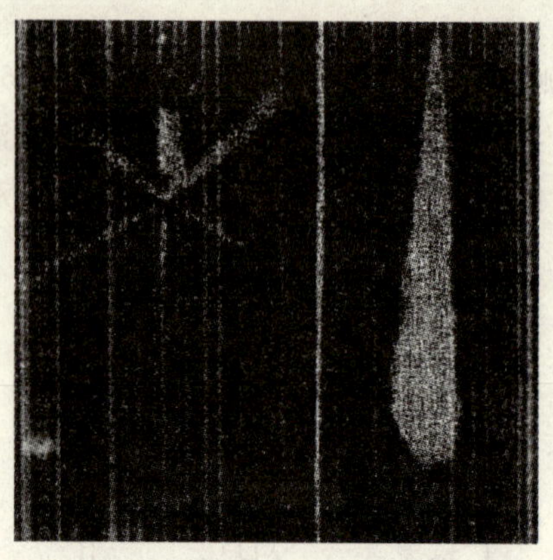

(a) 五孔喷油器　　(b) 轴针喷油器

图 4-55　喷雾形状

4.6　润滑系统检测

摩擦阻力是发动机启动和运转时的主要内部阻力，改善润滑状况可减小发动机的机械损失，提高发动机输出的有效功率；同时，润滑状况不良时，发动机做相对运动的配合副磨损加剧，还易于产生发动机“拉缸”或“烧瓦”等破坏性故障。因此，发动机润滑系统的技术状况对于保障发动机正常工作，提高使用寿命是非常重要的。

润滑系统检测的主要参数为：机油压力、机油消耗量和机油品质。这些参数既可表征润滑系的技术状况，又可反映曲柄连杆机构有关配合副的技术状况。

4.6.1　机油压力检测

为了给摩擦表面不断供给润滑油，以使摩擦副保持可靠润滑，润滑系统的机油压力应高于某一最低压力。在低于最低允许压力时，由于润滑不良会使零件磨损加剧而早期损坏。技术状况正常的发动机在常用转速范围内，汽油机机油压力应为 196～392 kPa，柴油机为 294～588 kPa。中等转速下的机油压力低于 147 kPa，怠速时低于 49 kPa，则发动机应停止运转并检查润滑系统。

发动机润滑系统机油压力的高低首先取决于润滑系统的技术状况，如机油泵性能、限压阀的调整、机油通道和机油滤清器的阻力等；同时，机油压力还与机油品质（如机油温度、黏度等）有关，机油黏度低温度高，机油压力变小；反之，则油压升高。此外，机油压力还与曲轴主轴承、连杆轴承和凸轮轴轴承的间隙有关，轴承磨损后间隙增大时，轴承间隙处机油泄漏量增大而使机油压力下降，因此机油压力也常常作为诊断相关轴承间隙的重要参数。若机油泵技术状况正常，则机油压力降低主要是由曲轴主轴颈和连杆轴颈磨损过大而引起。试验表明，曲轴主轴承间隙每增加 0.01 mm 时，其机油压力大约降低 0.01 MPa。

润滑系统的机油压力值可在汽车仪表盘上的机油压力表上显示出来，但由于机油压力表和油压传感器不能保证必须的测量精度，因此在定期检测时，应采用专用检验油压表。检测时，首先拆下发动机润滑油道上的油压传感器，装上油压表；然后启动发动机使其在规定转速下运转，此时油压表上的指示值即为润滑系统的机油压力。表4-10为常见发动机润滑系统的机油压力和测试转速。

表 4-10 常见发动机润滑系统的机油压力和测试转速

厂牌车型	机油压力		主油道限压阀	
	转速/r·min^{-1}	压力/kPa	安装位置	开启压力/kPa
上海桑塔纳 63 kW 66 kW	低速 2 000 2 150	如压力<30 报警灯闪烁 ≮200 如压力<180 报警灯闪烁， 蜂鸣器同时报警		
北京 BJ1020 BJ2020 BJ3030A BJ1040 BJ1040A BJ1040S	450～500 中速	≥49 106～392	气缸体右前方 主油道末端	294～392
跃进 NJ1041	怠速 中等车速	≮147 200～400	机油粗滤器盖	340～390
跃进 NJ1041A	怠速 1 500	≮49 147～343		
东风 EQ1090	450～550 1 200～1 400	≮147 ≮294		
东风 EQ1090E	热车怠速 其余工况	≮98 98～392		
解放 CA1090	怠速 1 400～3 000	≮98 294～392	气缸体左侧后部	392～441
黄河 JN1150/100	500～600 中速	≮98 196～392	机油细滤器水平方向	392
黄河 JN1150/106	500～600 中速	≮98 195～392	机油细滤器垂直方向	392

4.6.2 机油消耗量检测

影响机油消耗量的因素很多，润滑系统渗漏、空气压缩机工作不正常、机油规格不符、气缸活塞组磨损等都会影响机油消耗量。因此，机油消耗量除可反映发动机润滑系统技术状况外，还可据此判断发动机气缸活塞组的磨损情况。因为在所用机油牌号正确且其他机构技术状况正常的情况下，气缸活塞组磨损过多、间隙增大、机油窜入燃烧是机油消耗量增大的重要原因。

汽车正常使用时，发动机机油消耗量并不大。磨损小、工作正常的发动机，机油消耗量约为 0.1～0.5 L/100 km；发动机磨损严重时，可达 1 L/100 km 或更多。

测定机油消耗量时，只需把汽车行驶一定里程（1 000～1 500 km）后机油的实际消耗量（L）换算为汽车每百公里的平均机油消耗量（L/100 km）即可。

4.6.3 机油品质检测与分析

在机油使用过程中，由于杂质污染、燃油稀释、高温氧化、添加剂消耗或性能丧失掉等原因，其品质会逐渐变坏。在外观上，还表现为颜色变黑、黏度上升或下降。

引起机油污染的杂质主要来自摩擦表面的磨损微粒、外界尘埃以及积炭等；发动机工作不正常、不完全燃烧或缺火可使未燃燃油流入油底壳，使机油受到稀释；发动机工作过程中产生的高温，特别是当发动机气缸活塞组磨损严重、间隙增大，在燃烧行程有高温、高压气体窜入曲轴箱时，会加剧机油氧化，生成氧化产物和氧化聚合物而使机油变质。机油中的清净分散剂是机油的一种重要添加剂，具有从发动机摩擦表面分散、移走磨损微粒、积炭等的能力，使之悬浮在机油中而不沉淀在摩擦表面，以减轻摩擦表面的磨损。由于机油在使用过程中清净分散剂的消耗及性能降低，也会逐渐失去其清净分散作用。

机油品质变坏会使发动机润滑变差、磨损加剧，甚至引发严重机械故障，因而应加强对发动机机油品质的定期检测与分析，实行按质换油，以保证发动机良好润滑。更为重要的是，通过对机油品质的检测，可分析并监控发动机技术状况的变化。

机油品质检测与分析的常用方法有：机油不透光度分析法、介电常数分析法、滤纸油斑试验法和光谱分析法等。

1. 机油污染分析

机油污染分析所用的分析仪有多种类型。

（1）机油不透光度分析法

发动机在使用过程中，润滑油的品质逐渐变坏，杂质含量增多，黏度下降或增加，添加剂性能丧失。从外表看，润滑油会逐渐变黑。机油污染程度越大，变黑的程度也越大。根据这一现象，可通过测量一定厚度机油膜的不透光度来检测机油的污染程度。

机油污染测定仪的结构原理如图 4-56 所示。稳压电源保证光源和电桥路的电压稳定；油池由两块玻璃构成，具有确定的间隙，以便放入机油样形成确定厚度的机油膜；电桥的一壁上装有光导管，当电源发出的光线透过油膜照射到光导管上时，作为一个桥臂的光电管电阻发生相应变化。

测定机油污染程度时，首先在油池内放入所测机油的标准油样（清洁机油），调整参比电阻使电桥平衡，此时透光度计指示为零；然后把发动机刚停车后曲轴箱油尺上的机油作为测试油样滴入油池。由于测试油样已受到污染，油池内测试油样油膜与标准油样油膜的透光度有差异，光源照到光电管上的光线强度也有差异，从而引起光导管阻值的变化，使电桥失去平衡。测试油样污染程度越大，电桥不平衡程度越大，电桥输出的电流越强，透光度计指针偏转越大，从而就反映出了机油的污染程度。

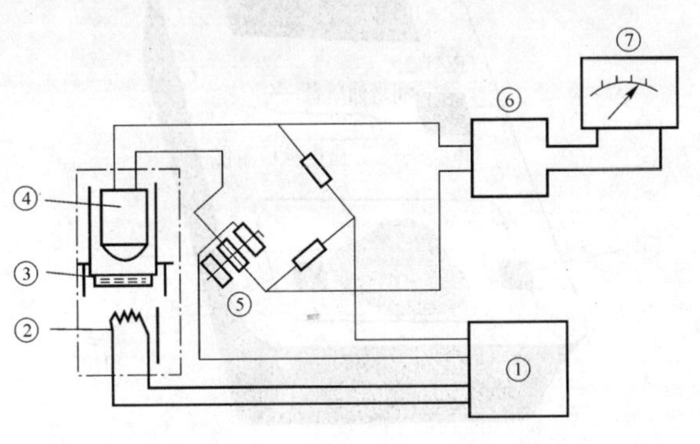

图 4-56 机油污染测定仪结构原理

(2) 介电常数分析法

电容的电容值除与两极板间的面积和极板间的距离有关外还与极板间充填的物质有关。对于一个已经确定了极板面积和距离的电容，极板间充填物质对于电容值的影响可用一个系数反映，称为介电常数，即

$$C=\varepsilon S/\delta$$

式中：C——电容；

S——极板间相互覆盖的面积；

δ——极板间距离；

ε——介电常数。

每种物质都有其自身的介电常数，润滑油也不例外。清洁机油不含有杂质，有其较为稳定的介电常数；而使用中的机油，由于污染程度不同，机油中所含杂质成分和数量不同，其介电常数也会发生变化。因此，介电常数值可反映润滑油的污染程度。被测机油的介电常数与清洁机油介电常数的差别越大，表明机油的污染程度越大。

国产 RZJ-2A 型润滑油质量微电脑检测仪是根据上述原理制成的，其外形见图 4-57。该检测仪的关键元件为安装在油槽底部的螺旋状电容。测试时，机油作为电容介质。当机油污染后，其介电常数发生变化，引起该电容值的变化。以该电容作为传感器并使其作为检测仪测试电路的一部分，传感器电容的变化引起测试电路中电量的变化，电信号通过专用数字电路转变为数字信号，送入微电脑处理并与参考信号比较。当数字显示屏显示值为零时，表明所测机油无污染；显示值不为零时，表明所测机油有污染；显示值越偏离零值，表明机油污染程度越大。用 RZJ-2A 型润滑油质量微电脑检测仪测试机油污染程度时，所推荐的换油标准为：汽油机油的显示值大于 4.2～4.7；柴油机油的显示值大于 5.0～5.5。

用 RZJ-2A 型润滑油质量微电脑检测仪测试机油污染程度的操作步骤为：

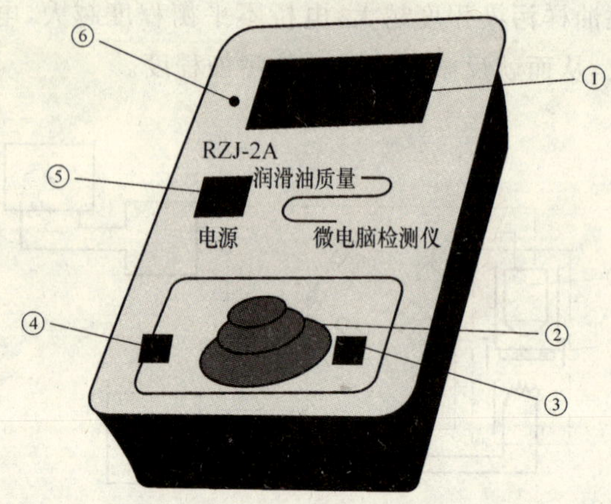

图 4-57 RZJ-2A 型润滑油质量检测仪

① 用脱脂棉彻底清洁传感器油槽。

② 将 3～5 滴与被测机油同牌号的清洁机油置于油槽中，使油充满油槽底部。

③ 等油扩散完后，按"清零"铵钮，仪器自动标定零位，显示"±0.00"。

④ 再次清洁传感器油槽。

⑤ 用 3～5 滴被测机油置于油槽中，等油扩散完后，按"测量"按钮，即可显示出测量值。

以上两种润滑油品质检测分析方法的共同特点是，仅能检测润滑油的污染程度，但不能反映机油清净性分散剂的消耗程度及性能，也难以判断引起机油污染的杂质种类。

2. 滤纸油斑试验法

滤纸油斑试验法利用现代电测方法快速测定机油的污染程度及清净性添加剂的消耗程度和性能，但并不对机油中各种杂质的成分进行测定。

(1) 测试原理

实践证明，若把使用中的机油按规定要求滴在专用滤纸上，油滴逐渐向四周浸润扩散，最终形成中央有深色核心的颜色深浅不同的多圈环形油斑，见图 4-58。若机油所含杂质的浓度和粒度不同或清净分散能力不同，所形成油斑每一环形区域的颜色深浅也不同。

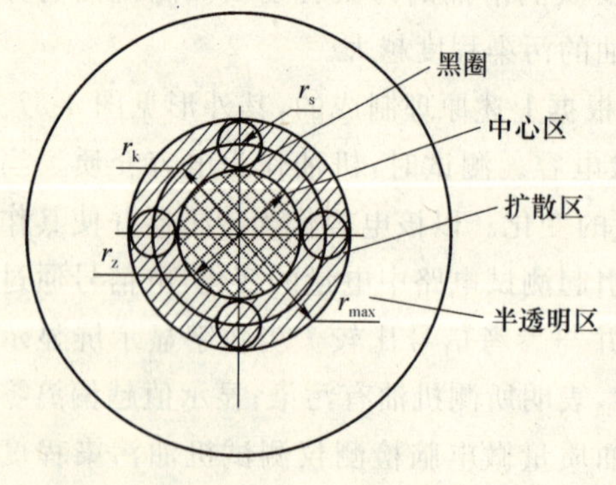

图 4-58 油斑斑痕

如果机油中杂质粒度小，且清净分散剂性能良好，则杂质颗粒就会扩散到较远外且与扩散区的杂质浓度颜色深浅程度差别较小；若机油中杂质粒度大，且清净分散剂性能丧失，则机油中杂质就越来越集中于中心区，中心区与扩散区的杂质浓度和颜色深浅程度的差别也就越大。因此，油斑上中心区杂质浓度反映机油的总污染程度，而中心区单位面积的杂质浓度与扩散区单位面积杂质浓度之差可反映机油中清净分散剂的清净分散能力。

为了实际测定机油油斑中心区杂质浓度及扩散区杂质浓度，必须控制油斑尺寸并确定油斑尺寸规律。对实际油斑尺寸的统计分析表明，油滴在滤纸上扩散终了时，扩散区的最大半径 r_{max} 取决于滴棒的尺寸(直径)，所以应使用统一规格的滴棒，并使滴棒尺寸保证使油斑的尺寸等于光度计的感光内半径。

为了比较中心区杂质浓度和扩散区杂质浓度，根据试验确定中心区中心圆半径 r_x，一般略小于中心区平均尺寸。同时在扩散区上确定 4 个均匀分布的半径为 r 的小圆，其圆心都在 $r_z \sim r_{max}$ 间同心圆半径为 r_k 的圆周上，4 个小圆的面积之和等于中心圆心的面积，即

$$\pi r_z^2 = 4\pi r_s^2$$

设中心区杂质平均浓度为 δ_1，扩散区杂质平均浓度为 δ_2。$\delta_1 = \delta_2$ 时，表明机油的分散清净性极好；而 $\delta_1 \gg \delta_2$ 时，表示机油的分散清净能力不佳；$\delta_1 + \delta_2$ 则反映总杂质浓度。

定义清净性系数 D_d 为

$$D_d = \frac{\delta_1 - \delta_2}{\delta_1 + \delta_2}$$

定义清净性质量系数 Δ 为

$$\Delta = 1 - D_d = \frac{2\delta_2}{\delta_1 + \delta_2}$$

当 $\delta_1 = \delta_2$ 时，$D_d = 0$、$\Delta = 1$，表示机油的分散清净性极好；而 $\delta_1 = 0$ 时，$D_d = 1$、$\Delta = 0$，表示机油的分散清净性极坏。因此，机油的分散清净性好坏可用 0～1 间的数字表示。

(2) 测试方法

油斑中心区和扩散区的杂质浓度可用两区域的透光度评价。透光度大，则杂质浓度小；反之，则杂质浓度大。测试两区域透光度所采用的滤纸油斑检验光度计的原理框图见图 4-59。

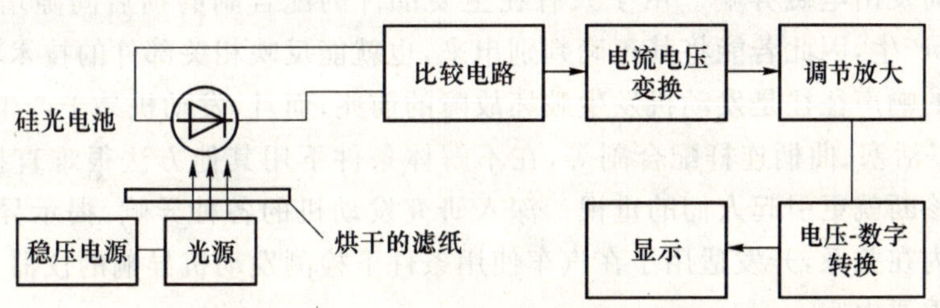

图 4-59　滤纸油斑检验光度计框图

测试时，从发动机正常热工况下取出油样放入试管，用规定尺寸的滴棒(直径 2 mm、长度 150 mm 尖端光滑的金属棒)插入试管油面下一定深度，取出滴棒后，把第三滴油滴在专用滤纸上，形成油斑并置于烘干箱中保温以加速油滴扩散。待油滴扩散终了滤纸烘干后，把滤纸放在光度计测试平台上压紧，光电池制成的传感器正对油斑。传感器可装两种遮光，一种具有直径为 r_z 的中心孔，另一种具有圆心在半径为 r_k 的圆周上、半径为 r_s 的均布小孔。使用中心孔半径为 r_z 的遮光片时，光源发出的光线透过中心区照在光电池上，光电池产生的电压经放大后在显示器上显示出来，从而测得中心区的透光度 O_1；采用

四小孔遮光片时，光线透过扩散区上与中心区相同面积的区域照在光电池上，从而测得扩散区的透光度 O_2。若考虑滤纸不均匀性，可测量试验前空白滤纸的透光度 O_{1P}，然后采用下式计算出机油用透光度表达的清净性质量系数 Δ 和污染系数 O。

$$O_{1C}=O_1+\Delta O_1;\Delta O_1=(O_{1P}-20)\frac{100-O_1}{100-20}$$

$$O_{2C}=O_2+\Delta O_2;\Delta O_2=(O_{2P}-20)\frac{100-O_2}{100-20}$$

$$\Delta=\frac{2O_{2C}}{O_{1C}+O_{2C}}$$

$$\Delta=\frac{O_{1C}+O_{2C}}{200}$$

仪器标定时，光线完全通过，不透光度为 0；光线完全阻挡时，不透光度为 100。这样，测出的 Δ 和 O 的值均在 0～1 之间。当中心区和扩散区的不透光度无差别时，Δ=1，则测出的 Δ 值越大，表示机油的分散清净性越好；而污染系数 O 越小，表示机油的污染程度较小。

关于清净性质量系数 Δ 和污染系数 O 的诊断标准，则应通过试验确定，即利用大量达到换油污染程度的机油样实际测定 Δ 和 O 的值，然后经统计分析，合理确定其许用值。

4.7 发动机异响诊断

发动机运转过程中，不可避免地会产生噪声，但发动机技术状况不良时，会产生与发动机正常运转时发出的噪声有所不同的异常声响。例如：发动机主要部件的配合副磨损后间隙增大，会在运转中产生冲击或振动，发出金属敲击声；发动机爆震产生的冲击波撞击缸壁和活塞连杆组，也会发出类似金属敲击的异响；发动机气门及风扇等处，因气流振动可产生空气动力异响；在发电机、启动机和电磁元件内，因磁场交替变化，会引起某些部件产生振动而发出电磁异响。由于只有在主要部件的配合副磨损后间隙增大或有故障时，异响才会产生，因此若能将其正确判别出来，也就能反映相关部件的技术状况。另外，某些不正常的响声往往是发动机发生破坏故障的前兆；而且，发动机易于产生异响的各配合副，如气缸-活塞、曲柄连杆配合副等，在不解体条件下用其他方法很难直接检测，所以发动机异响诊断就更引起人们的重视。深入研究发动机的各种异响，揭示异响与发动机技术状况的内在关系，开发适用于在汽车使用条件下检测发动机异响的仪器，是汽车检测诊断技术的重要内容。

4.7.1 发动机异响的性质和特征

1. 发动机异响的性质

发动机运转时的声音不是纯声，而是一组复杂噪声。依照噪声的来源可分为机械噪声、燃烧噪声、空气动力噪声和电磁噪声。发动机种类、转速和负荷不同时，占主导地位的噪声成分也不同。无负荷时，汽油机的主要噪声是机械噪声，而柴油机由于燃烧过程工作粗暴，主要噪声是燃烧噪声。各种噪声尽管来源不同，却都混杂在一起。发动机技术状况不正常时，所发生的异常声响与各种噪声叠加在一起，形成了连续声谱。

发动机的工作过程是周期性循环的，因此发动机工作时发出的各种噪声和异响也是周期性重复出现的。

发动机工作时发出的各种噪声、异响在向外传播过程中，若遇到缸体、缸盖、气门罩、油底壳的阻挡，不可避免地会转化为这些部件外表的振动。由于各种噪声混杂在一起，由此引起的表面振动也是交织在一起的。

2. 发动机异响的特征

要分辨发动机工作时发出的声响是正常声响还是异常噪声，以及区分各类异响，确定发出异响的部位，需要对异响的特征进行研究。

（1）振动频率和振幅

振动物体发出的声音以波的形式向外传播，因此有波动频率和波动幅度两个要素，分别决定于声波振动的快慢和强度。这样，声波所导致的发动机外表面的振动也具有声波的频率和振幅相对应的振动频率和振幅。

研究表明：发动机每种敲击响声（即声源）引起的振动并非单一的，而是常常由一组频率不同的振动组成，但每种声响所引起的一组频率不同的振动之中也常含有一个或多个区别于其他声响的振动频率，称为信息频率或特征频率。信息频率取决于声源的物理特征。因此对同类发动机而言，同一声源所导致的振动的信息，频率是近似的，所以，可以根据信息频率判断发生异响的声源或异响部位。

当发动机相互运动配合副磨损间隙增大时，配合副相互冲撞加剧，所产生声响的声强或声压增大，由之引起的表面振动的振幅也增大。因此，振幅的大小可反映配合副的技术状况好坏。

（2）相位

发动机各缸按一定次序周期性工作，各缸燃烧后所产生的最高压力也以该次序产生。因此，尽管各缸同类部件发出异响的特征频率相同或类似，但出现的相位不同，各缸异响信号间也存在时间上的差异。同样，同一缸不同部位所产生的异响也存在相位上的差异，即出现于不同曲轴转角处，如气门响则是与进、排气时刻相对应。虽然许多部位发生的异响出现在做功行程，如活塞敲缸、活塞销响、连杆轴承响、曲轴轴承响，但由于作用力传递过程的时间差异，不同部位的异响也存在相位上的差异，即异响发生时刻所对应的曲轴转角不同。

3. 影响异响诊断的因素

（1）转速

发动机异响与转速有极大关系，如活塞敲缸、曲轴轴承响在怠速稍高的转速下较明显；气门响、活塞销响在转速为 1 000 r/min 时较明显；而连杆轴承响在转速突变的情况下更突出。异响诊断应在异响最明显的转速下进行，并尽量在低转速下进行，以减轻不必要的噪声和损耗。

（2）温度

热膨胀系数较大的配合副所发出的异响与温度关系很大。如活塞敲缸声在发动机冷启动时较为明显；而发动机工作温度升高后，敲缸声减弱或消失，所以诊断活塞敲缸声时，应在冷车下进行。热膨胀系数小的配合副所发出的异响则与温度关系不大。

(3) 负荷

许多异响与发动机的负荷有关,如曲轴轴承响、连杆轴承响、活塞敲缸响等均随负荷增大而增强。但有的异响与负荷间的关系不明显,如气门响、凸轮轴轴承响和正时齿轮响。诊断在用汽车发动机异响时,常在变速器挂空挡、发动机以规定转速运动的条件下进行。

(4) 诊断部位

发动机发生异响的部位由发动机的结构确定,但异常的能量随离开声源的距离越远越弱,即声波的声强或声波在发动机外表面所引起的振动的振幅,随检测点距声源的远近而变化。因此,为了准确测得异响信号或获得足够的异响信号,异响检测点应距声源越近越好。此外,测量点变化后所测得的振动信号的强弱变化,也有助于判断异响产生的部位。

东风 EQ6100 型发动机主要异响诊断的特征频率、转速、温度及检测位置见表 4-11。

表 4-11　东风 EQ6100 发动机异响诊断方法

异响种类	特征频率 /Hz	转速 /r·min^{-1}	温度	检测位置	辅助判断
曲轴轴承响	400	650	热车	缸体右侧下部,缸体主油道对应各轴瓦处	直接测量
连杆轴承响	400 或 800	800	热车 冷车	缸体右侧排气管中心根底处	断火对比或轻度急轰加速踏板
活塞销响	1 200	1 200	热车	缸体左侧偏离固定螺栓处	断火对比
活塞敲缸响	1 200	900	冷车	缸体左侧火花塞孔下部相应缸体处	冷热车对比
气门响	2 800	1 200	热车	气门盖顶部对应位置	直接测量

4.7.2　发动机异响诊断仪

发动机异响诊断仪的基本工作原理建立在以上关于异响特征研究的基础上。异响诊断常用仪器有两种类型:便携式异响诊断仪和带相位选择的示波器显示异响诊断仪。许多发动机综合检测仪具有发动机异响诊断的功能。

1. 便携式异响诊断仪

便携式异响诊断仪由传感器、前置放大器、双 T 型选频网络、功率放大器和显示仪表 5 部分组成,其方案框图见图 4-60。

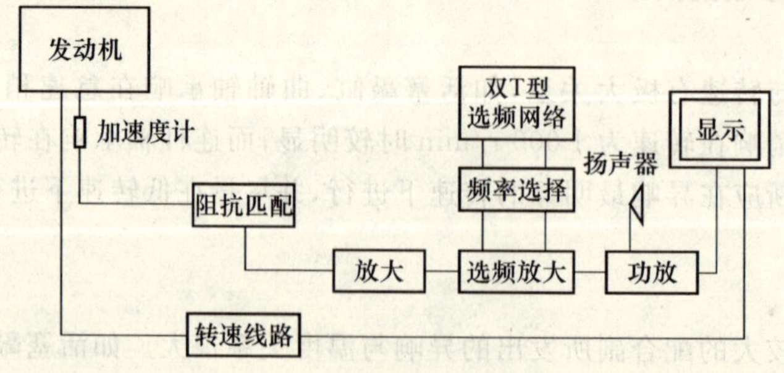

图 4-60　便携式异响诊断仪方案框图

异响诊断仪的传感器通常采用压电式加速度计，其结构如图 4-61 所示。传感器中由两片压电材料（如石英晶体或锆钛酸铅压电陶瓷）组成。压电材料片上置一铜制质量块，并用片簧对质量预加负荷。整个组件装于金属壳内，壳体和中心引出端为二输出端。

当压电材料受到外力作用时，不仅其几何尺寸发生变化，而且内部极化，表面上有电荷出现，形成电场；当外力去掉时，其又恢复原来状态，这种现象称为压电效应。当加速度计受到振动时，质量块随之振动，同时会有一个因振动而产生的惯性力作用于压电材料上，其惯性力 F(N)的大小与振动加速度 a(m/s^2)、质量块的质量 m(kg)有关，即

$$F=ma$$

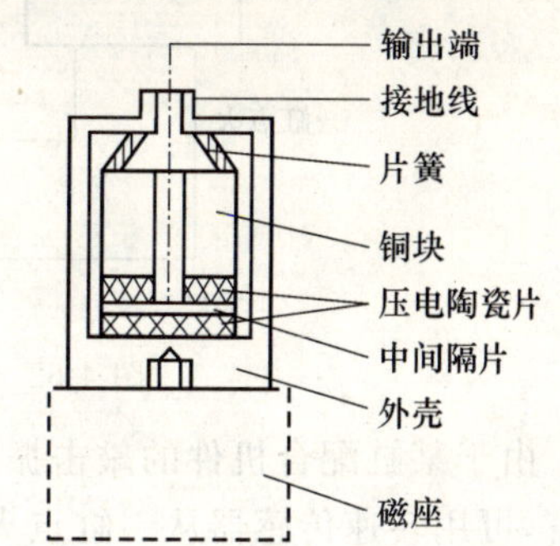

图 4-61　压电加速度计结构示意图

作用于压电材料片上的惯性力使表面产生电荷。在表面所积聚的电荷量与惯性力成正比，即

$$q=DF$$

式中：q——电荷量(C)；

F——惯性力(N)；

D——压电常数(C/N)。

因此

$$q=Dma$$

传感器结构一定时，D 和 m 均为常数，因此电荷量 q 与振动加速度成正比。显然，对于振动加速度来说，其大小、方向是周期性变化的，因此电荷量 q 也是周期性变化的。这样，带电表面与壳体间就会出现周期性变化的电压。其变化频率取决于振动频率，振幅越大，振动加速度越大，压电材料表面产生的电荷量越大，输出电压越高。因此，输出电压信号的变化频率可表示振动频率，而电压高低反映振动幅度。若振动由异响引起，则电压值就可反映异响的强弱。

压电加速度计常制成两种类型：一是具有磁座，可将其吸附在发动机壳体上；二是制成手握式，通过与加速度计相连的探棒接触检测部位传递振动。

为了诊断异响，必须把异响振动所产生的电压信号从各种不同噪声振动所产生的信号中分离出来。为此，压电加速度计输出信号经屏蔽导线连接到有高输入阻抗的前置放大器输入端，再经差动放大器放大后输入双 T 型选频网络。该网络实质上是一组具有不同中心频率的选频放大器，而且中心频率可用琴键开关变换对应于经试验研究确定的发动机各主要异响的特征频率。选频放大器的功能是放大电压信号中与中心频率相一致的部分，削弱或滤去与中心频率不一致的成分。经过选频放大，异响特征频率电压信号强度加强，再经功率放大输送给扬声器或耳机，同时由电压表指示电压信号峰值，电压表又用做转速表。

2. 示波器显示异响诊断仪

图 4-62 是带相应选择的示波器显示异响诊断仪方案框图，其特点是相位选择在一定时刻让信号通过诊断装置，该时刻对应于故障机件出现异响振动的时刻，即把异响振动与

曲轴转角联系起来；同时，异响振动波形可在示波器上显示出来。

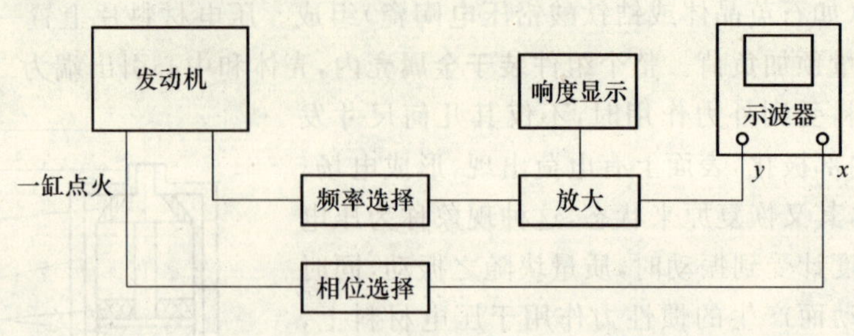

图 4-62　相位选择示波器异响诊断原理框图

由于某缸配合机件的敲击振动总在该缸点火后发生，某一时刻结束，因此对于汽油机而言，可用转速传感器从一缸点火高压线上获得点火脉冲信号，用点火脉冲信号触发示波器的扫描装置，在开始点火的时刻使经选频后的异响振动电压信号导通。导通的相位和导通的时刻可以均匀调节。这样，相位选择装置使从时间及相位上的差异分辨异响得以实现。通过选频的振动信号输送到示波器垂直偏转放大器输入端，同时来自一缸高压线的点火脉冲信号触发相位选择器以控制示波器的扫描装置，从而在示波器屏幕上显示出经过相、频选择的振动波形，可用于直接观察振动波形的振幅、相位和延续时间。

国产 QFC-3 型、QFC-4 型和 WFJ-1 型等发动机综合检测仪，均带有示波器，具有显示发动机异响振动波形的功能。

一般而言，在点火提前角正常的情况下，活塞销响的异响故障波形出现在整个波形的前部（或中部），活塞敲缸异响故障波形出现在整个波形的中部（或前部），连杆轴承异响出现在中后部，曲轴轴承异响出现在波形最后部。因各种异响对应着不同振动频率，同时振动中的振幅大小变化过程存在差异，因此显示在示波器上的振动波形所对应的凸轮轴转角和开关有所不同。图 4-63 为活塞销响、活塞敲缸、连杆轴承响和曲轴主轴承响的故障波形。

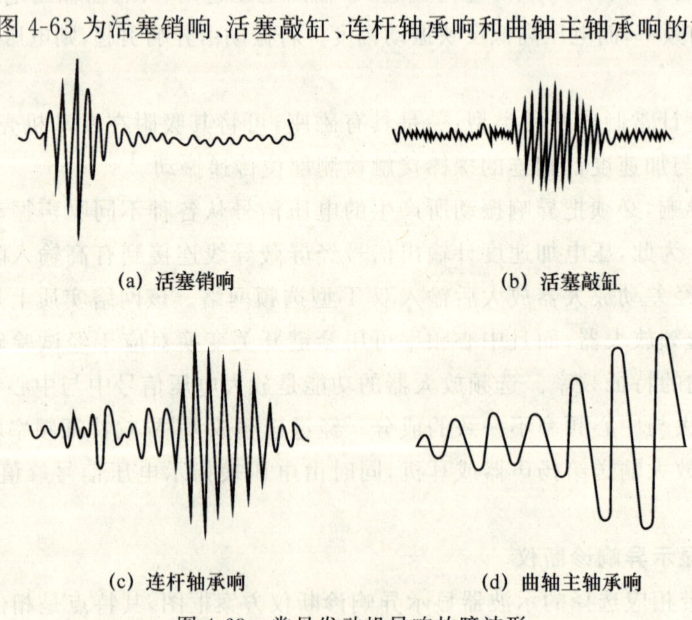

(a) 活塞销响　(b) 活塞敲缸

(c) 连杆轴承响　(d) 曲轴主轴承响

图 4-63　常见发动机异响故障波形

4.7.3 异响诊断方法

1. 便携式异响诊断仪使用方法

(1) 发动机走热过程开始,即把压电加速度计放在发动机缸盖上部气缸中心线位置(或用探棒顶在该位置),在怠速下用直放电路(不接通选频网络)检测有无金属敲击异常声响。

(2) 左右移动加速度计,观察显示仪表指示值有无明显增加的异常部位。

(3) 在异常部位上,依次按下开关,观察在何种异响的特征频率下,仪表指示值显著增大。若检测部位与中心频率对应的异响部位相对应,则可初步判断该异响是由该特征频率对应的部件引起的。如果仪表读数较大,但检测部位与中心频率所对应的异响部位不符,可上下移动加速度计,直至两者相符。

(4) 在异响最为明显的转速、温度测试条件下及最有利的检测位置,仪表读数超过正常统计数据的位置即为异响振源。

2. 异响振动波动检测方法

采用带相位选择的示波器显示异响诊断仪或具有异响诊断功能的发动机综合检测仪,可通过对异响振动波形的检测对发动机异响进行诊断。在检测异响振动波形前,应首先阅读所使用仪器的使用说明书,按说明书的要求进行操作。下面以 WFJ-1 型微电脑发动机检测仪为例介绍异响波形的检测方法。

(1) 在第一缸安装转速传感器。

(2) 检测曲轴主轴承响时,键入操作码"33",压电加速度计探棒垂直顶在振动最明显部位,一般应在油底壳上。先把发动机转速稳定在 600～800 r/min 之间,然后抖动加速踏板,若有明显瞬时波形,则说明曲轴轴承响。在抖动加速踏板的同时,按一下"存储"键,则主轴承响的振动波形存储在仪器中,复位后键入"8※"(※代表发动机的缸数),可在屏幕上重显存入的波形。按下"全缸"键,屏幕上显示出各个气缸曲轴主轴承的波形,从中确定振动波形幅度最大的气缸;再按下"单缸"键,可依次单独显示出各缸波形,以判断异响出现的部位及异响波形的幅度。按下"打印"键,还可打印出上述波形。

(3) 检测连杆轴承响时,仍键入操作码"33",加速度计探棒触在缸体侧面,对准缸套的上部。提高发动机转速,找到异响明显的转速,并在该转速下抖动加速踏板,若有瞬时高峰波形出现,则说明连杆轴承响。可按检测曲轴主轴承的方法进行波形存储、全缸波形重显和缸位判断,并可打印出波形。

(4) 检测活塞敲缸响时,需键入操作码"33"或"34",加速度计抵在气缸体的上部。活塞敲缸响一般在冷车下较为明显,在低速下较为清晰。在 800 r/min 以下的转速下轻抖加速踏板,若有明显瞬间波形,说明有活塞敲缸响。

(5) 检测活塞销响时,需键入操作码"34"或"35",加速度计抵在缸盖、缸体结合处,中高速下抖动加速踏板,若有窄而尖的瞬间波形出现,说明活塞销响。

(6) 检测气门响时,需键入操作码"36",加速度计触在进、排气门附近,发动机在

1 200 r/min左右的转速下运转。若波形幅度明显增大,说明气门响。

发动机异响是较复杂的物理现象,尽管已经开发了较为先进的检测仪器,但要准确地进行异响诊断,还需要在实践中不断观察、总结和比较各种异响振动波形,以积累丰富的异响诊断经验。

4.7.4 配气相位的动态检测

1. 配气相位

发动机进、排气开启和关闭的时刻相对于活塞上、下止点时的曲轴转角称为配气相位。为使新鲜空气进气充足,废气排除干净,进、排气门都要早开迟闭,以充分利用气流的惯性,尽可能延长进、排气时间。图 4-64 为东风 EQ1090E 汽车发动机的配气相位图,其进气门在排气行程活塞到达上止点前 20°打开,在进气行程下止点后 56°关闭;排气门在做功行程上止点后 20.5°关闭。

2. 配气相位动态检测的基本原则

气门关闭时,与气门座碰撞也会发出声响,使机体产生相应振动,若采用压电加速度计检测出进、排气门关闭时产生的落座波形,同时用缸压传感器检测出活塞到达上止点的时刻,即可在发动机运转的状态下,动态检测发动机的配气相位。

发动机各缸处于压缩行程上止点时,各缸的进、排气门均处在关闭状态,因此某缸进、排气门关闭时所产生的振动波形不会出现在该缸的并列波形上。对于 6 缸发动机而言,当 1 缸活塞到达压缩行程上止点(压缩压力最大)的前后,正好对应于 5 缸进气门和 6 缸排气门关闭,如图 4-65 所示。因此,在按照点火顺序排列的并列波形上,1 缸波形上的振动波反映 5 缸进气门和 6 缸排气门关闭相对于上止点的位置(凸轮轴转角)。

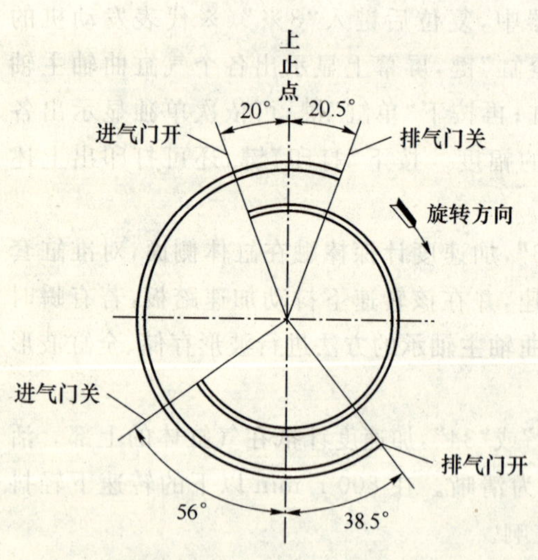

图 4-64 东风 EQ1090E 发动机配气相位图

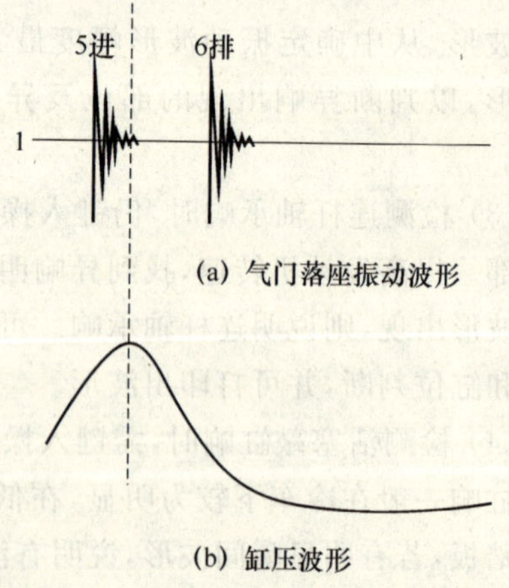

图 4-65 1 缸缸压波形和气门落座波形

在6缸并列波上，各缸气门落座振动波形出现的位置见图4-66。以东风EQ1090E型汽车为例，当1缸活塞处于压缩行程上止点时，1缸进气门已在此前124°(180°－56°)曲轴转角处关闭。对于6缸发动机，4缸活塞到达上止点比1缸活塞到达上止点提前120°曲轴转角。因此，1缸进气门关闭时正处于4缸压缩行程上止点前4°，表现在并列波形上，则1缸进气门落座振动波形处于4缸波形上止点前2°凸轮轴转角。同理，1缸排气门已处于1缸活塞到达上止点后20.5°曲轴转角。所以，1缸排气门落座振动波形出现于6缸波形上止点前后20.25°凸轮轴转角。确定了1缸进、排气门落座振动波形出现的位置后，按发动机各缸工作顺序，不难确定其余缸进、排气门落座振动波形出现的位置。

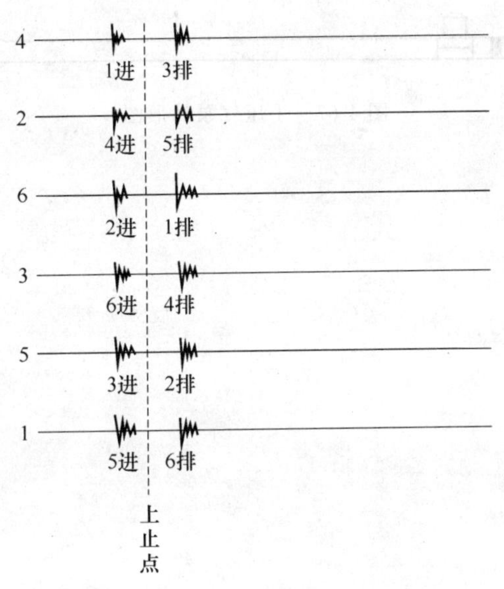

图4-66 各缸气门落座振动波形及位置

进、排气门落座振动波形的位置表示了进、排气门关闭时，相对于上止点的凸轮轴转角。与标准值比较，可判断进、排气门关闭时刻是否正确。但利用此方法还不能检测进、排气门的开启时刻，因此不能全面评价发动机的配气相位。

4.8 冷却系统检测

发动机冷却系统是发动机结构中的重要组成部分，在发动机工作中，如冷却系统工作不正常，或冷却液缺少，发动机的零部件的热胀条件恶化，将导致拉缸、烧瓦等故障，因此使冷却系统处于正常状态，对保障发动机正常工作是非常重要的。发动机的冷却系统在汽车中主要有冷却风扇、水泵及水箱，发动机机体和缸盖中有水道，在发动机工作中，水泵和风扇可直接观测到。因此检测点是检测水箱及各水管接头是否有渗漏。

检查用仪器为冷却系统检测仪，其结构为针温度计、手压气泵、各种形式水箱盖测头。检测时，将水箱盖打开选择合适车系之水箱测头拧紧于水箱口，将手压泵(外形如图4-67

所示)快速插入水箱测头,用手压泵加压到 0.2～0.3 Pa,注视压力表,假使指针下降,必须检查水箱各管路是否有漏水,指针保持不动,说明未有渗漏。

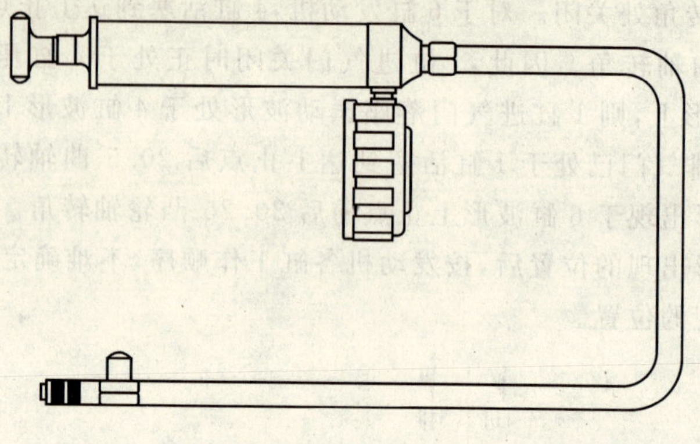

图 4-67　手压气泵外形图

第5章

汽车底盘检测与检测设备

汽车底盘包括传动系、行驶系、转向系和制动系。汽车底盘的技术状况，关系到整车行驶的操纵稳定性和安全性，同时还影响发动机动力的传递和燃油的消耗。因此，汽车底盘是汽车检测、诊断的重点内容之一。

底盘技术状况的变化，主要表现在故障增多、性能降低和损耗增加上。在诸多底盘技术状况诊断参数中，要特别选出那些与汽车的动力性、经济性、操纵稳定性、安全性有关的参数进行检测、分析与判断，以便确定底盘的技术状况。

5.1 传动系输出功率（或驱动力）的检测

汽车传动系输出功率或驱动力的检测，即通常所说的底盘测功。底盘测功主要目的是为了获得驱动车轮的输出功率或驱动力，以便评价汽车的动力性；并且可以将获得的驱动车轮的输出功率与发动机飞轮输出的功率进行对比，并求出传动效率，以便判定底盘传动系的技术状况。

底盘测功在滚筒式试验台上进行，该试验台通常称为底盘测功试验台或底盘测功机。

5.1.1 底盘测功试验台的结构与原理

滚筒式底盘测功试验台，一般由框架与滚筒装置、举升装置、测功装置、测速装置、控制与指示装置和辅助装置等组成。

1. 框架与滚筒装置

底盘测功试验台的滚筒相当于连续移动的路面，被测车辆的车轮在其上滚动。这种试验台有单滚筒和双滚筒之分，如图 5-1 所示。

双滚筒试验台具有车轮在滚筒上的安放定位方便和制造成本低等优点，因而适用于维修企业等生产单位，尤其是单轮双滚筒式，应用非常广泛。

2. 举升装置

为了方便汽车进出底盘测功试验台，在主、副滚筒之间设有举升装置。举升装置由举升器和举升平板组成。如图 5-2 所示为国产 DCG-10C 型底盘测功试验台机械部分结构。

3. 测功装置

测功装置能测量发动机经传动系传至驱动车轮的功率。测功装置也是一个加载装置，这对于滚筒式测功试验台是十分必要的。这是因为汽车在滚筒试验台上检测时，试验台应模拟车辆在道路上行驶所受的各种阻力，因此需要对滚筒加载，以使车辆的受力情况如同在实际道路上行驶一样。

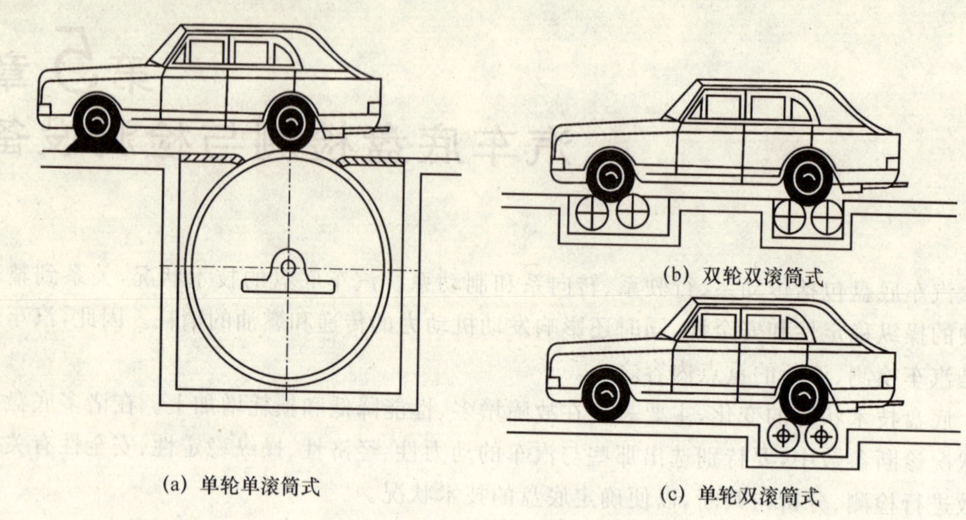

图 5-1　滚筒式底盘测功试验台

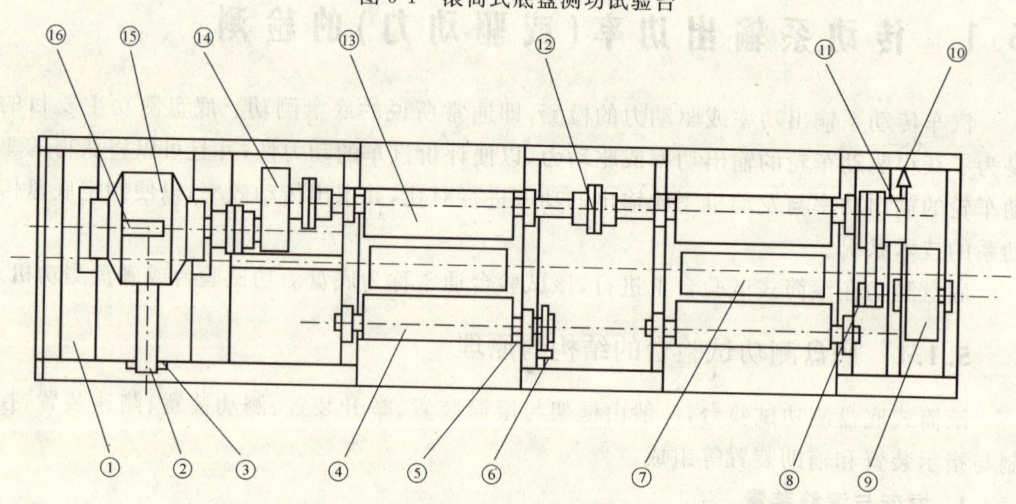

图 5-2　DCG-10C 型底盘测功试验台机械部分结构图

测功装置由测功器和测力装置组成。

(1) 测功器

滚筒式底盘测功试验台常用的测功器有水力测功器、电力测功器和电涡流测功器三种。不论哪种测功器，它们都是由转子和定子两大部分组成的，并且转子与主滚筒相连，而定子是可以摆动的。

汽车检测站和汽车维修企业使用的滚筒式底盘测功试验台，多采用电涡流测功器。电涡流测功器具有测量精度高、振动小、结构简单和易于调控等优点，并具有宽广的转速范围和功率范围。电涡流测功器的定子，其内部沿圆周布置有励磁线圈和涡流环，转子在励磁线圈和涡流环内转动。转子的外圆上加工有或镶有与圆柱齿轮相仿的、均匀分布的齿与槽，齿顶与涡流环留有一定空气隙。

当励磁线圈通以直流电时，在其周围形成磁场，磁场产生的磁力线通过转子、空气隙、涡流环和定子形成闭合磁路。由于转子外圆上的齿与槽是均布的，因而转子周围的空气隙也大小相间地均布，通过的磁力线也疏密相间。当转子旋转时，这些疏密相间的磁力线也同步旋转。由于通过涡流环上任一点的磁力线是呈周期性变化的，因而在涡流环任一点上产生了涡电流。该涡电流与产生它的磁场相互作用而产生了对转子的制动力矩，因而测功器吸收了驱动车轮的输出功率，同时也对滚筒加了负载。

只要变更励磁电流，就可以自由地控制测功器产生的制动力矩，因而能比较容易而经济地实现控制自动化。

测功器在工作中吸收的功率转化为热量，因而涡流环的温度较高，需采用风冷或水冷的方式将热量散到大气中去。

(2) 测力装置

该装置能测出驱动车轮产生的驱动力。驱动车轮对滚筒施加的驱动力所形成的转矩，由测功器定子与转子间的制动作用而传给可摆动的定子，定子则通过一定长度的测力杠杆②(图 5-2)传给测力装置，然后由指示装置显示出来。指示装置的显示值，即为驱动车轮的驱动力。

测力装置有机械式、液压式和电测式 3 种形式，目前应用较多的是电测式。电测式测力装置一般在测力杠杆外端安装测力传感器，将测力杠杆传来的力变成电信号，经处理后送到指示装置显示出来。如 DCG-10C 型底盘测功试验台(图 5-2)在测力杠杆下安装有压力传感器③，该传感器产生的电信号送往计算机处理后，即可显示出驱动车轮的驱动力。

4. 测速装置

底盘测功试验台在进行测功、加速、等速、滑行和燃料经济性等试验时，都需要测得试验车速，因此必须配备测速装置。测速装置多为电测式，一般由速度传感器、中间处理装置和指示装置组成。常见的速度传感器有磁电式、光电式和测速发电机等形式，它们安装在副滚筒一端，随滚筒一起转动，能把滚筒的转动转变为电信号。

5. 控制与指示装置

底盘测功试验台的控制装置和指示装置往往制成一体，形成柜式结构，安置在机械部分左前方易于操作和观察的地方。如果测力装置为电测式，指示装置能直接指示驱动车轮的输出功率。特别是计算机控制的底盘测功试验台，测力杠杆下测力传感器输出的电信号送入计算机处理后，可在指示装置上直接显示功率，以 kW 为单位。

测力装置为机械式和滚压式的试验台，其指示装置仅能指示驱动车轮的驱动力。此时，驱动车轮的输出功率应根据测得的驱动力和对应的试验车速按下式计算：

$$P_k = \frac{Fv}{3\,600}$$

式中：P_k——驱动车轮的输出功率(kW)；

F——驱动车轮的驱动力(N)；

v——试验车速(km/h)。

6. 辅助装置

底盘测功试验台的辅助装置，包括汽车的纵向约束装置和冷风装置等。

滚筒式底盘测功试验台除以上装置外，有的还装有飞轮装置。飞轮由滚动轴承支承在框架上，通过离合器与主滚筒相连。带有飞轮的底盘测功试验台称为惯性式底盘测功试验台。

5.1.2 DCG-2000型底盘测功机的使用介绍

DCG-2000型汽车底盘测功机是汽车综合性能检测站的重要设备之一。本设备是一种全新的多功能测功机，可以模拟汽车道路实验的各种工况，完成汽车经济性实验、动力性实验、可靠性实验以及汽车传动系统有关的专项实验。对于提高汽车的运输效率、使用性能、评价在用车技术状况提供了可靠的数据。因而，本测功机也是汽车实验研究、产品开发、质量检测、汽车技术等级评定的重要设备。使用汽车底盘测功机完成汽车试验与通常的道路实验相比具有实验速度快、精度高、费用低、数据稳定、可靠性好等优点。

DCG-2000型汽车动力性能测功机是根据国家汽车性能检测标准设计，它所具备的功能具有国内先进技术水平。

1. 用途及适用范围

DCG-2000型测功机主要用于汽车整车动力性能、排放及油耗的测试。本测功机配有双16点阵LED显示屏用于指挥操作和显示数据。

在本检验台上，配备相应的仪器(如尾气分析仪、油泵计等)，可测试汽车底盘输出功率及扭矩、车速、里程、加速时间、滑行距离、油耗及排放，并可模拟测试传动系损耗，以及参照气温、海拔高度、路阻、风阻等，对有关测量值进行修正。

2. 主要功能

- 测量汽车底盘最大输出功率；
- 检验汽车滑行性能；
- 检验汽车加速性能；
- 速度表校验；
- 里程表校验；
- 油耗加载检测(需配专用油耗仪)；
- 废气工况法测量；
- 恒力控制。

3. 基本结构

DCG-2000型汽车动力性能及排放测功机由机械部分及电气测控仪表两部分组成，分述如下：

(1) 机械部分

由机架、连轴器、主滚筒、传感器、轴承、副滚筒、测力臂、测力传感器、电涡流机等组成。

(2) 电气测控仪表

由标准立式机柜、工业控制计算机、LED点阵屏、控制模块、彩色喷墨打印机(可选)、接口板等组成。

4. 使用前的准备工作

检查各部分电缆、电源线、插头、插座、传感器等应完好无损。

所使用的电源应确认符合 AC220 V±10%,AC380 V±10%,50 Hz,如电压波动过大,建议用户为主控机专门配置稳压电源。

设置良好可靠的接地,接地电阻应小于 2 Ω。

检查被测试车辆,其轮胎气压不得低于标准气压(可以为标准气压的 100%~120%)。

清除轮胎中夹杂的石块、金属屑,以免损坏滚筒或抛出伤人。

检查气动举升装置,不漏气,行程正常。

如有必要,可装置轴流风扇,置于发动机前方 2 m,以冷却发动机及轮胎,风量可在 21 000~26 000 m^3/h 中选择,电机功率在 2.2~5.5 kW 之间,电源为 AC380 V,50 Hz。

开机,预热仪表 30 分钟。

举升器升起,将被检车辆垂直驶入测功机并在两组滚筒中停稳,举升器下降。

对于前轮驱动汽车,测试时极易左右摆动,为保证测试安全,建议用户将非测试轮用三角木挡住。

按仪表使用手册所指示的操作方法进入测试状态。请认真阅读手册。

5. 测功机使用操作方法

(1) 测功机开机程序

第一步:打开工控机总电源开关。

第二步:打开测功机机柜面板的红色开关,信号采集、输入/输出板电源接通。

第三步:打开工控机面板里的电源开关,启动计算机。

(2) 启动测试程序

Windows 2000 操作系统启动后,双击桌面图标启动测功机主程序,主界面包含的内容有:菜单栏,快捷工具页面标签,左下方的检测队列和测试项目,右下方的检测项目和工具显示切换窗口等。主界面的检测队列栏中的信息是待检车辆,每次测量前都要首先登录检测车辆,输入必要的识别信息后才能开始检测。

(3) 登录

按下"登录"按钮,进入信息登录页面。

在右面的车辆登录信息框中,操作人员需要输入被检车辆的基本信息,其中有星号(*)标注的信息栏是必须输入项,输入完毕后在检测项目下方选中被检车辆的检测项目,点"录入"按钮,车辆的信息将存入数据库,操作人员可以继续输入下一辆车的信息。车辆登录后,被检车辆的车牌号码就显示在"检测队列"栏中。

(4) 测量操作

用鼠标双击"检测队列"栏中的被检车牌号码,则被检车辆的检测项目将显示在"测试项目"栏中。

① 恒速测功

恒速测功是车辆在某一恒定速度及相关环境(如大气压力、大气温度、相对温度)下的底盘最大输出功率。底盘最大输出功率是指汽车在使用直接挡行驶时,驱动轮输出的最大驱动功率(相应的车速在发动机额定转速附近),是实际克服行驶阻力的最大能力,是汽车动力性评价的一项重要指标。汽车在使用过程中,发动机本身、发动机附件及传动系的技术状况都会下降,其底盘输出的最大功率将因此减小。为取得精确的测量结果,系统考虑到测功机在测试过程中本身随转速变化机械摩擦所消耗的功率,以及汽车在滚筒上模拟道路行驶时的滚动阻力,特制作了测功机台体功率损耗表,并且在测试结果中让用户选择是否对台体功率损耗进行计量。

操作方法:

点击"测试项目"栏中的"恒速测功"图标,进入恒速测功控制面板,上面的4个方框分别显示的是当前的速度值、扭矩值、功率值、各测量时间,左面的转速表盘指针指示测量速度。在测试前如是汽油车还要输入当天的大气压力、环境温度、相对湿度;柴油车则要输入发动机因子。这些环境参数将对测试结果进行修正以使其符合真实环境。然后设置恒速控制速度(一般设为50~90 km/h,根据汽车发动机额定功率工况所对应的速度而定)。

在检测之前,必须按汽车底盘测功机说明书的规定进行试验前的准备,车轮轮胎表面不得夹有小石子或坚硬之物。引车员将车辆驶入测功机,摆正车身,安装好保护装置。操作员设定好控制速度后,点击"开始检测"按钮,引车员根据点阵屏提示操作,先关掉空调、音箱等其他用电设备,将被检车挡位挂在直接挡,加大油门,当感觉有拉力时将油门踩到底并保持稳定,直到点阵屏提示停止检测,然后松开油门,测量完毕后"恒速测功"项目图标将从"测试项目"栏中消失。

② 滑行检测

滑行检测是指车辆加速到一定速度后松开油门,然后挂空挡滑行,控制系统自动检测车辆从初始速度滑行到终止速度的距离和时间。带有多飞轮的测功机在测量时根据车辆的整备质量自动悬挂相应的飞轮来模拟车辆的惯量,因此在测试前必须输入车辆的"整备质量"信息,否则系统不会自动悬挂飞轮。

操作方法:

在"测试项目"栏中点击"滑行距离"图标,切换到"滑行距离测试"面板。右上方的3个LED分别显示测量时的滑行距离、滑行所用的时间和车辆的当前速度,左边的速度表盘指示车辆的当前速度值,旁边的仪表盘显示滑行的初始速度和终止速度,最右边的编辑框用来设定滑行的初始速度和终止速度。

将车辆驶入测功机,摆正车身。操作员设定好起始速度与终止速度后,点击"开始检测"按钮,引车员按照点阵屏提示,将车辆加速到起始速度,然后松开油门挂空挡滑行至零。测量结束后"滑行检测"项目图标从"测试项目"栏中消失。

③ 里程表校验

里程表校验是通过对车辆实际行驶里程的测量和车辆里程值进行比较,来判定里程表是否合格。

操作方法:

在"测试项目"栏里点击"里程表校验"图标,打开"里程表校验"页面。上方的LED显示的是当前速度值、行驶的里程值、所用的时间，速度表盘指示车辆的当前车速，右边的编辑框用来设定校验的里程数。

操作员设定好校验里程数后，点击“开始检测”按钮，引车员根据点阵屏提示，看着车里的里程表，将车行驶到设定的里程后按下遥控器，自此测量完毕。如需查看测量结果请在“数据管理”页面中查找。

④ 加速时间

加速时间是指车辆从起始速度全力加速到终止速度所用的时间，如果测功机配有多飞轮，则控制系统自动根据车辆的整备质量悬挂相应的飞轮模拟汽车的惯量。

操作方法：

在“测试项目”栏中点击“加速检测”图标，切换到“加速检测”控制面板。页面上方的LED框显示测量时的当前车速和加速所用的时间，速度表盘指示当前实时速度，中间的刻度尺用来设定加速的起始速度和终止速度。

设定好起始速度和终止速度后，点击“开始检测”按钮，引车员根据点阵屏提示，将汽车全力加速到终止速度，时间LED框显示加速到终止速度所用的时间，自此测量结束。如需查看测量结果请在“数据管理”页面中查找。

⑤ 速度表校验

速度表校验是指控制仪表实际测得的速度值与车辆的速度表所显示的值相比较，以判定车辆的速度表的误差。

操作方法：

在“测试项目”栏中点击“速度表校验”图标，切换到“速度表校验”控制界面。界面上方两个LED框分别显示当前速度和测定速度值；速度表盘指示当前速度，右边单选按钮框选择校验速度，共有40 km/h,80 km/h,120 km/h 3个挡位的选择范围。

将车辆驶入测功机，摆正车身。选择好校验速度后，点击“开始检测”按钮，引车员根据点阵屏提示，看着汽车的速度表，将汽车加速并稳定到校验速度后按下遥控器，自此测量结束，点阵屏显示测量结果，松开油门将车速至零，“速度表校验”图标将从“测试项目”栏中消失。

底盘测功机还可以进行油耗检测、废气测量、被检车辆数据打印、系统数据标定等功能，详见说明书。

5.2 转向系统检测

为了使转向车轮操纵轻便、行驶稳定可靠和减少轮胎的偏磨，在转向车轮上设计有主销后倾角、主销内倾角、车轮外倾角和前轮前束等参数，即“四轮定位”。

汽车车轮定位主要是前轮定位，也有一些轿车和货车后轮也有定位。前轮定位包括前轮外倾、前轮前束、主销后倾和主销内倾，是前轴技术状况的重要诊断参数。后轮定位主要有后轮外倾、后轮前束等。车轮定位正确与否，将直接影响汽车的操纵稳定性、安全性、燃油经济性、轮胎等有关机件的使用寿命及驾驶员的劳动强度等。因此，车轮定位值的检测不仅对在用车十分必要，而且对新车定型和质量抽查也是必不可少的。

汽车车轮定位的检测，有静态检测法和动态检测法两种。静态检测法是在汽车停止状态下，使用测量仪(如四轮定位仪)对车轮定位进行几何角度的测量；动态检测法是在汽车以一定车速行驶的状态下，用测量仪器或设备(如侧滑试验台)检测车轮定位产生的侧向力或由此引起的车轮侧滑量。

5.2.1 四轮定位仪

1. 四轮定位仪的分类

按照测试方式及原理不同，四轮定位仪基本上可分为拉线式、光学式、图像式3种。其中光学式四轮定位仪按测试原理又分红外式四轮定位仪、激光式四轮定位仪、红外CCD式四轮定位仪。

2. 四轮定位仪的功能

四轮定位仪是专门测量车辆定位参数的设备，其主要测试参数包括前轮前束角/值(前轮前张角/值)、前轮外倾角、后轮前束角/值(后轮前张角/值)、后轮外倾角、主销后倾角、主销内倾角、推力角、前张角、车辆轮距和车辆轴距等。由于车辆轮距、车辆轴距、前张角等参数在实际使用中一般不会改变，而且由于对测量轴距也没有比较好的方法，所以绝大部分四轮定位仪都不测量这几个参数。

无论是红外式、激光式，还是线性CCD式测量，均只能测量一个方向的变量，且没有成像系统在内，数学模型相对简单。元征公司IVIEW-100四轮定位仪采用CMOS图像传感器来进行测量，基于光学成像后进行图像分析来达到测量目的，是一种与以前完全不同的测量方法。关键处是IVIEW-100采用光学方法测量角度，而其他类型的四轮定位仪大多采用倾角传感器进行测量。

3. IVIEW-100四轮定位仪的工作原理

IVIEW-100四轮定位仪的电气工作原理框图如图5-3所示。整个系统分为数据采集和数据处理2个部分。

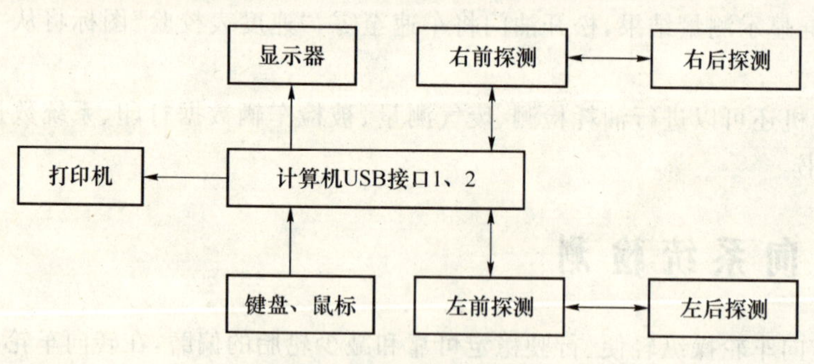

图5-3 工作原理图

数据采集部分为四个探测杆，探测杆中的传感器分别感应与其相对的传感器的红外发射管的图像，并通过USB通信传输给数据处理部分。由于传感器的图像反映的是其自身与相对应的传感器上的红外发射管的相互关系，而探测杆通过4个夹具与汽车轮辋相连，所以通过8个传感器的图像可以计算出4个轮辋的相互关系，并确定车轮的定位参数。

数据处理部分为四轮定位主机，主要包括工业控制计算机系统、电源系统及接口系统，其作用是实现用户对四轮定位仪的操作指令，对数据进行处理并与原厂设计参数一起显示出来，同时指导用户对汽车进行调整，最后打印出相应的报表。

数据采集部分与数据处理部分通过 4 根通信线相连接。2 根 7 pin 通信线把前探测杆与主机连接起来，2 根 8 pin 通信线则连接前后探测杆，并通过前探测杆使后探测杆与工控机相连。

由于四轮定位仪需要把测试结果与原厂标准数据进行对比，并根据对比结果指导用户进行调节，所以数据库的齐全是四轮定位仪的一个重要参数。IVIEW-100 四轮定位仪含有四轮定位车型数据达 30 000 种以上。用户可自己输入最新车辆的四轮定位标准参数对标准定位数据进行扩充。

4. IVIEW-100 四轮定位仪的结构组成

IVIEW-100 四轮定位仪由四轮定位仪主机、探测杆、通信线、轮夹、转盘、方向盘固定架、刹车板固定架等组成，如图 5-4 所示。

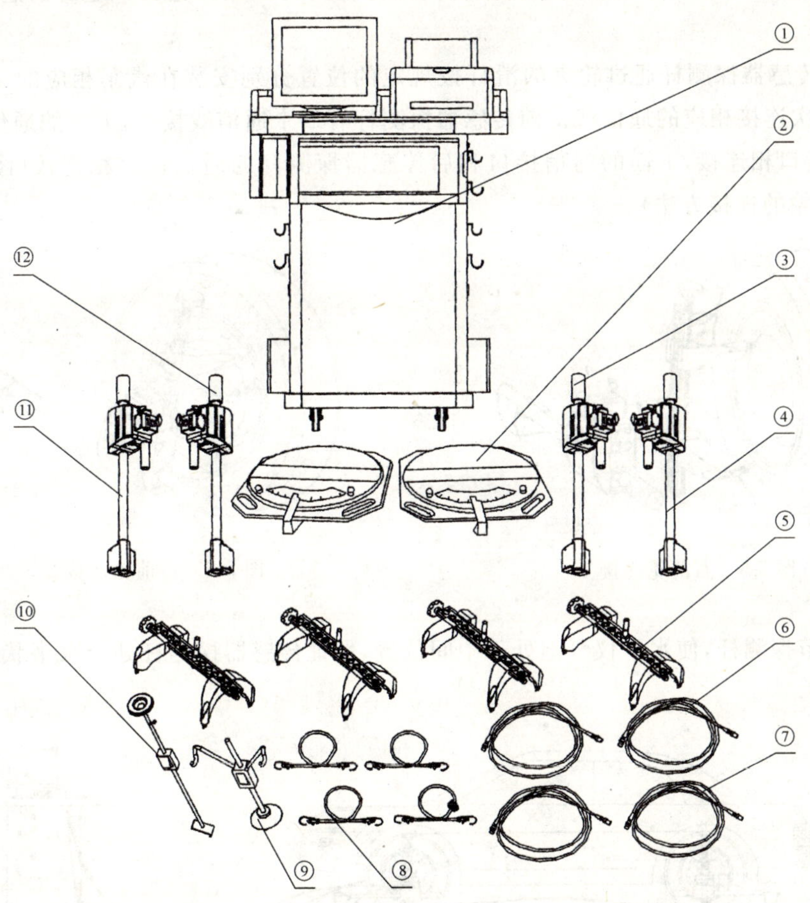

①主机 ②转盘 ③左前探测杆整件 ④左右探测杆整件 ⑤轮夹 ⑥8 pin探测杆连接线 ⑦7 pin探测杆连接线 ⑧ 轮夹绷带 ⑨ 方向盘固定架 ⑩ 刹车板固定架 ⑪ 右后探测杆整件 ⑫ 右前探测杆整件

图 5-4 整机构成

5. IVIEW-100 四轮定位仪的使用

(1) 测试前准备工作

① 将汽车驶到举升机或地沟上,使前轮正好位于转盘中心;车停稳后,拉紧手刹以确保车辆不移动和人员安全。汽车驶入前,用锁紧销将转盘锁紧,防止转动;汽车驶入后,松开锁紧销。

② 询问车主关于车辆有关行驶方面的问题和出现的现象,过去四轮定位方面的检测情况,并了解汽车的生产国家、生产厂家、车款、车型及出厂年代等有关情况。

③ 仔细检查底盘各零部件,包括胶套、轴承、摆臂、三脚架球头、避震器、拉杆球头和方向机是否有松动及磨损。再检查轮胎气压、轮胎规格和左前轮与右前轮以及左后轮与右后轮花纹的磨损程度是否一致。

④ 将轮夹安装在 4 个车轮上,并旋转手柄以锁紧轮夹。卡爪固定在轮辋外圈或内圈,卡爪应深浅一致,并尽量避免卡在车轮变形比较大的区域。轮夹一定要固定妥当,以免意外坠下。

⑤ 将传感器探测杆通过轮夹的滑杆按规定的位置分别安装在汽车相应的 4 个车轮上,然后依次连接相应的通信线。前传感器探测杆有 2 个通信线接口,上面的通信接口和计算机的接口相连接,下面的通信接口和后传感器探测杆的通信接口相连接(图 5-5、图 5-6 为右前轮的连接方法)。

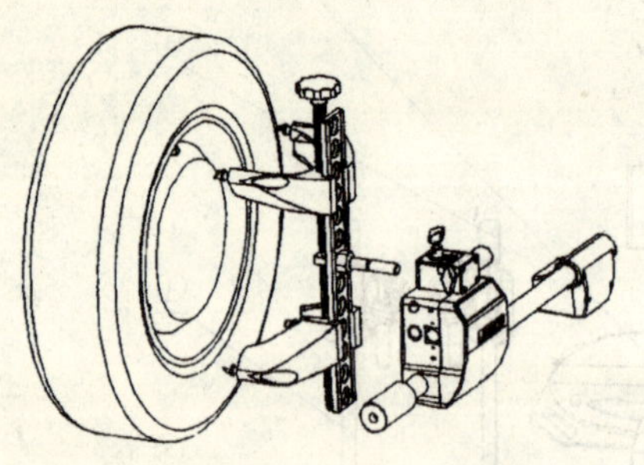

图 5-5　右前轮连接 1

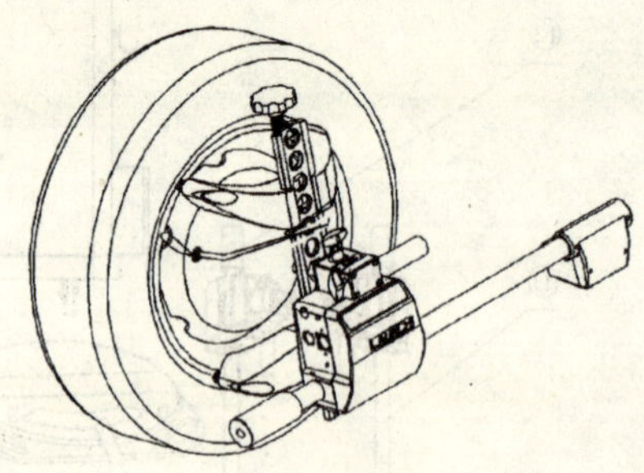

图 5-6　右前轮连接 2

⑥ 调节探测杆,使水平仪气泡处于中间位置,保证传感器探测杆处于水平状态,如图 5-7 所示。

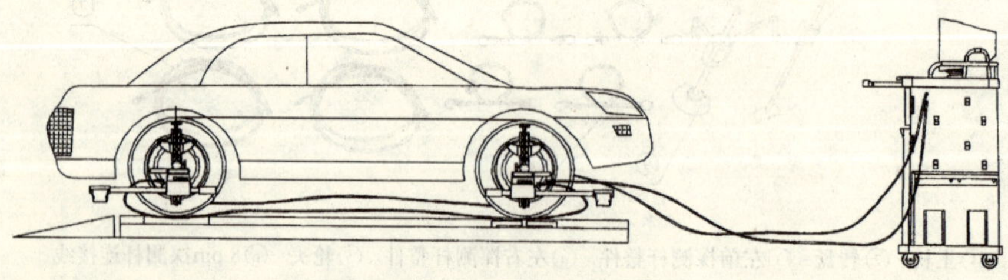

图 5-7　探测杆水平状态

⑦ 将四轮定位仪的电源分别插入标准的 AC220 V电源。

⑧ 将方向盘锁定杆放在驾驶座座椅上，压下手把使之顶住方向盘以锁定方向盘。

⑨ 将刹车板固定架下端顶在制动踏板上，上端卡在座椅上撑紧，避免汽车前后移动。

⑩ 打开四轮定位仪电源，启动电脑，进入 Windows 操作系统，运行桌面上IVIEW-100四轮定位仪的操作软件图标，屏幕进入主功能菜单。主功能菜单共包括 3 项功能：用户管理、定位检测和帮助系统。

（2）基本操作方法

① 用户管理

用户管理功能模块为用户提供了一组实用的程序，如表 5-1 所示。

表 5-1　用户管理模块

用户资料	为用户提供输入自己资料的窗口，此资料可在打印报表时打印出来
客户资料	可以让用户轻松管理顾客的资料以供随时查阅
传感器校定	第一次使用本软件之前或任一传感器更换之后，必须使用"传感器校定"对传感器参数进行校定，并保存有关数据供测试程序使用
查询数据	可查询相关车型的四轮定位数据
编辑数据	可自己编辑加入最新车型的四轮定位数据

② 定位检测

在主功能菜单选择"定位检测"图标。定位检测是本软件的主要部分，根据实际情况将汽车四轮定位分成了 15 个步骤，用户按步骤一步一步进行，即可完成汽车四轮定位调整。

1）选择车型。"选择车型"与"查询数据"类似，操作也基本相同，在选择车型时找到相应的数据后点击"确定"按钮可进行下一步的四轮定位操作。

进入本窗口后，选择正确款式、型号和出厂年代，这时在窗口右边的网格中将出现所选汽车的四轮定位的参数；然后点击"确定"按钮进行下一步操作，即四轮定位设置功能。

点击"取消"将退出本窗口回到上一级窗口。

2）四轮定位设置。四轮定位设置功能可以设置四轮定位测试时的操作步骤。如该步骤选项显亮表示步骤中包含该项检测，修改完定位测试步骤后，按"确认"键确认执行下一步骤测试。

3）准备定位。该项功能主要告诉用户怎样连接轮夹、探测杆和测试连接线，并自动检测连接是否可靠，传感器图像是否正常。

4）偏心补偿。该项功能是为了减小由于钢圈、轮胎的变形和装夹不当可能引起的测试误差。当测试误差比较大时，应该选择"偏心补偿"步骤以确保测试精度。

5）初始测量。初始测量主要测量前后车轮的前束、外倾和后轴推力角，并把测量结果一起显示出来。

6）主销测量。设备首先检测汽车前束与外倾，然后进行主销参数测量。

7）校前状态。测试完主销内倾和主销后倾后，完成了调整前的测量，按“确认”键，屏幕显示校正前的四轮定位数据。

8）前轮前束的测量与调整。保存了调整前的状态参数后，即可开始进行单个项目的调整。屏幕实时显示测试的前束值，红色箭头在图中绿色区域表示正常，在红色区域表示超出标准范围。此时按功能键，如果功能键显亮可显示前束的调整动画和调整信息（参考主销测量）。

9）前轮外倾测量与调整。点击“前轮外倾”图标，进入前轮外倾调整界面，调整方法与第8）步相同。

10）后轮前束测量与调整。点击“后轮前束”图标，进入后轮前束调整界面，调整方法与第8）步相同。

11）后轮外倾测量与调整。点击“后轮外倾”图标，进入后轮外倾调整界面，调整方法与第8）步相同。

12）前轴参数检查。完成初步的调整之后可在前轴参数中查看前轴的四轮定位是否已经调整合格。如果某项不合格可返回重新调整。

13）后轮参数检查。前轴的四轮定位已经调整合格，可继续查看后轴的定位参数，如果某项不合格可返回重新调整。

14）校后状态。如果全部调整完毕，则按“确认”键进入校后状态保存调整后的测试数据。

15）打印报表。保存调整后的测试数据，进入打印报表界面，添入用户名和车牌后按“确认”键即可打印报表。

③ 帮助系统功能

在任何地方按 F1 键或点击“帮助”按钮均可以进入帮助系统，在不同的窗口进入帮助系统时显示的帮助主题不同，其帮助主题与窗口的内容密切相关。进入帮助系统后可以通过选择“目录”或“索引”进入需要的帮助主题，帮助的内容分为四轮定位仪软件的使用及汽车四轮定位方面的知识两大部分。

5.2.2 汽车侧滑试验台

1. 汽车侧滑试验台的功能

为了保证汽车转向车轮作无横向滑移的直线滚动，要求车轮外倾角和车轮前束有适当的配合，当车轮前束值与车轮外倾角配合不当时，车轮就可能在直线行驶过程中不作纯滚动，产生侧向滑移现象。车轮侧向滑移量的大小与方向可用汽车侧滑试验台来检测。

检测的主要目的是为了确认前轮前束与前轮外倾的配合是否恰当。前轮侧滑量的检测采用动态检测法，使用的检测设备主要有滑板式侧滑试验台和滚筒式车轮定位试验台两种。这里主要介绍元征 KSS-101 侧滑试验台，它是单滑动板式侧滑试验台。

2. 滑动板式侧滑试验台的工作原理

前束与车轮外倾的关系及侧滑量检测原理：为了减少前轮纵向旋转平面接地点至主销中心线延长线与地面交点的距离，并为了前桥在承受较大载荷后前轮不致产生内倾，因而在前轮定位中出现了前轮外倾这一角度。但是，前轮外倾后，在两前轮滚动中出现了向外张开的趋势，虽然在刚性前梁的约束下，前轮并不能真正向外滚动，但两前轮分别给地面向内的侧向力和轮胎在地面上的滑磨是实际存在的，此时，若这样的汽车前轮在两块互不连接而可以左、右自由滑动的滑动板上前进通过时，则可以看到两滑动板向内靠拢。滑动板向内靠拢量为该前轮的侧滑量。

前轮前束是为纠正前轮外倾后向外张开滚动这一缺陷而出现的，当前束值恰到好处时，亦即给外倾的前轮一个合适的方向修正量，前轮就会保持稳定的直线行驶。此时，即使汽车前轮再通过同样的滑动板，滑动板也不会左、右移动。当然，若前轮前束值太大，则两前轮滚动时又有向内靠拢的趋势。刚性前梁虽不允许两前轮真正向内靠拢，但两前轮分别给地面一个向外的力并在地面上滑磨也是实际存在的，此时，若汽车的前轮通过上述同样的滑动板，则两滑动板分别向外滑，滑动板的滑动量为该前轮的侧滑量。

侧滑试验台就是利用上述滑动板在侧向力作用下能够横向滑动的原理来测量前轮侧滑量的。可以看出，检测中若滑动板向外移动，表明前轮前束太大或负外倾太大；若滑动板向内移动，表明前轮外倾太大或负前束太大；若滑动板不移动，表明前轮没有侧滑量，前束与外倾配合得恰到好处。

3. 滑动板式侧滑试验台的结构

侧滑试验台是使汽车在滑动板上驶过，用测量滑动板左、右方向移动量的方法来检测前轮侧滑并判断是否合格的一种检测设备。侧滑试验台按滑动板数不同，可分为单板式和双板式两种，它们一般均由测量装置、指示装置和报警装置等组成。单板式侧滑试验台虽然只有前轮或后轮中的一个车轮经过滑板，但另外一个车轮的侧滑量通过车身传递给被测车轮，故单板式侧滑试验台和双板式侧滑试验台的原理一样，所测量的也是两个车轮的侧滑量。

（1）测量装置

由框架、左右两块滑动板、杠杆机构、回位装置、滚轮装置、导向装置、锁止装置、位移传感器及信号传递装置等组成，它能把前轮侧滑量测出并传递给指示装置。

按滑动板位移量传递给指示装置方式的不同，测量装置可分为机械式和电气式两种。

① 机械式测量装置。是把滑动板与指示装置机械地连接在一起，通过连杆和L型杠杆等零件把滑动板位移量直接传递给指示装置的一种结构形式。具有机械式测量装置的侧滑试验台，一般也称为机械式侧滑试验台，其指示装置设立在测量装置的一端，二者必须靠得很近，近来已逐渐不用。

② 电气式测量装置。是把滑动板的位移量通过位移传感器变成电信号，再经过放大与处理传输给指示装置的一种结构形式。位移传感器有自整角电机式(图5-8)、电位计式(图5-9)和差动变压器式(图5-10)等多种形式。

（2）指示装置

指示装置也分为机械式和电气式两种。指示装置把测量装置传递来的滑动板侧滑量按汽车每行驶1 km侧滑1 m定为一格刻度，前轮正前束(IN)和负前束(OUT)分别刻有7格以上的刻度指示。因此，当滑动板长度为1 000 mm，单边滑动板侧滑1 mm时，指示装置指示 1 格刻度；当滑动板长度为 500 mm，单边滑动板侧滑 0.5 mm 时，指示装置也能指示一格刻度。这样，检测人员从指示仪表上就可获得前轮侧滑量的定量数值，并根据指针偏向 IN 或 OUT 的方向确定出侧滑的方向。

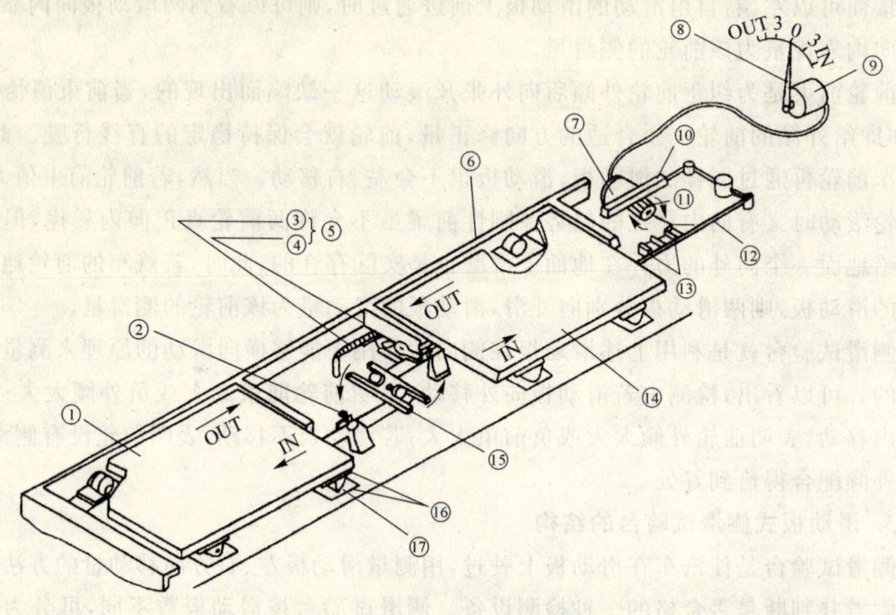

①左滑动板 ②导向滚轮 ③回位弹簧 ④摆臂 ⑤回位装置 ⑥框架 ⑦产生电信号的自整角电机 ⑧指示机构 ⑨接受电信号的自整角电机 ⑩齿条 ⑪小齿轮 ⑫连杆 ⑬限位开关 ⑭右滑动板 ⑮双销叉式曲柄 ⑯轨道 ⑰滚轮

图 5-8　自整角电动式测量装置

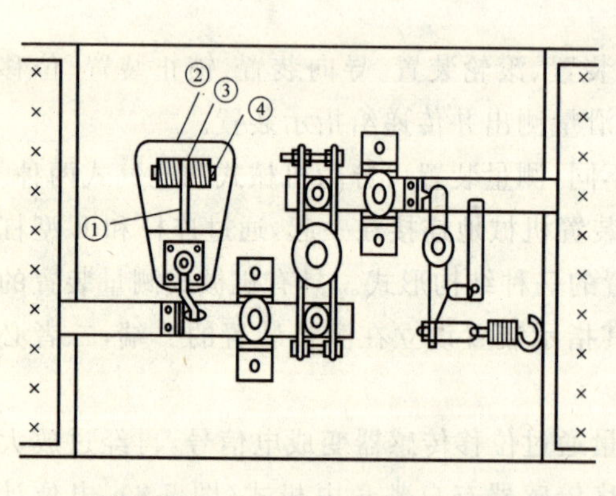

①滑动片 ②电位计 ③触点 ④线圈

图 5-9　电位计式测量装置

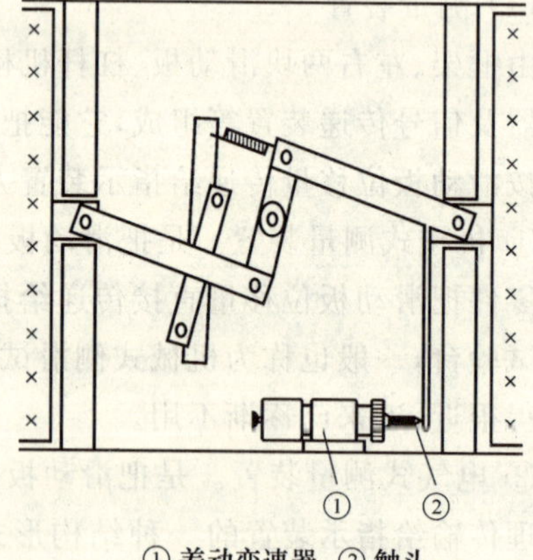

①差动变速器 ②触头

图 5-10　差动变压器式测量装置

(3) 报警装置

在检测前轮侧滑量时，为便于快速表示结果是否合格，当侧滑量超过规定值(5 格刻

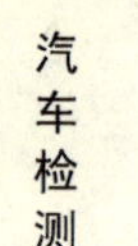

度)后,侧滑试验台的报警装置能根据测量装置的限位开关发出的信号,用蜂鸣器或信号灯报警,因而无需再读取指示仪表上的数值,为检测操作节约了时间。

4. 侧滑试验台的使用

(1) 检测前的准备工作

- 轮胎气压应符合汽车制造厂的规定;
- 轮胎上粘有油污、泥土、水或花纹沟槽内嵌有石子时,应清理干净;
- 检查试验台导线连接情况,在导线连接良好的情况下打开电源开关,查看指针仪表或数码管是否在零点位置上,视需要进行调整;
- 检查报警装置在规定范围内能否发现报警信号,视需要进行调整或修理;
- 检查试验台上面及其周围的清洁情况,如有油污、泥土、砂石及水等应予清除;
- 打开试验台的锁止装置,检查滑动板能否在外力作用下滑动自如,外力消失后应回到原始位置,且指示零点。

(2) 检测操作方法

- 汽车以3~5 km/h的速度垂直驶向侧滑试验台,使前轮平稳通过滑动板;
- 当前轮通过滑动板后,从指示装置上观察侧滑方向,并读取、打印最大侧滑量;
- 检测结束后,切断电源并锁止滑动板。

(3) 诊断标准

按国家标准GB7258—87《机动车运行安全技术条件》的规定,用侧滑试验台检测前轮侧滑量,其值不得超过5 m/km。

(4) 检测后轴技术状况

除个别汽车的后轮有定位(如上海桑塔纳后轮有前束)外,绝大多数汽车的后轮是没有定位的。对于后轮没有定位的汽车,可在侧滑试验台按下列方法检测后轴是否变形和轮毂轴承是否松旷。

① 使汽车后轮从滑动板上前进和后退行驶时,如两次读数均为零,表明后轴无变形。

② 如两次读数不为零,且前进和后退读数相等,方向相反,表明后轴在水平平面内发生弯曲。若前进时滑动板向外滑动,后退时又向内滑动,说明后轴端部向前弯曲。若前进时滑动板向内滑动,后退时又向外滑动,说明后轴端部向后弯曲。

③ 如两次读数不为零,且前进和后退读数相等,方向相同,表明后轴在垂直平面内发生弯曲。若滑动板向外滑动,说明后轴端部向上弯曲;若滑动板向内滑动,说明后轴端部向下弯曲。

④ 若多次驶过滑动板,每次读数不相等,说明轮毂轴承松旷。对于后轮有定位的汽车,仍可按上述方法检测,只是在检测结果中减去定位值,剩余值即为后轴变形造成的。

(5) 使用注意事项

- 不能让超过试验台允许超载荷的车辆通过试验台;
- 车辆不能在试验台上转向或制动;
- 保持试验台内及周围环境清洁;
- 其他注意事项见仪器使用说明书。

5.3 车轮平衡检测

随着道路质量的提高和高等级公路的出现，汽车行驶速度越来越高，因此对车轮的平衡度要求也越来越严格。如果车轮不平衡，则在其高速旋转时，不平衡质量将引起车轮上下跳动和横向振摆，不仅影响汽车的行驶平顺性、乘坐舒适性，而且车辆难以控制，也影响了汽车行驶的安全性。此外，还因加剧了轮胎及有关机件的磨损和冲击，缩短了汽车使用寿命，增加了汽车运输成本。因此，车轮平衡问题越来越引起人们的重视，车轮平衡度已成为汽车检测项目之一。

5.3.1 车轮平衡机的作用和工作原理

1. 车轮平衡机的作用

车轮不平衡会使车辆在高速行驶时产生振动，同时使汽车附着力减少，操纵稳定性变坏；加速轮胎磨损；损坏减震器及转向、悬挂系统零件。车轮平衡可消除轮胎的震动或使之减少到许可范围之内，避免由此带来的不利影响及其造成的损坏。

车轮平衡机的作用就是检测和消除轮胎的不平衡，保持汽车正常、安全行驶。

车轮平衡机的类型按测量方式分为离车式平衡机和就车式平衡机，元征公司生产的KWB系列车轮平衡机属于离车式平衡机。

2. 车轮平衡机的工作原理

离车式车轮平衡机按动平衡原理工作，汽车修理和维护作业中因车轮已拆离车桥，其平衡检测都在离车式平衡机上进行。与静平衡不同，动平衡将轮胎视为一个有限宽度 b 的回旋体（如图 5-11 所示），并假设不平衡质量 m 分别为 m_1 和 m_2 两部分，集中在轮辋的边缘处，该两平面称为校正面，旋转时形成两个离心力，图中 F_1 和 F_2 为这两个离心力在传感器平面的投影，当 $F_1 \neq F_2$ 或 $F_1 = F_2$，但两者相位不同时，不仅形成不平衡力，还要形成不平衡力矩，因而动平衡机必须设置两个相互垂直的传感器 A 和 B 以采集支反力 f_A 和 f_B，建立系统的动静学平衡式，以求取 F_1 和 F_2，从而计算不平衡质量 m_1 和 m_2。

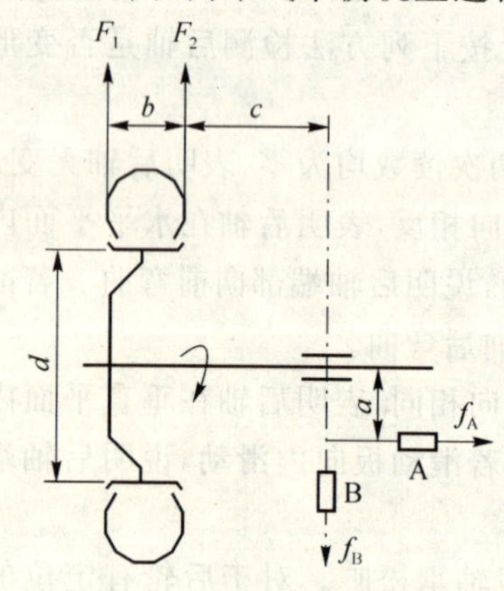

图 5-11 动平衡原理图

3. KWB 系列车轮平衡机的使用

离车式车轮平衡机按动平衡原理工作，既可以检测不平衡力，也可用以测定不平衡力矩。车轮拆离车桥装于平衡机主轴上，一切结构和安装基准都已确定，所以无需自标定过程，因此平衡机的构造和电测系统都比较简单，平衡操作时只要将被测车轮的轮辋直径和轮胎宽度以及安装尺寸输入到电测电路即可完成平衡作业，平衡机仪表即会自动显示轮胎两侧的不平衡质量 m_1 和 m_2 及其相位。

离车式平衡机分卧式平衡机和立式平衡机两种，其主轴为卧式布置的称卧式平衡机，如图 5-12 所示，元征公司生产的车轮平衡机就属于卧式平衡机。

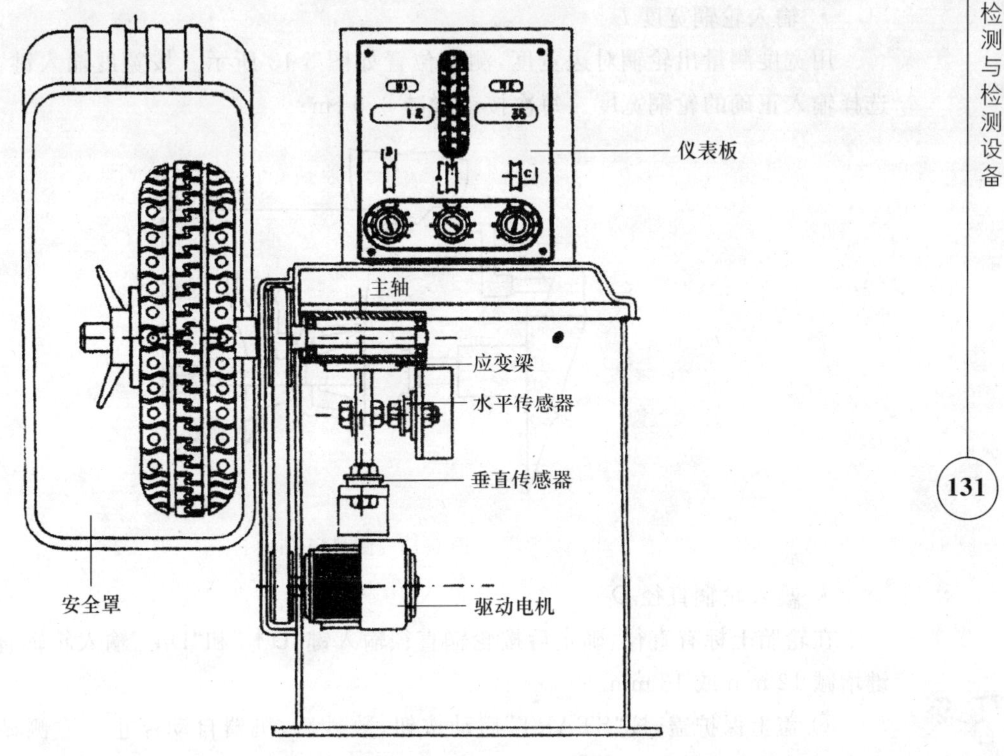

图 5-12　卧式车轮平衡机

下面以 KWB-101 为例介绍车轮平衡机的使用。

汽车及其他车辆的车轮多种多样，平衡方式也不一样，进行平衡时，先选择正确的平衡方式，然后具体操作步骤如下：

① 打开电源开头。

② 安装匹配器。用酒精或汽油把主轴、匹配器的中心孔及接触面擦拭干净，以免影响安装精度。主轴与匹配器按 0 标记对正锁紧即可。

③ 安装车轮。选择与轮辋中心孔匹配的适配器(锥度盘)，15″以下小孔轮辋放塔簧，再放锥度盘，小头朝外，装轮胎，上塑料碗，将快换螺母锁紧；装 16″以上轮辋，锥度盘小头朝内，先装轮胎，再装锥度盘，小头朝内，用快换螺母锁紧。

④ 选择平衡模式。按动“F”或“ALU”按钮，直到出现根据实际平衡车轮所要选择的平衡模式的显示灯亮。

⑤ 输入轮辋数据。在平衡机内部有轮辋数据库，输入轮辋数据只需按“↑”或“↓”选择正确的轮辋数据即可。

• 输入轮辋距离 A

如图 5-13 拉出机器侧边的测量尺，顶住轮辋边缘，读出距离值。

按距离输入键“A↑”和“A↓”输入测出的距离值(每次按键增减 0.5 cm，总长 25 cm)。

• 输入轮辋宽度 L

用宽度测量出轮辋对边宽度，测量位置如图 5-13 所示。按宽度输入键“↑”和“↓”，选择输入正确的轮辋宽度。每次按键增减 0.5 cm。

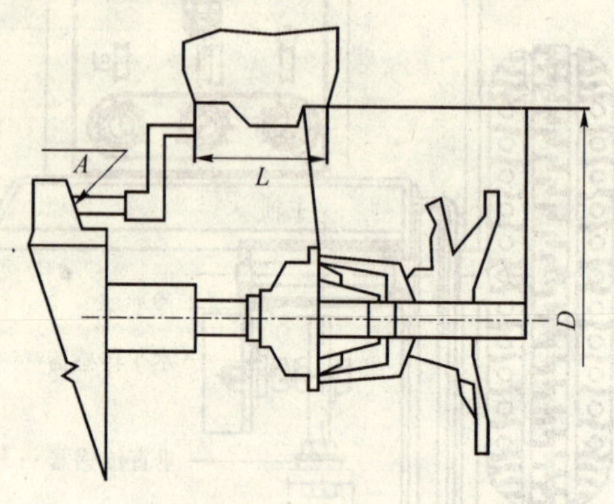

图 5-13　测量 A 值

• 输入轮辋直径 D

在轮胎上标有直径，确定后按轮辋直径输入键“D↑”和“D↓”输入轮辋直径。每次按键增减 12 mm 或 13 mm。

⑥ 盖上保护盖，按“START”启动按钮，数秒后，机器自动停止。左侧显示屏显示车轮内侧不平衡值，右侧显示屏显示车轮外侧不平衡值，根据内外侧不平衡值选相应的平衡块备用。

⑦ 用手缓慢转动车轮，至外侧不平衡指示灯全亮，表示此时轮辋外侧最高点为不平衡位置，在此位置加上相应的平衡块，如图 5-14 所示。

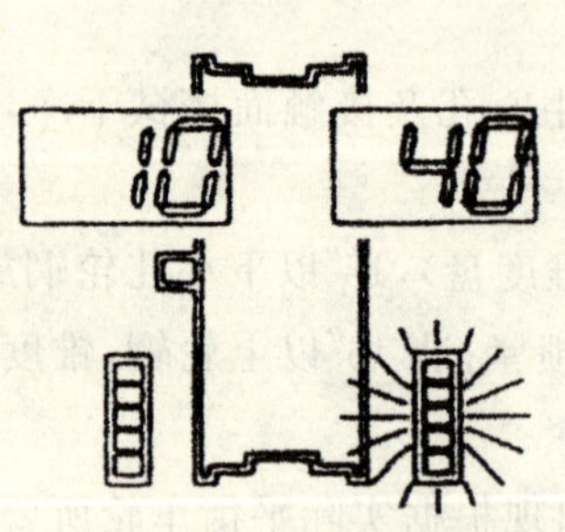

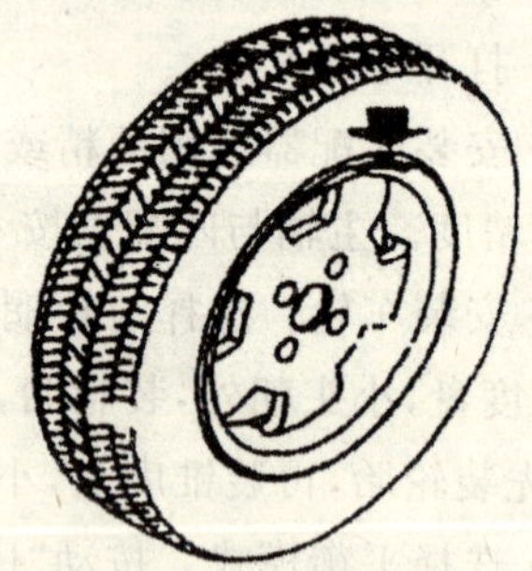

图 5-14　找外侧不平衡位置并加平衡块

⑧ 再用手缓慢转动车轮，至左侧不平衡指示灯全亮，表示此时轮辋内侧最高点为不平衡位置，在此位置加上相应的平衡块，如图 5-15 所示。

⑨ 盖上保护盖，按“START”启动按钮，重复以上操作步骤，直至两边显示器都显示“[0] [0]”为止。一般重复操作 3 次以内正常。

⑩ 从平衡旋转轴上拆下轮胎，平衡结束。

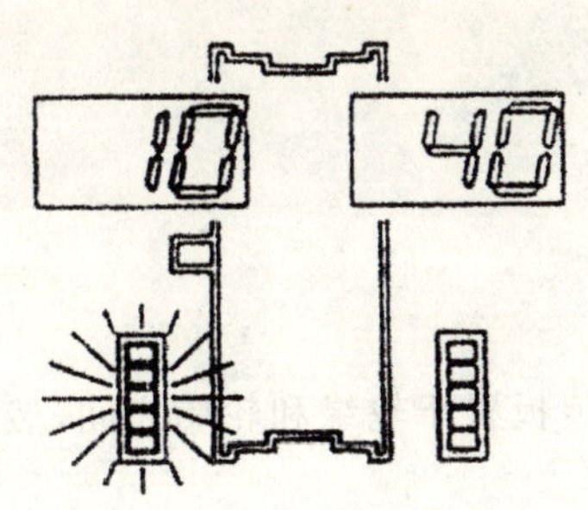

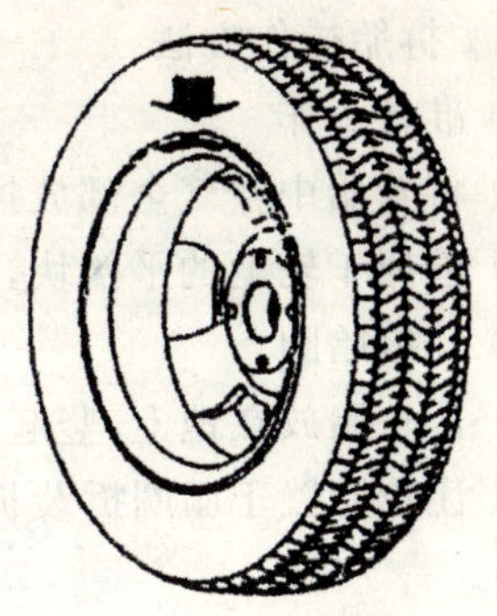

图 5-15 找内侧不平衡位置并加平衡块

5.3.2 TWC-101 轮胎拆装机

1. TWC-101 轮胎拆装机结构组成

轮胎拆装机的主要操作和控制机构如图 5-16 所示。

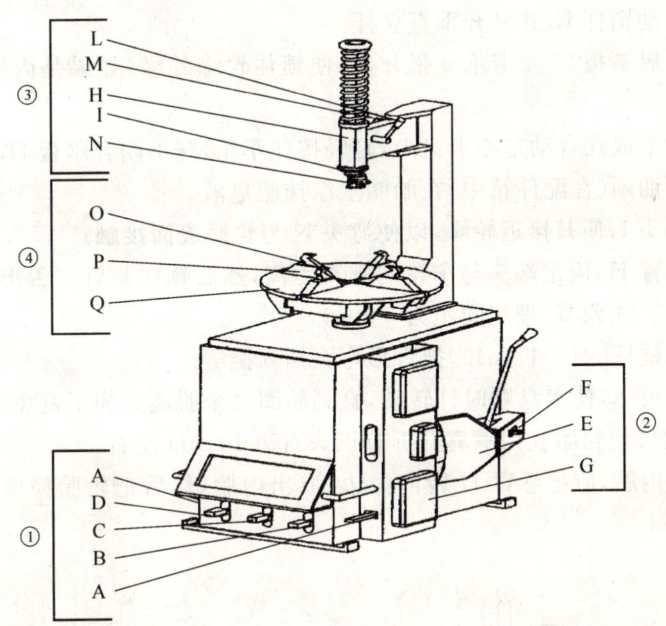

① 脚踏板控制系统：A. 转向控制系统 B. 胎圈拆装踏板 C. 开启踏板 D. 闭合踏板

② 胎圈拆装器：E. 胎圈拆装板 F. 拆装臂 G. 防磨支撑板

③ 操纵杆系统：H. 悬臂 M. 手轮 L. 锁杆 I. 垂直杆端头 N. 滑动舌形弯头

④ 自动定心卡盘：O. 卡爪 P. 滑动卡座 Q. 自动定心板

图 5-16 TWC-101 轮胎拆装机

2. WTC-101 轮胎拆装机的操作使用

(1) 拆胎操作方法

① 准备工作

1) 将轮胎中空气全部放掉。

2) 去掉车轮上的平衡块,以免发生危险。

② 开启胎圈

1) 让轮胎放在地上,竖起。

2) 让轮胎置于胎圈拆装板 E 和靠胎胶皮中,使拆装板置于轮缘和轮胎之间,然后踩踏板 B。

3) 慢慢转动车轮,重复上两步操作,使胎圈和轮胎彻底脱离。

4) 换另一面,重复上述操作。

说明:

- 靠胎时,请使用毛刷蘸浓肥皂液润滑胎圈;
- 使用胎圈拆装臂时,注意不要把手臂伸进车轮和拆装臂之间。

③ 拆卸轮胎

1) 向上扳动锁杆 L,并松开垂直立杆。

2) 踩下开启踏板 C,使卡爪 0 张开,以便锁住轮缘外缘(如果是内锁式车轮,则不必张开卡爪 0)。

3) 把车轮平放在自动定心卡盘上,轻轻按住车轮,踩下闭合踏板 D,锁住轮缘。

4) 用专用油刷(在配件箱中)在胎圈上涂抹肥皂液。

5) 移动端头 I,使其接近轮缘,以使弯头 N 与轮缘表面接触。

6) 调整悬臂 H,确定端头与车轮的垂直距离,然后锁住悬臂。舌形弯头与轮辋边缘的间距通过手轮 M 调节(理想间距为 3 mm)。

7) 用专用撬杆〔图 5-17(a)〕,把舌形弯头插入撬缝。

8) 踩下踏板 A,使卡盘顺时针转动,直到胎圈完全脱离。为了避免损坏内胎,在进行这步操作时,建议使轮胎气门嘴离开拆装机头右边 10 mm 左右。

9) 如果有内胎,应把悬臂 H 转向旁边,取出内胎,然后把轮胎换面,重复以上步骤,拆下另一侧胎圈。

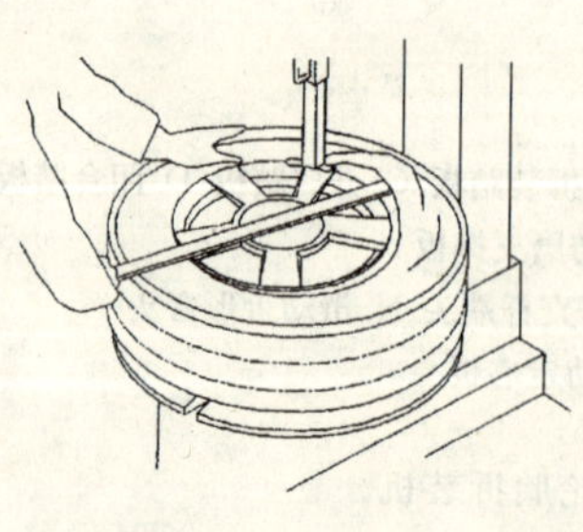

(a) 拆胎操作

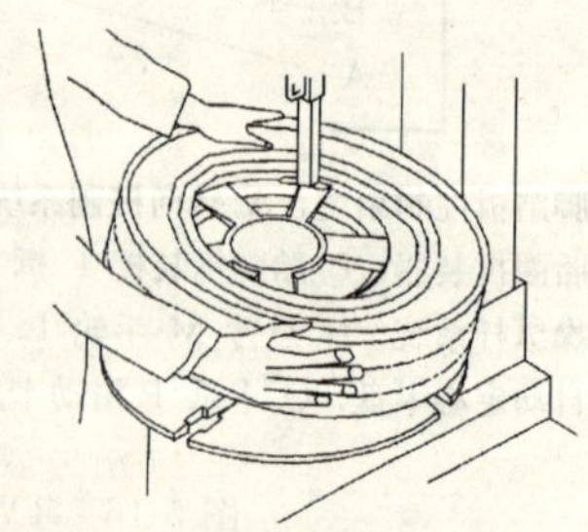

(b) 装胎操作

图 5-17 拆、装胎操作

(2) 装胎操作方法

① 先给胎圈涂上肥皂液,然后把轮胎套在轮缘上,把立杆端头移到工作台位置。

② 把胎圈移到端头边缘,然后压下舌形弯头〔图 5-17(b)〕。

③ 在轮胎内用专用刷子刷一层肥皂液。

④ 踩下踏板 A,使卡盘顺时针转动,注意要把胎圈压进轮缘槽中,以减少胎圈磨损(进行这一步操作时,要用双手压在轮胎上,以协助操作)。

⑤ 如有内胎,则把悬臂移开,装入内胎,要使内胎气阀与轮缘成 90°。

⑥ 重复上述操作,装好另一面胎圈。

⑦ 移开悬臂,踩下踏板 C,松开轮缘。

说明:

- 如果工作的轮辋尺寸相同,不用总是锁紧、松开锁紧杆,只需向一边移动水平臂即可;
- 在锁住的过程中,不要把手放在轮胎和夹钳之间,避免造成人身伤害;
- 如果出现胎圈卡住端头不易取下的情况,需向上提踏板 A,使卡盘逆时针方向旋转。

(3) 充气操作

充气操作如图 5-18 所示。

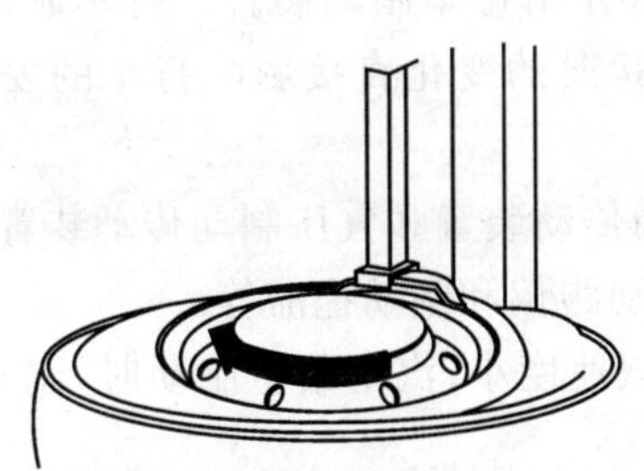
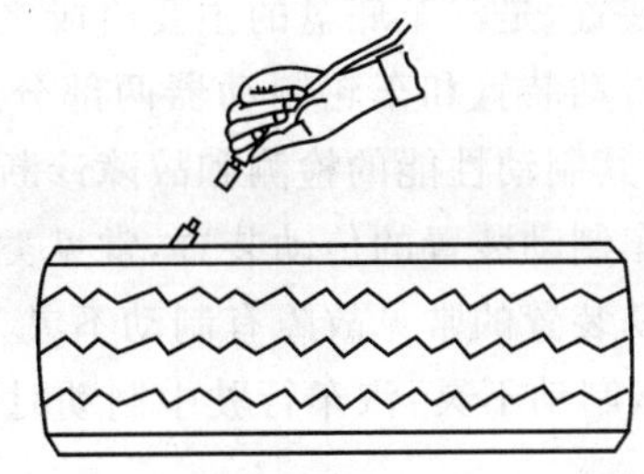

图 5-18　充气操作

图示配备有一个充气压力计,用于轮胎充气及充气压的读数。

① 从卡盘上松开轮胎锁钳。

② 将充气管接头与轮胎气阀相连。

③ 在给轮胎充气时应慢慢地压充气枪数次,确定充气压力计显示的读数,保证压力不超过轮胎生产厂家所注明的范围。

(4) 操作注意事项

① 勿使轮胎拆装机处于高温度和高湿度的环境中。避免安置在暖气设备、水龙头、空气加湿器或火炉旁。

② 不要把轮胎拆装机安置在阳光能直接射入的窗户前面。在不可避免的情况下,应使用窗帘、挡板或防护罩遮蔽轮胎拆装机。

③ 应使轮胎拆装机避免接触大量灰尘、氨气、酒精、稀释剂或喷雾型粘合剂等。

④ 应把轮胎拆装机安装在平稳的地面上。

⑤ 使用时，非操作人员请勿靠近机器。

⑥ 请特别注意粘贴在机身上的各种警告标志。

⑦ 注意在轮胎拆装机工作时，切勿将手或身体的其他部位接触运动件。

⑧ 在轮胎拆装机的背面和墙壁之间，应留有 50 cm 的距离，以保证良好的通风散热。请注意在轮胎拆装机的左右两侧留有足够的空间，以使操作不受限制。

5.4 制动系的检测

随着汽车行驶速度的提高，汽车制动性对保障交通安全尤其重要，因此国家有关法规明确规定要求对汽车制动性进行定期的检查并且必须满足相关的技术条件。

目前制动性的检测方法主要有两种，一种是汽车路试法，可用五轮仪检测出汽车的制动距离、制动时间和瞬时速度等；另一种方法是用专用的制动实验台检测汽车制动性能，它具有迅速、准确、经济、安全、不受外界条件的限制、重复性好、能定量地检测各车轮的制动全过程的优点，已在国内外获得了广泛应用。

5.4.1 概述

制动系具有独立的行车制动装置和驻车制动装置，有的还有紧急制动、安全制动和辅助制动装置，是汽车底盘的主要组成之一。本节重点介绍行车制动装置。行车制动装置由制动传动装置和车轮制动器两部分组成，其技术状况的变化直接影响行车的安全性。因此，对其制动性能的检测和故障诊断尤为重要。

行车制动装置的传动装置，常见类型有液压制动传动装置和气压制动传动装置两种。行车制动装置的常见故障有制动不灵、制动失效、制动跑偏和制动拖滞等。

(1) 制动不灵：汽车行驶中制动时，驾驶员感到减速度小；汽车紧急制动时，制动距离长。

(2) 制动失效：汽车行驶时，踩下制动踏板车辆不减速，即使连续踩几脚制动也无明显减速作用。

(3) 制动跑偏：汽车制动时，车辆行驶方向发生偏斜；紧急制动时，车辆出现扎头或甩尾现象。

(4) 制动拖滞：在行车制动中，当起始制动踏板后，全部或个别车轮的制动作用不能完全立即解除，以致影响车辆重新起步、加速行驶或滑行。

5.4.2 制动性能的检测

1. 制动试验台的分类

制动试验台按不同的分类方法，可以分出不同的类型。常见的分类方法有：按试验台测试原理不同，可分为反力式和惯性式两类；按试验台支承车轮形式不同，可分为滚筒式和跑板式两类；按试验台检测参数不同，可分为测制动力式、测制动距离式和多功能综合式 3 类；按试验台测量装置至指示装置传递信号方式不同，可分为机械式、液压式和电气式 3 类；按试验台同时能检测车轴数的不同，可分为单轴式、双轴式和多轴式 3 类。元征

KTC-101 制动试验台属于单轴反力式滚筒制动试验台。

2. 制动试验台的功能

① 检测汽车制动力；

② 检测汽车制动力平衡要求；

③ 检测车轮阻滞力；

④ 检测制动协调时间。

3. 制动试验台的基本结构

单轴反力式滚筒试验台的结构简图如图 5-19 所示。它由框架、驱动装置、滚筒装置、测量装置、举升装置和指示与控制装置等组成。为使试验台能同时检测车轴两端左、右车轮的制动力，除框架、指示和控制装置外，其他装置是分别独立设置的。

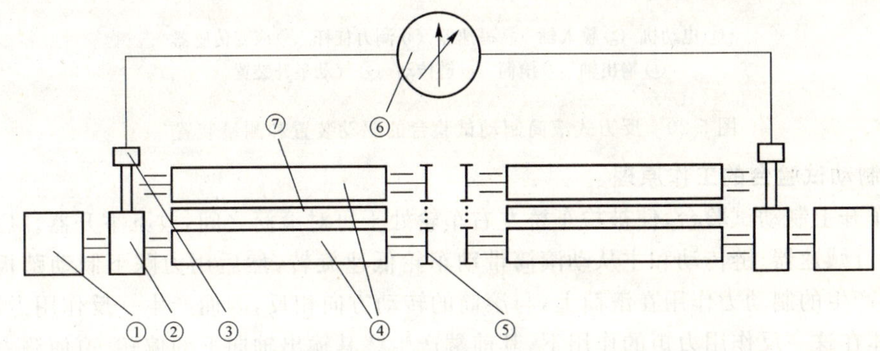

①电动机 ②减速器 ③测量装置 ④滚筒装置 ⑤链传动 ⑥指示装置 ⑦举升装置

图 5-19 单轴反力式滚筒制动试验台简图

(1) 驱动装置：由电动机、减速器和链传动组成。电动机的转动通过减速器内的蜗杆传动和一对圆柱齿轮传动两级减速后传给主动滚筒，主动滚筒又通过链传动把动力传给从动滚筒。减速器与主动滚筒共用一轴，减速器壳体处于浮动状态。

(2) 滚筒装置：由 4 个滚筒组成，每对滚筒独立设置，有主动滚筒和从动滚筒之分。每个滚筒的两端分别用滚动轴承支承，被测车轮置于两滚筒之间。

(3) 测量装置：主要由测力杠杆、传感器和测力弹簧等组成。测力杠杆一端与传感器连接，另一端与减速器连接，连接的方式有两种：一种是测力杠杆直接固定在减速器壳体上，当浮动的减速器壳体前端向下移动时，测力杠杆前端也向下移动。安装在测力杠杆前端的传感器把测力杠杆的移动或力变成反映制动力大小的电信号，送入到指示与控制装置中去，如图 5-20 所示。另一种是测力杠杆通过轴承松套在框架的支承轴上，其尾端固定在减速器壳体的带有刃口的传力臂上。当浮动的减速器壳体前端向下移动时，测力杠杆通过传力臂刃口的作用使其前端向上移动。

安装在测力杠杆前端的传感器有自整角电机式、电位计式、差动电压器式或电阻应变片式等多种形式。

(4) 举升装置：为了便于汽车出入试验台，在两滚筒之间设有举升装置。举升装置一般由举升器、举升平板和控制开关等组成。

(5) 指示与控制装置:指示与控制装置有电子式和电脑式之分。电子式的控制装置多配以指针式指示仪表;电脑式控制装置多配以显示器,也有配置指针式指示仪表的。国产的反力式滚筒试验台多为电脑式,其指示与控制装置主要由计算机、放大器、模数转换器、数字显示器和打印机等组成。

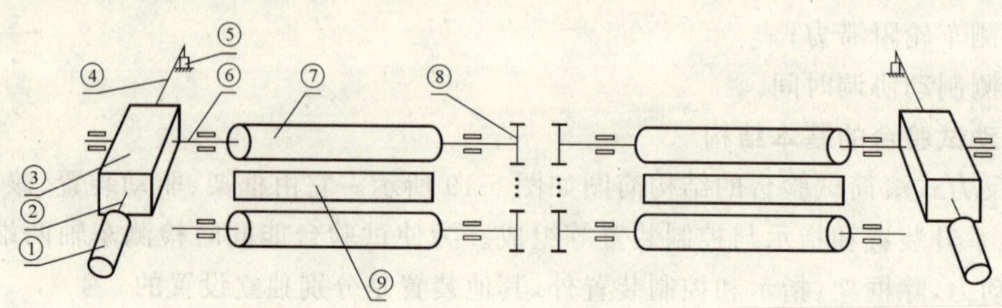

①电动机 ②输入轴 ③减速器 ④测力杠杆 ⑤应变传感器
⑥输出轴 ⑦滚筒 ⑧链传动 ⑨气动举升装置

图 5-20 反力式滚筒制动试验台的驱动装置和测量装置

4. 制动试验台的工作原理

汽车开上制动试验台,使被检车桥左右车轮处于每对滚筒之间,放下举升器。启动电动机,通过减速器、链传动和主从动滚筒带动车轮低速旋转,然后用力踩下制动踏板。此时,车轮产生的制动力作用在滚筒上,与滚筒的转动方向相反,因而产生一反作用力矩,减速器壳体在这一反作用力矩的作用下,其前端产生绕其输出轴向下的偏转,迫使测力杠杆前端向下或向上位移,通过传感器转换成反应制动力大小的信号,由计算机采集、处理后,发出指令使电动机停转,并由指示装置或打印机输出检测的制动力数值。

需要指出的是,制动力的诊断标准是以轴制动力占轴荷的百分比为依据的,因此必须在测得轴荷和轴制动力后才能评价制动性能,所以反力式滚筒试验台要配备轴重计或轮重仪。元征公司 KTC-101 制动试验台的整个台架下方布置有 4 个轴重传感器,用以测量汽车各轴轴重,所以可不必再单独设置轴重测量装置。

另外,在反力式滚筒试验台上测多轴(三轴或四轴)汽车的并列轴制动性能时,无需在试验台前后布置自由滚筒,届时,按多轴汽车并列轴的检测程序进行检测,只要一组滚筒的驱动电动机正转,而另一组滚筒的电动机反转,测完制动后两电动机再反过方向重测一次,每一次只采集车轮正转时的制动力数据,即可完成该轴制动力的检测,而相邻车轴在地面上的车轮不转动。这一检测方法,不仅节省了制动试验台前、后两套自由滚筒,而且减少了占地,因而大大降低了资金投入。

5. 制动试验台的使用

(1) 试验台的准备

① 检查试验台滚筒上有无泥沙、水、油等杂物,如有则应清除干净。

② 使滚筒在无负荷状态下运转,检查并调整仪表指针零位。

③ 检查试验台举升器是否灵活,如动作阻滞或有漏气部位应进行检修。检查试验台举升器是否在升起位置,否则应升起举升器。

④ 检查各指示灯工作是否正常。

⑤ 检查各导线有无因损伤造成接触不良现象。

(2) 被测车辆的准备

① 核实汽车各轴轴荷，不得超过试验台允许的载荷。

② 检查汽车轮胎是否粘有泥沙、水、石等杂物，如有则应清除。

③ 检查汽车轮胎气压是否符合汽车制造厂的规定，不符合则应充气到规定气压。

(3) 测试操作方法

① 将试验台指示与控制装置上的电源开关打开，按使用说明书要求预热到规定时间。

② 如果指示装置为指针式仪表，检查指针是否归零，否则调整它。

③ 汽车被测车轴在轴重计或轮重仪上检测轴荷后，应尽可能顺垂直于滚筒的方向行驶入试验台。先前轴，再后轴，使车轮处于两滚筒之间。

④ 汽车停稳后变速杆置于空挡位置，脚、手制动处于完全放松状态，能测制动时间的试验台还应把脚踏开关套在制动踏板上。

⑤ 降下举升器，至轮胎与举升器完全脱离为止。

⑥ 如果制动试验台本身带有内藏式轴重测量装置的，则应在此时测出轴荷。

⑦ 启动电动机，使滚筒带动车轮转动，先测出制动拖滞力。

⑧ 用力踩下制动踏板，一般试验台在 1.5～3.0 s 后，滚筒自动停转。

⑨ 读取并打印检测结果。

5.5 行驶系悬挂装置检测

行驶系悬挂装置是汽车的一个重要组成。它是将车身和车轴弹性连接的部件。汽车悬挂装置通常由弹性元件、导向装置和减震器 3 部分组成。其主要功能是：缓和由路面不平引起的振动和冲击，以保证汽车有良好的平顺性；迅速衰减车身和车桥的振动；传递作用在车轮和车身之间的各种力和力矩；保证汽车行驶时必要的安全性和操纵稳定性。

汽车悬挂装置最易发生故障的元件是减震器，而减震器对汽车行驶平顺性和操纵稳定性影响都很大。其不良后果是：汽车方向发飘，特别是曲线行驶难以控制；制动易跑偏或侧滑；车身长时间的余振影响乘坐舒适性；影响车轮轴承、轴接头、转向拉杆、稳定器等部件过载等。

汽车悬挂装置检测台主要用来测试减震器性能，因为减震器和与之相连的弹性元件等构成了复杂的系统，在评价减震器性能的同时，也就对悬挂装置的性能作出了综合的评价。检测汽车悬挂装置的设备主要是悬挂装置检测台。

目前悬挂装置检测台根据其结构形式可分为谐振式和电控式两大类型。

5.5.1 谐振式汽车悬挂试验台

谐振式悬挂装置检测台通过电机、偏心轮、储能飞轮、弹簧组成的激振器（如图 5-21）在开机数秒后断开电源，电储能飞轮产生扫频激振，迫使汽车悬挂装置产生振动。由于电机的频率比车轮固有频率高，因此，飞轮逐渐减速的扫频激振过程总可以扫到车轮固有频率处，从而使台面-汽车系统产生共振。测量此振动频率、振幅、输出振动波形曲线，以系统处理评价汽车悬挂装置性能。由于谐振式悬挂装置检测台性能稳定、数据可靠性好，因此应用广泛。下面主要介绍元征 XX-150 谐振式悬挂装置检测台。

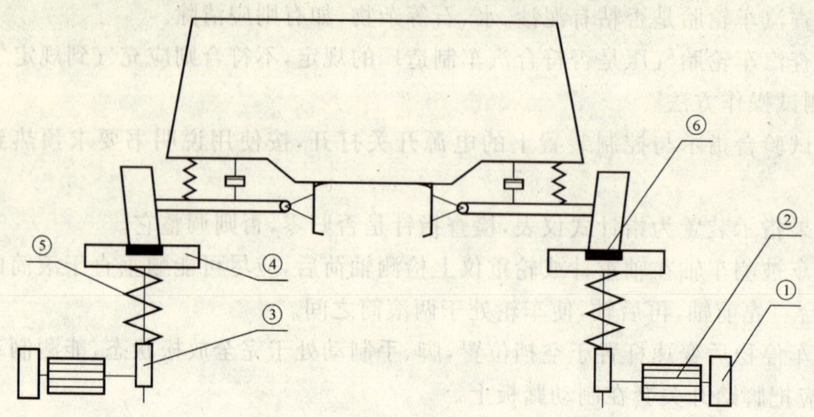

① 惯性飞轮 ② 电动机 ③ 凸轮 ④ 台面 ⑤ 激振弹簧 ⑥ 测量装置

图 5-21 谐振式汽车悬挂装置检测台

1. 汽车悬挂装置检测台基本结构

汽车悬挂装置检测台由机械部分和电子电器控制两部分构成。

(1) 机械部分

悬挂装置检测台机械部分由箱体和左右两套相同的振动系统构成。结构简图如图 5-22 所示。图中所示为检测台单轮支承结构，一套振动系统因其左右对称，故另一侧省略。

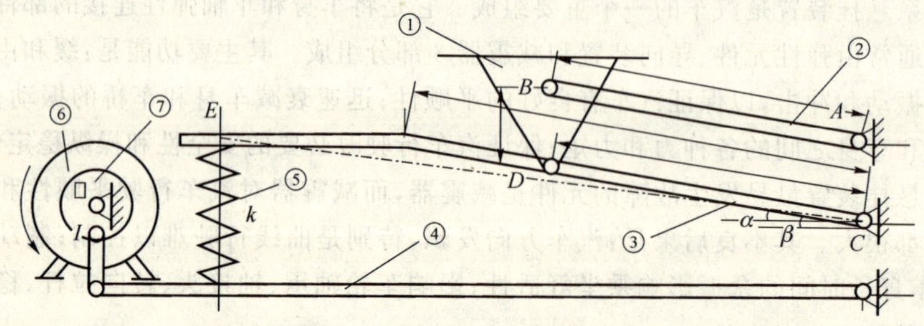

① 支撑平台 ② 上摆臂 ③ 中摆臂 ④ 下摆臂 ⑤ 激振弹簧 ⑥ 电动机 ⑦ 偏心惯性结构

图 5-22 谐振式汽车悬挂装置检测台结构原理图

上摆臂、中摆臂和下摆臂通过 3 个摆臂轴和 6 个轴承安装在箱体上。上摆臂和中摆臂与支承台面连接，并构成平行四边形的四连杆机构，以保证上下运动时能平行移动，以及台面受载时始终保持水平。中摆臂和下摆臂端部之间装有弹簧。

驱动电机的一端装有飞轮，另一端装有凸缘，凸缘上有偏心轴，连接杆一端通过轴承和偏心轴连接，另一端和下摆臂端部连接。

(2) 电子电器控制部分

悬挂装置检测台电子电器控制部分主要由计算机、传感器、A/D 多功能卡、电磁继电器，12 V、5 V 和 24 V 的直流电源以及控制软件等组成。

2. 悬挂装置检测台基本工作原理

(1) 机械部分的工作原理

检测时，将汽车驶上支承平台，启动测试程序，电动机带动偏心机构使汽车振动，激振数秒时，达到角频率为 ω_0 的稳定强迫振动后断开电动机电源，接着与电动机紧固的储能飞轮以起始频率为 ω_0 的角频率进行扫频激振，由于停在台面上的车轮的固有频率处于 ω_0～0 之间，因此储能飞轮的扫频激振总能使“车-台”系统产生共振。断开电动机电源的同时，启动采样测试装置，记录波形，待达到共振频率时，停止采样，然后进行数据处理、分析和评价。

(2) 电子电器控制部分的工作原理

控制软件是悬挂装置检测电子电器部分与机械部分联系的桥梁。软件不仅实现对检测台动作的控制，同时也对检测台所采集的数据分析处理，并最终将检测结果打印出来。

(3) 测试原理

将汽车驶上检测台，关闭发动机，驾驶员离车。操作者便可以启动测试程序进行检测。

检测台首先启动左电机，通过偏心机构对左侧车轮进行激振，待振动稳定后，程序会自动关闭左电机，此时靠惯性飞轮所储存的能量释放进行扫频激振，计算机会对整个扫频过程的波形进行同步测试。在左右轮测试完毕后，计算机会对左右轮的振动波形进行数据处理，并最终打印出结果，用以评价左、右悬挂的减震性能。

3. 悬挂装置检测台的基本操作方法

(1) 打开总电源开关。

(2) 按下电器控制柜上的 SB1(开机按钮为绿色)以接通检测台控制系统电源，此时电器控制柜上的绿色指示灯会点亮(关机时可按下电器控制柜上的 SB1 开关)。

(3) 预热 10 分钟，可打开控制计算机和打印机电源，若计算机显示屏出现检测程序画面，则表示系统已进入测试状态。

注意：

关机时，应先关闭计算机及打印机电源，然后按下电器控制柜上的 SB2 按钮(红色)，关闭电器控制柜电源，最后关闭总电源开关。

(4) 将被测车辆居中停在测试台上，不宜倾斜和偏移。关闭发动机，松开手制动，变速杆放在空挡位置，并且轮胎气压符合规定值。

(5) 根据计算机界面提示输入相关的汽车资料。

(6) 5 s 后，检测台会自动从左轮开始自动测试(测试过程中，汽车不允许再向前、向后移动)。

(7) 测试完成，可将车辆驶离检测台。

(8) 打印测试结果。

5.5.2 电控式汽车悬挂试验台

电控式汽车悬挂装置是电子调节空气悬架中储有起弹簧作用的压缩空气，其“刚度”

和车辆高度可根据车辆的行驶状况进行自动调整。减震器的减震力由控制系统进行控制以抑制车辆侧倾、制动时前部栽头以及高速行驶后部下坐时车辆姿态变化,因而保证了乘坐的舒适性和行驶的操纵稳定性能。电控悬挂实验台可模拟真实工况进行各种控制,可用于教学。

1. 电控式悬挂试验台结构

本试验台大致可分为机体、检测显示、控制操作、故障模拟 4 部分,如图 5-23 所示。

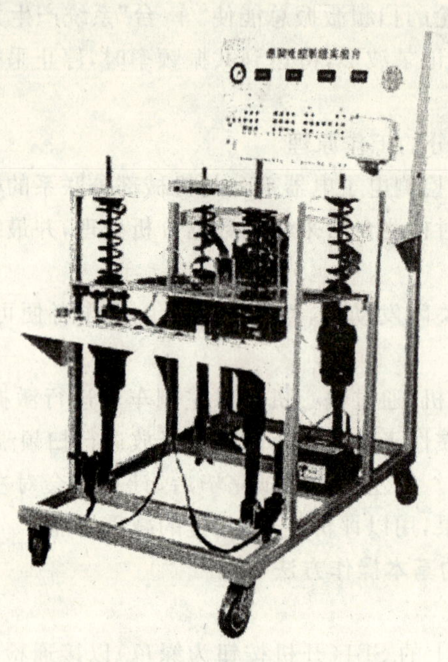

图 5-23 电控式汽车悬挂试验台

(1) 机体部分由 2 只前悬减震器(含控制执行器)、2 只后轮减震器(含控制执行器)、4 只高度控制传感器、高度控制压缩机、干燥器和排气阀、高度控制阀、车身模拟机构、钢制台架等组成。

(2) 检测显示部分主要指控制面板,可以显示各高度传感器的电压、压缩机气压、各传感器或执行的工作状态,并可通过检测端子进行检测,通过整体式电路图可更直观地了解其工作原理及工作流程。

(3) 控制操作部分主要由点火开关、高控开关(NORM/HIGH)、高控 OFF 开关、检查连接器、高位连接器、LRC 控制、加载控制、减载控制、车速控制等组成。

(4) 故障模拟部分位于显示面板的右侧,可人为设置故障。

2. 使用说明

(1) 系统中含有 3 个控制开关,即:LRC 开关、高度控制开关、高度控制 ON/OFF 开关;3 个指示灯,即:高度控制 H1、高度控制 NORM、LRC 指示器 SPORT。

① LRC 开关的功用是使电脑操纵悬架控制执行器,以改变减震器的减震力和气缸的弹簧刚度。

当 LRC 开关在“0”位置时,电脑可以正常控制执行器工作。

当 LRC 开关在“1”位置时，电脑不再对执行器进行控制，弹簧刚度不再调整，同时 LRC 指示灯 SPORT 点亮提示。

② 高度控制开关的功用是控制电脑以改变车辆的高度。

当高度控制开关在“0”位置时，NORM 指示灯熄灭，“H1”灯点亮，此时电脑调节车辆在高度位置。

③ 高度控制 ON/OFF 开关的功用是接通或断开控制电路。

当高度控制 ON/OFF 开关打在“ON”位置时，悬架系统可正常工作。

当高度控制“ON/OFF”开关打在“OFF”位置时，则车辆不执行高度控制并由 NORM 灯输出故障码。

(2) 3 个外加开关，即：加载开关、减载开关和车速开关。

① 加载开关：当把加载开关打到“1”位置时，即相当于增大了车辆的载重量，车身就逐渐下降。几秒后，把加载开关复原到“0”位置后，悬架电控系统自动把车辆调整升高到自由位置。

② 减载开关：当把减载开关打到“1”位置时，即相当于减轻了车辆的载荷，车身就慢慢升高。几秒后，把减载开关复位后，悬架电控系统自动把车辆车身高度降低到自由平衡位置。

③ 车速开关：打开此开关时，相当于车辆加速情况，此时悬架系统自动瞬时调整弹簧刚度。

3. 系统的功能检查

车辆高度调整功能检查：操作高度控制开关检查车辆高度变化。将高度控制开关从 NORM 转到 HIGH 位置。检查车辆完成高度调整所需时间及高度变化量。高度的变化量应为 10～30 mm。从操作高度控制开关到压缩机启动的时间应约为 2 s，从压缩机启动到高度调整完成的时间应为 20～40 s。再使车辆处于 HIGH 高度调整状态下启动发动机，并将高度调整开关从 HIGH 位置转换到 NORM 位置。检查完成高度调整所需时间及车辆高度变化。车辆的高度变化为 10～30 mm，从操作高度控制开关到开始排气时间应为 2 s，从开始排气到高度调整结束的时间应为 20～40 s。

4. 车辆高度调整

在进行车辆高度调整时，必须将高度控制开关置于 NORM 位置，而且要在水平的地面上进行调整。其步骤和要求如下：

松开高度控制传感器连接杆上的 2 个锁母，然后转动连接杆的螺栓以调节长度(连杆每转动一圈，对于 UCF10 系列，车辆高度变化约为 4 mm；对于 UCF20 系列，车辆高度变化约 5 mm)。检查连接杆尺寸是否达到极限尺寸，对于 UCF10 系列，前后高度传感器连杆为 13 mm；对于 UCF20 系列，前高度传感器连杆为 10 mm；后高度传感器连杆为 14 mm。拧紧两锁母，检查车辆高度，高度合乎要求后以 4.9 N·m 的扭矩拧紧锁母。在拧紧锁母时，要确保球节与托架平行。最后以前面所述检查车轮定位。

此外它还设置有故障诊断系统，对故障码进行读取，帮助查找故障部位。

5.6 汽车多功能检测设备

1. 概述

ZD-L2000A 型汽车检测线，系采用国际先进技术和进口元器件设计制造的全自动汽车性能检测设备，主要适用于各类轿车在检修前和检修后的四轮定位系统、悬挂系统和制动系统的性能检测，是汽车修理厂必备的检测设备之一。

ZD-L2000A 型汽车检测线由以下 3 个检测台组成：

(1) 侧滑检测台

侧滑检测台是用来定量检测汽车侧滑量大小的设备。当汽车直线通过滑板时，计算机屏幕上直接显示侧滑量大小和方向(用 mm/m 表示，显示值为正时，表示向外；显示值为负时，表示向内)。该值是汽车四轮定位系统的动态综合参数，直接影响汽车的操纵稳定性、安全性，同时影响汽车转向机构及轮胎抗磨损的能力。

(2) 悬挂检测台

悬挂检测台是用来检测汽车减震性能的设备。该设备可以直接测出汽车前轴和后轴的轴重，并显示 4 个悬挂系统减震曲线(用%来表示悬挂系统减震效率，用 Hz 来表示共振频率。共振频率是悬挂坚固能力的指标，它受悬挂系统第一级弹簧的影响，通常悬挂的频率范围为 13～18 Hz)。

(3) 制动检测台

制动检测台是检测汽车制动性能的设备。采用粘砂滚筒，表面摩擦系数大，接近路面真实情况，可分检测四车轮制动力大小、制动力平衡、制动效率、制动系统协调时间、手刹制动力大小及效率。该性能直接影响汽车行驶的安全性。

整套设备由一台计算机控制。微机内存容量大，存取速度快，采用彩色显示器，图形设计美观。检测结果以数据、曲线和直方图显示，其结果由打印机打印输出，还可以存储在计算机内，便于以后随时查阅。

2. 检测操作

(1) 开机

打开控制电源总开关，接通总电源，按下计算机上的电源开关，接通计算机电源，输入计算机密码(如果设有密码的话)，这时直接进入 ZD-LD2000A 汽车检测线工作程序，进入检测工作程序后，将对传感器信息、检测台的初始位置等进行自检。如果各系统工作正常，计算机直接进入检测状态；如果有异常情况，计算机显示出相应的错误信息。所有自检过程只需要几分钟的时间。

自检完毕后，系统处于正常工作状态时，将鼠标指针指向主菜单上的“备忘录”，单击左键，出现子菜单，再用左键单击“输入”，屏幕将出现“输入”对话框，输入被检测车辆的有关资料，结束后按“确定”。

单击主菜单的“遥控器”，打开遥控器(遥控器可以在使用过程中根据需要随时打开或关闭——单击遥控器上的关闭键，即可关闭遥控器，也可以用鼠标左键将遥控器移动到屏幕的任何地方)。

(2) 侧滑检测

将被检测车辆的车轮正对侧滑检测台，以 5 km/h 左右的速度驶过检测台，停在悬挂检测台中央(在这个操作过程中，关键是车辆自由直行，不要转动方向盘)。

将鼠标指向遥控器 H 键，单击左键，存储侧滑值。

(3) 悬挂检测

单击遥控器上的 R 键，进入“悬挂检测台”工作状态。查看前轮是否停在悬挂检测台中央，拉起被检车辆的手刹或驻车挡 P，使车停稳。本控制系统有 3 种方式可供选择：单侧检测模式、自动检测模式、超级自动方式。

进行单侧检测模式时，将鼠标指针指向遥控器上 B(用于左轮检测)或 C 键(用于后轮检测)，单击 B、C 键后，左、右悬挂系统分别工作。进行自动检测模式时，用鼠标指针指向遥控器上 A 键，单击鼠标 A 键后，左悬挂系统先工作，并显示左轮的悬挂系统的减震曲线(蓝色曲线)，接着右悬挂系统自动启动，显示右轮的悬挂系统的减震曲线(红色曲线)。一般情况下建议使用自动模式操作，仅当进行单轮检测时，才用单检测模式 。单击遥控器上 H 键，存储前轮悬挂系统相关参数。

通常的评估：

- 在左右两边的悬挂相对值的差值不应超过 15%；
- 在左右两边的共振频率的差值不应该超过 3 Hz。

(4) 制动检测

单击遥控器上 R 键，转入“制动检测台”工作状态。将前轮驶入制动检测台，松开刹车(必须处于 N 挡)。进行单侧检测模式时，单击遥控器上 B 键(用于左轮检测)或 C 键(用于右轮检测)；进行自动检测模式时，单击遥控器上 A 键，制动检测台启动，当操作提示符！消失后，均匀踩动刹车(踩到底)，这时屏幕上便显示出左、右轮的制动大小。单击遥控器上 H 键，存储前轮制动的有关参数。

以上(2)、(3)、(4)项是前轮检测的程序，后轮检测程序和前轮检测程序相同，但相应的检测量值用 J 键存储。

第6章 汽车电控系统的检测

6.1 发动机电控系统的检测

6.1.1 发动机电控系统的组成和工作原理

发动机电控系统由空气供给系统、燃油供给系统和电子控制系统3部分组成，典型发动机电控系统构成如图6-1所示。

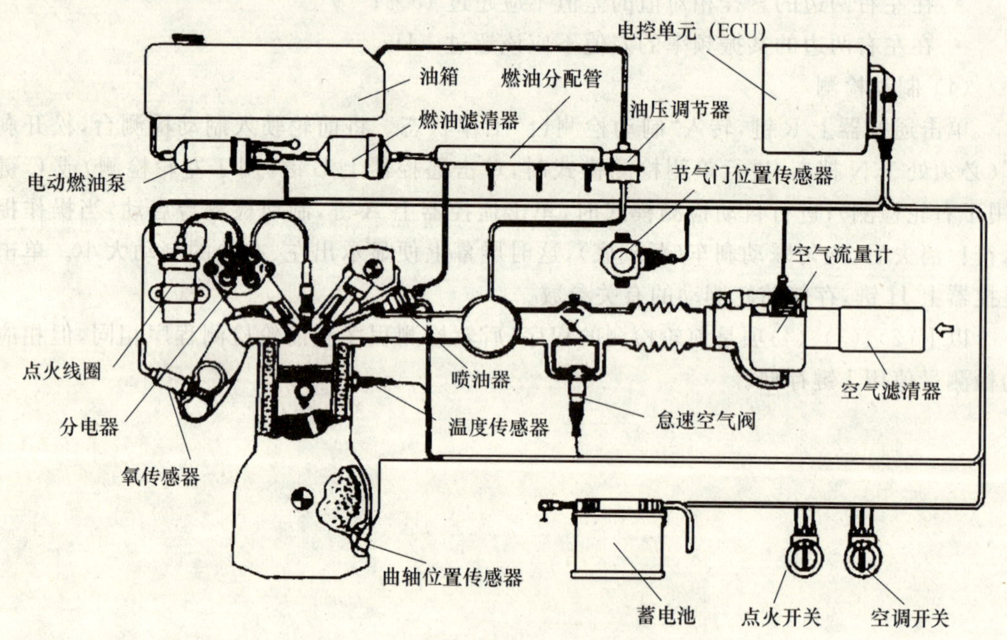

图6-1 发动机电控系统结构

空气供给系统的作用是根据发动机运行工况提供适量的空气，并根据ECU的指令完成空气量的调节。

燃油供给系统的作用是根据发动机的各种工况提供适量的燃油，并根据ECU的指令完成燃油量的调节。

电子控制系统（即电控单元）是整个电控汽油喷射系统的中心，发动机的状态信息经由各种传感器收集后被输入电控单元，电控单元对其进行处理后发出相应的指令来控制执行元件动作。

发动机电子控制系统控制原理是以电子控制器(ECU)为控制核心,根据传感器输入的电信号判断发动机的工况和状态,并确定最佳的空燃比和最佳点火时刻。除此之外,还有控制发动机启动、怠速转速、极限转速、排气再循环、闭缸工作、二次空气喷射、进气增压、爆震、发动机输出电压、电动燃油泵和系统自诊断等辅助功能。

6.1.2 传感器、执行器的检测

汽车万用表是用于测试电控系统传感器、执行器线路及状态参数的仪器,它是一种数字万用表,对汽车电压、电流、电阻、频率、温度、电容、转速、闭合角、占空比等参数及二极管等元件进行测试,并具有自动断电、自动量程转换、图形显示、峰值保留和数据锁定等功能,在电控发动机的故障诊断中应用十分广泛。

1. 汽车万能表的具体运作

下面以 KM3000 型多功能万用表为例(见图 6-2),讲述汽车万用表的具体操作步骤。

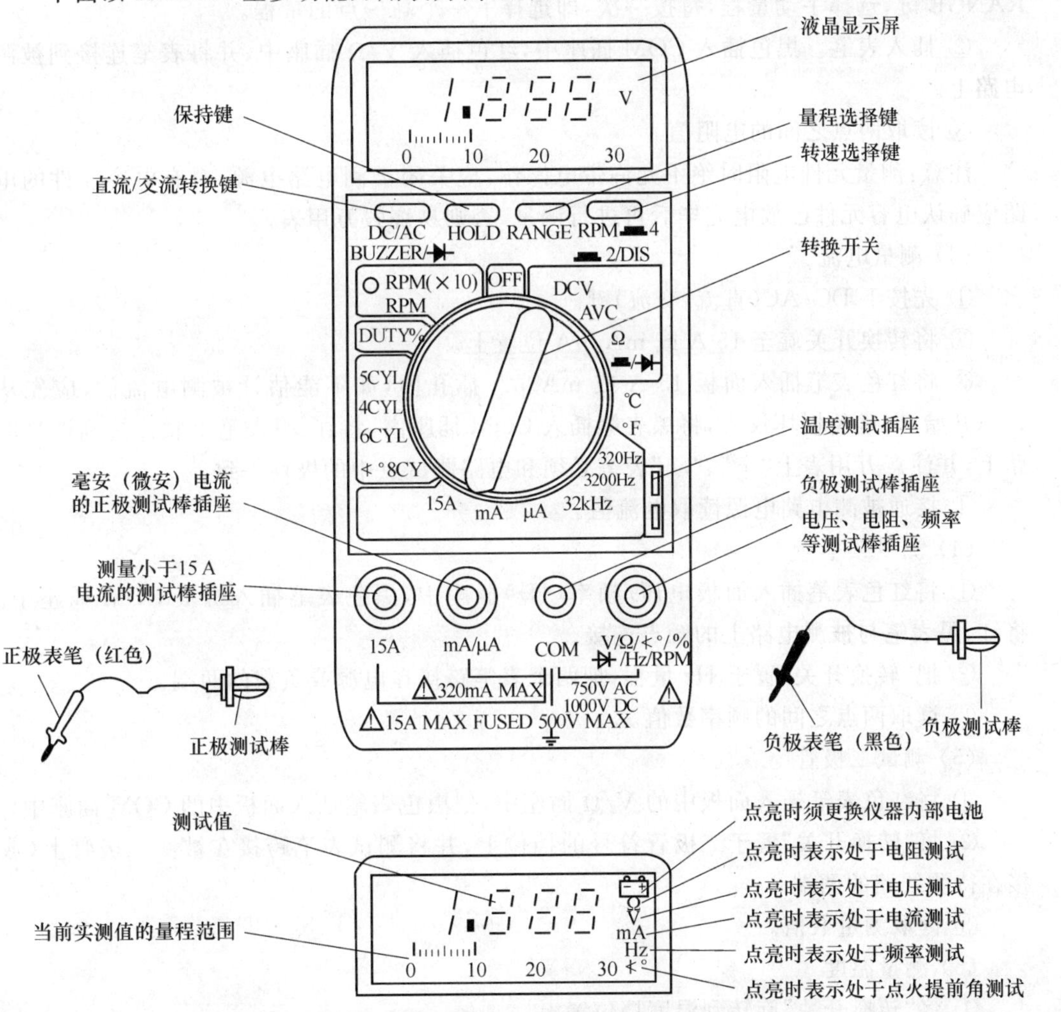

图 6-2 KM3000 型万用表外形面板和液晶显示屏的示意图

(1) 测量电压

① 将万用表的转换开关旋转至直流电压(DCV)位置或交流电压(AVC)位置,万用表会自动选择最佳量程,也可按动电压量程键 RANGE 键,进入手动选择测量量程方式,每按动一下 RANGE 键,其下一个高一点的量程即被选择。

② 将黑色表笔插入面板中的 COM 插座中,红色表笔插入面板中的 V/Ω 插座中,并将表笔与欲测电路上的触点连接,注意万用表上的"+""-"表笔必须和电路测试点的极性一致。

③ 读取电压值。

注意:测量时,不要检测高于 750 V 的电压,否则会损坏万用表,如不知道被测电压范围时,应将转换开关置于最大量程,并视情况逐渐旋转至适当量程。

(2) 测量电阻

① 将转换开关旋转至欧姆挡(Ω)位置上,仪表会自动选择最佳量程,同样也可按下 RANGE 键,选择手动量程,每按一次,即选择下一个高一点的量程。

② 插入表笔。黑色插入 COM 插座中,红色插入 V/Ω 插座中,并将表笔连接到被测电路上。

③ 读取两点之间的电阻值。

注意:测量元件电阻时绝不允许带电操作,应关闭被测电路电源,对有电容元件的电路应确认电容元件已放电完毕后再进行测量,否则易烧毁万用表。

(3) 测量电流

① 先按下 DC/AC(直流/交流)键。

② 将转换开关旋至 15 A 或 mA/μA 位置上。

③ 将红色表笔插入面板 15 A 或 mA/μA 插孔内,如不能估计被测电流值,应先从 15 A开始,以避免损坏仪表,将黑表笔插入 COM 插座内,将红、黑表笔串联连接到被测电路上,并注意万用表上"+"、"-"表笔必须和电路测试点中的极性一致。

④ 接通被测电路电源读取电流值。

(4) 测量频率

① 将红色表笔插入面板电压/频率(Hz)插座中,黑色表笔插入机板 COM 插座中。将红、黑表笔与被测电路上的触点连接。

② 把"转换开关"置于 Hz 量程,把两个表笔跨接在电源或负载的两端。

③ 读取两点之间的频率数值。

(5) 测试二极管

① 将红色表笔插入面板中的 V/Ω 插座中,把黑色表笔插入面板中的 COM 插座中。

② 将"转换开关"置于二极管符号的挡位上,并将测试表笔跨接在被测二极管上(或接在待测线路的两端)。

③ 读取测量数值。

(6) 测量温度

① 将"转换开关"旋转到温度挡位置上。

② 把汽车万用表配备的测量温度的特殊插头插到面板的温度测试插座内,表针与被

测温度的部位接触。

③ 温度稳定后，读取测量值。

(7) 测量转速

① 将“转换开关”旋转到转速(RPM 或 RPM * 10)挡位置上。

② 将感应夹(传感器)的红色表笔插入面板中的 V/Ω 插座内，黑色表笔插入 COM 插座内，感应夹(传感器)夹在通往火花塞的高压线上，其上方的箭头应指向火花塞。

③ 按下转速选择键，根据被测发动机的冲程数和有无分电器，选择“4”或“2/DIS”。

④ 读取发动机转速值。

(8) 测量触点闭合角

① 根据被测试发动机的气缸数量，将“转换开关”旋转到触点闭合角区域中对应缸(4CYL、5CYL、6CYL 或 8CYL)的位置上。

② 将红色表笔插入面板中的电压/闭合角插座中，把黑色表笔插入面板中的 RPM 插座中，将红、黑表笔连接到被测电路上。

③ 读取触点闭合角度值。

6.1.3 故障码的检测

X-431 故障诊断仪可以读取不同车型发动机电控系统(EECS)的有关传感器参数，了解汽车运行状态，通过测试故障码操作，可以测试发动机的故障码，帮助寻找汽车故障，并对自动变速器系统(AT)、防抱死系统(ABS)、安全气囊系统(SRS)等测试；测试功能包括系统读取故障代码、消除故障代码、测试执行元件、动态数据流读取、测试结果打印等。

1. X-431 的基本结构

图 6-3 所示是 X-431 的主体部分，包括三大件：主机、SMARTBOX(诊断盒)和迷你打

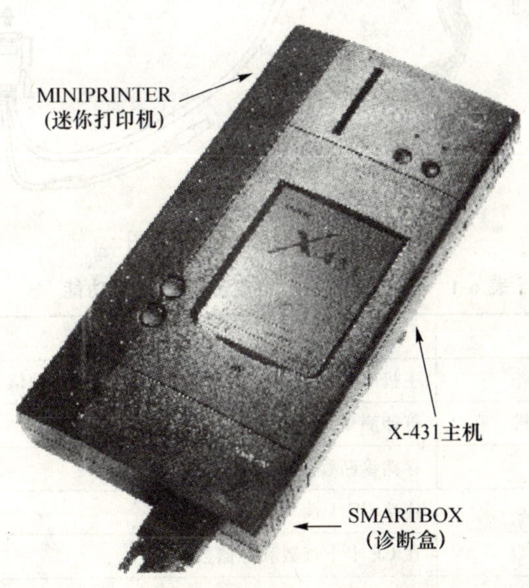

图 6-3 X-431 主体外观

印机。这三大件可以分开，各自具有独立的功能和作用，可根据需要和配置情况进行工作。但是，通常这三大件都是通过插座插接组成一个整体，外面加上真皮保护外套，防止松动和损坏。除此之外，X-431还配有一些进行汽车诊断所需的附件，如测试主线、电源线、开关电源、CF卡、CF卡读写器以及各种测试接头等。

2. X-431的基本配置

X-431的硬件配置情况如图6-4所示。图6-4中各序号代表的组成部分名称及功能参见表6-1。

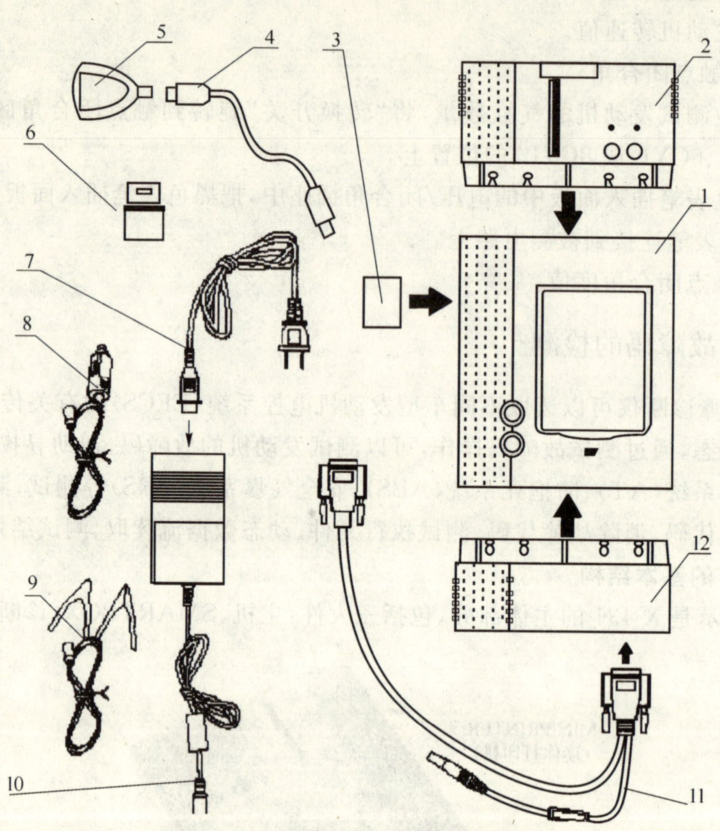

图6-4 X-431硬件配置示意图

表6-1 各序号代表的组成部分名称及功能

序 号	名 称	说 明
1	X-431主机	主机屏幕可显示操作按钮、测试结果和帮助信息
2	迷你打印机	打印测试结果
3	CF卡	存储诊断程序和数据
4	USB电缆	连接CF卡读写器和电脑
5	CF卡读写器	在CF卡上读数和存储数据
6	测试接头	含用于不同车系的多个测试接头，此处只画一个作为示意

续表

序号	名称	说明
7	电源转接线	连接 100～240 V 交流电源插座和开关电源
8	点烟器线	从汽车点烟器获取电源
9	双钳电源线	从汽车电瓶获取电源
10	开关电源	将 100～240 V 交流电源转换为 12 V 直流电源
11	测试主线	连接测试接头和 SMARTBOX
12	SMARTBOX	诊断测试盒

3. X-431 的具体操作方法

(1) 一般测试条件

① 打开汽车电源开关。

② 汽车电瓶电压为 11～14 V，X-431 额定电压 12 V。

③ 节气门应处于关闭状态，即怠速触点闭合。

④ 点火正时和怠速应在标准范围，水温和变速箱油温达到正常工作温度(水温 80～90 ℃，变速箱油温 50～80 ℃)。

⑤ X-431 正常使用环境温度范围为 0～50 ℃(在环境温度 5 ℃左右开机后需热机 30 分钟左右)。

(2) 选择测试接头

X-431 带有各种测试接头，测试时，根据汽车诊断的类型，选择相应的测试接头。

(3) 连接 X-431

X-431 连接参考图如图 6-5、图 6-6 所示。

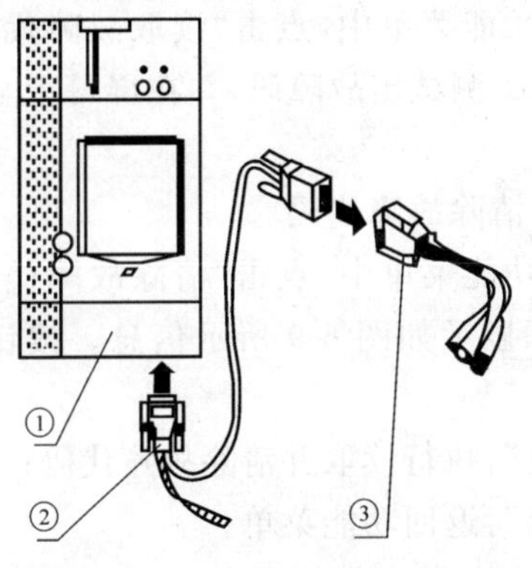

① SMARTBOX ② 测试主线 ③ 测试接头

图 6-5 连接参考图 1

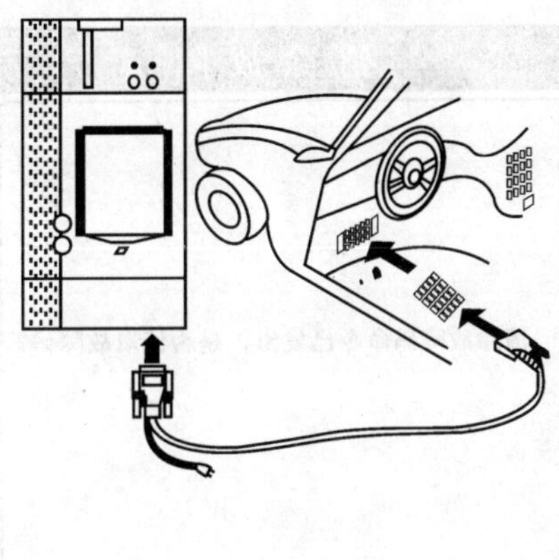

图 6-6 连接参考图 2

(4) 具体操作界面

① 连接完毕后，按"POWER"键启动 X-431 电眼睛，启动后按"HOTKEY"键直接进入汽车诊断主界面，如图 6-7 所示。按钮说明如下。

"开始"：继续执行下一步操作；

“退出”:退出诊断程序;

“BOX 信息”:显示 SMARTBOX 版本信息;

“帮助”:查看帮助信息。

② 测试操作,点击“开始”按钮,然后选择车系,以大众汽车为例,点击车标进入,屏幕显示诊断系统功能菜单,如图 6-8 所示,选择相应测试功能进行操作。

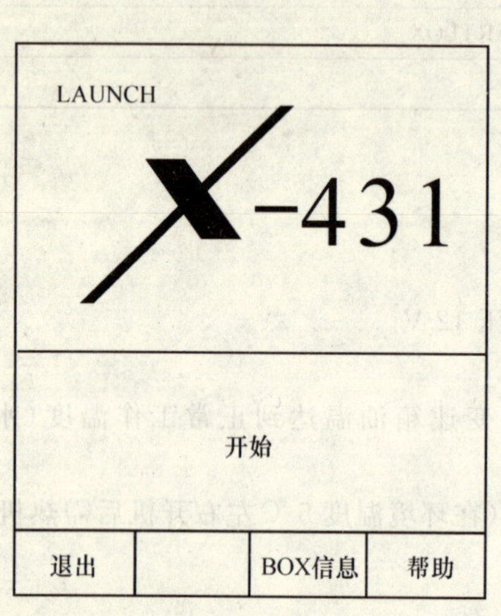

图 6-7 主界面

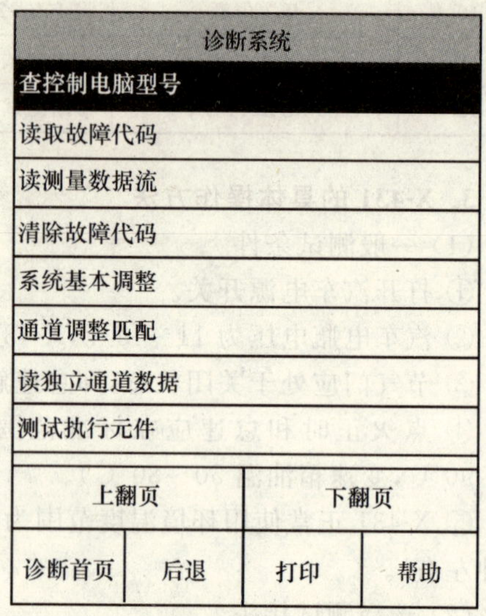

图 6-8 诊断系统功能菜单

1) 读取故障代码

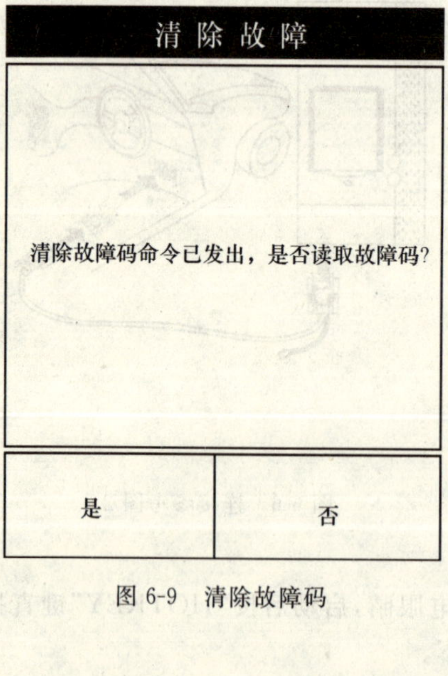

清除故障

清除故障码命令已发出，是否读取故障码?

是

否

图 6-9 清除故障码

在功能菜单中,点击“读取故障代码”选项,X-431 测试出故障码,并在屏幕上显示结果。

2) 清除故障代码

在功能菜单中,点击“清除故障代码”选项,屏幕显示如图 6-9 所示信息。按钮说明如下。

“是”:执行读取并清除故障代码;

“否”:返回功能菜单。

在功能菜单中,依次还有查控制电脑型号、读测量数据流、系统基本调整、通道调整匹配、读独立通道数据、测试执行元件、控制单元编码、系统登录、传送底盘号等功能,操作方法如上。

6.1.4 发动机电控系统故障自诊断

顾名思义,自诊断就是电子控制系统自己诊断系统本身有无故障。自诊断测试是利用汽车 ECU 检测仪或按照特定操作方式来读取或清除故障代码、检测各种传感器或执行器工作情况及其控制电路是否正常、与车用 ECU 进行数据传输等。发动机电控系统有无故障,可以通过自诊断测试进行诊断。

1. 自诊断测试方式和测试工具

(1) 自诊断测试方式

根据发动机工作状态不同,自诊断测试方式分为静态测试和动态测试两种。静态测试方式简称为 KOEO 方式,即在点火开关接通(ON)、发动机不运转的情况下进行诊断测试,主要用于读取和清除故障代码。动态测试简称为 KOER 方式,即在点火开关接通(ON)、发动机运转的情况下进行诊断测试,主要用于读取或清除故障代码、检测传感器或执行器工作情况、控制电路以及与车用 ECU 进行数据传输等。

(2) 自诊断测试工具

为了便于维修人员诊断测试汽车电控系统故障,电控汽车上测试工具有专用 ECU 检测仪、跨接线和调码器。

专用 ECU 检测仪功能和 X-431 功能基本相同,只是前者专用,后者通用。

跨接线就是一根普通的或其两端带有夹子的导线,将跨接线与诊断插座上相应的端子连接后,接通点火开关即可根据仪表盘上“发动机故障指示灯”的闪烁情况读取故障代码。

调码器是由发光二极管(LED)与一定阻值的电阻串联组成的显示器,将调码器与诊断插座上相应端子连接,即可根据调码器上发光二极管的闪烁情况读取故障码。下面介绍用跨接线读取故障码的操作。

2. 读取故障代码

(1) 测试条件

在读取故障代码之前,控制系统必须满足以下条件:

① 蓄电池电压高于 11 V。

② 节气门完全关闭(即节气门位置传感器的怠速触点处于闭合状态)。

③ 普通变速器的变速杆处于空挡位置,自动变速器(ECT)的挡位控制开关处于“P(停车)”挡位置。

④ 断开所有用电设备开关,如空调开关、音响开关、灯光开关等。

⑤ 检查组合仪表盘上的发动机故障指示灯(CHECK)及其线路是否良好。方法是:先将点火开关转到“ON”位置,但不启动发动机,此时故障指示灯应当发亮。如果指示灯“CHECK”不亮,说明指示灯或其控制线路有故障,应予检修。然后启动发动机,此时故障指示灯应立即熄灭。如指示灯始终发亮,说明控制系统有故障。

(2) 静态测试(CHECK)方式读取故障代码

以丰田汽车发动机控制系统为例,在静态测试(KOEO)方式下读取故障代码的程序如下:

① 用跨接线将诊断插座(TDCL)上端子 TE1 与 E1 跨接。

② 点火开关转到“ON”位置,但不启动发动机。

③ 根据组合仪表盘上的指示灯(CHECK)闪烁规律读故障代码。如控制系统功能正常,则指示灯闪烁波形及时间如图 6-10(a)所示,每 0.52 s 闪烁两次,每次灯亮与灯灭时间均为 0.26 s,高电平时灯亮,低电平时灯灭。如丰田控制系统存储有故障代码,指示灯的闪烁波形及时间如图 6-10(b)所示。丰田车系的故障代码均为两位数字。故障指示灯先显示十位数字,后显示个位数字。同一数字灯亮与灯灭时间均为 0.52 s,十位数字与故障代码的大小由小到大顺序显示。故障代码全部输出后,间隔 4.5 s 再重复显示。只要诊断插座上端子“TE1”与“E1”保持跨接,就会继续重复显示。

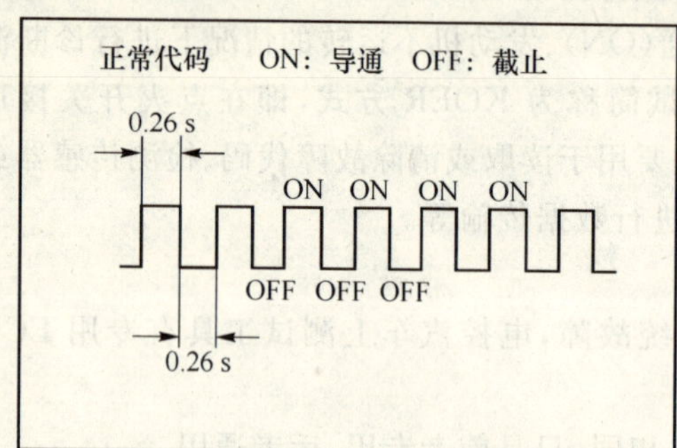

(a) 正常代码显示时间

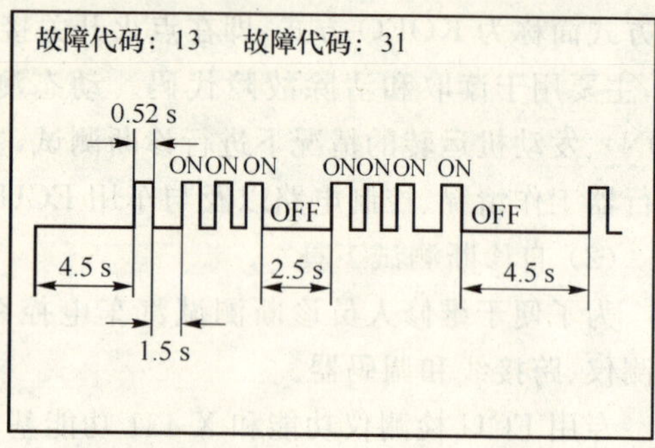

(b) 故障代码“13”、“31”显示时间

图 6-10　故障代码显示时间

④ 故障代码读取完毕,断开点火开关,拆下跨接线,盖好诊断插座护盖。

(3) 动态测试(KOER)方式读取故障代码

动态测试方式读取故障代码与静态测试方式相比,检测能力和灵敏度较高。动态方式不仅可以读取在静态测试方式显示的故障代码,而且还能检测启动信号、节气门怠速触点信号、空调信号和空挡开关信号等。动态测试是在汽车运行状态下进行诊断测试,其测试程序如下:

① 将点火开关转到“OFF(断开)”位置。

② 用跨接线将诊断插座(TDCL)上的端子 TE2 与 E1 跨接,如图 6-11(a)所示。

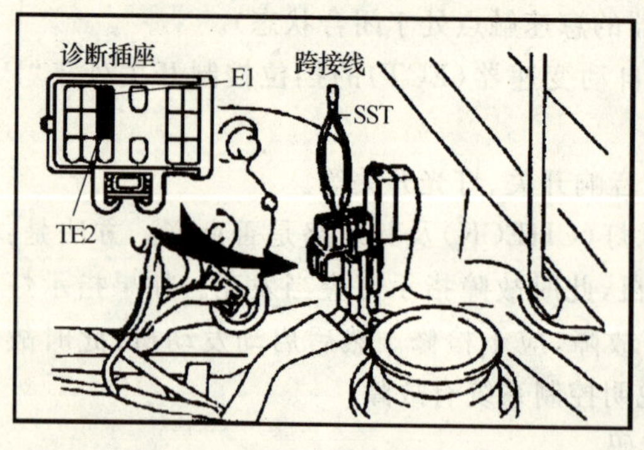

(a) 跨接端子TE2与E1

(b) 跨接端子TE2、TE1和E1

图 6-11　诊断插座在动态测试时的跨接情况

③ 将点火开关转到“ON(导通)”位置,但不启动发动机,此时组合仪表盘上的故障指示灯(CHECK)将快速闪烁(大约每秒闪烁 4 次),如图 6-12 所示,发亮与熄灭时间均为0.131 s。

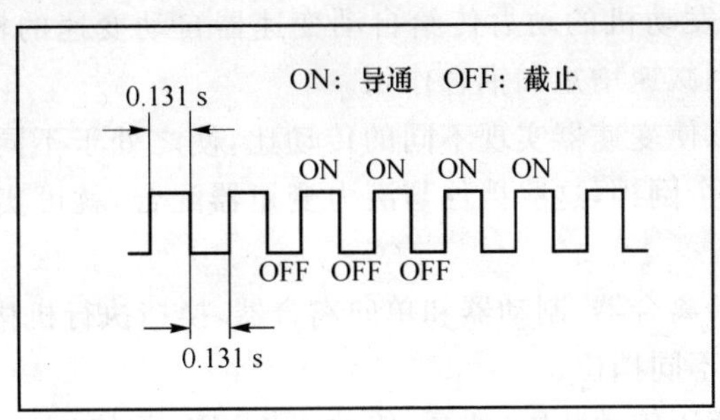

图 6-12 动态测试时指示灯(CHECK)闪烁时间

④ 启动发动机,模拟驾驶员所述故障状态行驶,此时端子 TE2 与 E1 保持跨接,且车速不低于 10 km/h。

⑤ 路试完毕,再用一根跨接线将诊断插座上的端子 TE1 与 E1 跨接,即将 TE2、TE1 和 E1 3 个端子同时跨接,如图 6-11(b)所示。

⑥ 根据仪表盘上的指示灯(CHECK)闪烁规律读取故障代码。

⑦ 故障代码读取完毕,将点火开关转到“OFF”位置,并拆下跨接线,盖好诊断插座护盖。

关于动态测试的几点说明:

① 在跨接端子 TE2、E1 时,如果点火开关处于“ON”位置,那么控制系统将不能进入动态测试状态,即不能读取故障代码。

② 如果指示灯(CHECK)显示 17、18、42、43、51 等代码,分别表示 NO. 1(左)和 NO. 2(右)凸轮轴位置传感信号、车速信号、启动信号、开关信号正常。

3. 清除故障代码

根据故障指示灯闪烁显示的故障代码查阅《维修手册》中表示的故障原因将故障排除后,故障代码仍将存储在 ECU 的存储器中,并不能随故障的排除而自动消除。因此,为了便于以后检修,排除故障之后应将故障代码清除。

丰田汽车清除故障代码的方法是:将熔断器盒中的“EFI”熔断器(20 A 夏利 2000 型轿车 8A-FE 型发动机控制系统为 15 A 熔断器)拔下 10 s 以上时间,即可清除故障代码。清除故障代码的另一种方法是将蓄电池搭铁线拆下 10 s 以上时间,这种方法同时也会清除存储器 RAM 中存储的所有信息(包括时钟、音响系统的密码等),因此需慎重使用。

6.2 自动变速器的检测

6.2.1 自动变速器的组成和工作原理

电子控制自动变速系统(ECTS,Electronic Controlled Transmission System)是由变速系统、液压控制系统和电子控制系统三大部分组成,变速系统由液力变矩器、齿轮变速机构和换挡执行机构组成。

液力变矩器位于自动变速器的最前端，其功用相当于手动变速器汽车的离合器，它利用液力传动的原理，将发动机的动力传给自动变速器自动变速的输入轴，这是一种软连接，此外，它还可以起到减速增矩和耦合作用。

齿轮变速机构可以使变速器实现不同的传动比，使之处于不同的挡位。大部分车设有 3～4 个前进挡和 1 个倒挡，这些挡位与液力变矩器配合，就可实现由起步至最高车速范围内的无级变速。

换挡执行机构包括离合器、制动器和单向离合器，换挡执行机构用于改变行星齿轮机构的传动比，从而获得不同挡位。

液压控制系统由液压传动装置（油泵、传动液 ATF）、阀体（电磁阀、换挡阀、调压阀和控制阀等）以及连接这些液压装置的油道组成。

电子控制系统是由传感器（包括控制开关）、电子控制器（ECT ECU）和执行器三部分组成。

6.2.2 自动变速系统的检查和控制部件的检修

1. 检查怠速转速

检查发动机怠速时，将选挡操纵手柄拨到"N"位，断开所有用电设备，怠速转速应符合规定，当选挡操纵手柄从 P、N 位拨到 D、2、L 或 R 位时，如果车身发生抖动现象，就说明怠速转速过低，当选挡操纵手柄从 P、N 位拨到 D、2、L 或 R 位时，如果不踩住制动踏板，车辆就会移动，说明怠速转速过高。

2. 检查传动液 ATF

(1) 油质的检查

一般进口轿车自动变速器每正常行驶$(10\times10^4\sim20\times10^4)$ km，必须换一次油，此外，自动变速器每行驶 2×10^4 km 或 6 个月以后应检查一次油面高度和自动变速器油品质，通过检查自动变速器油可以判断自动变速器的工作是否正常。

自动变速器油品质的检查方法是，将油尺上的自动变速器油滴在干净的白纸上，检查自动变速器油的颜色及气味，正常颜色一般为粉红色，且无异味。

(2) 油面高度的检查

因为汽车行驶时，传动液正常工作油温为 70～80 ℃，所以检查油位应在变速器达到正常工作温度时进行，检查油位的方法如下：

① 将车辆停放在平坦地面上并拉紧驻车制动器。

② 启动发动机怠速运转。

③ 踩下制动踏板，将选挡操纵手柄分别拨至 P、R、N、D、S、L 等位置，使传动液油温达到正常工作温度（70～80 ℃），然后拨回到"P"位。

④ 拉出变速器量油尺并将其擦拭干净，然后再将量油尺全部插入套管中。

⑤ 将量油尺拉出，检查油位是否处于量油尺上的"HOT"范围内。

3. 控制部件的检修

各型汽车自动变速器系统控制部件的检修标准不尽相同，但检修方法基本相同。下面以丰田汽车电控自动变速系统控制部件的检修为例说明其检修方法。

(1) 车速传感器的检修

丰田汽车电控自动变速系统采用了 NO.1、NO.2 两只车速传感器。NO.1 传感器有舌簧开关式、磁感应式和霍尔效应三种。NO.2 传感器大多数采用磁感应式,也有个别变速器采用舌簧开关式。

当自诊断测试结果出现 61 号故障代码时,应当检修 NO.2 车速传感器。磁感应式车速传感器的检修方法如图 6-13 所示。

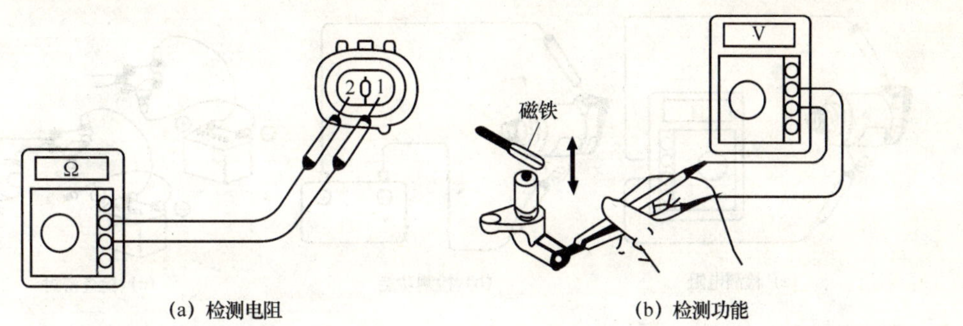

图 6-13　NO.2 车速传感器的检查(磁感应式传感器)

① 检测断路和短路故障

传感器信号线圈有无断路或短路故障,可以检测其电阻值进行判断。检测方法是将万用表的两只表笔分别连接传感器插座上的"1"、"2"端子,如图 6-13(a)所示,正常阻值约为 620 Ω。如阻值为无穷大,说明信号线圈断路,应更换传感器。如阻值过小,说明线圈短路,也应更换传感器。

② 检测搭铁故障

检测传感器线圈有无搭铁故障时,将万用表的一只表笔连接传感器插座上任意一个端子,另一只表笔连接传感器壳体,正常阻值应为无穷大。如阻值为 0 Ω,说明信号线圈搭铁,需要更换传感器。

③ 检查传感器功能

检查传感器功能时,将万用表挡位转换开关拨到交流电压挡,两只表笔分别连接传感器插座的"1"、"2"端子,如图 6-13(b)所示。当用一块磁铁迅速靠近和离开传感器磁头时,万用表应当指示 3～5 V 电压。如无电压指示或电压过低,说明传感器失效,应更换新品。

当自诊断测试结果出现 42 号故障代码时,应当检修 NO.1 车速传感器。磁感应式和霍尔效应 NO.1 车速传感器的检修方法如图 6-14 所示。

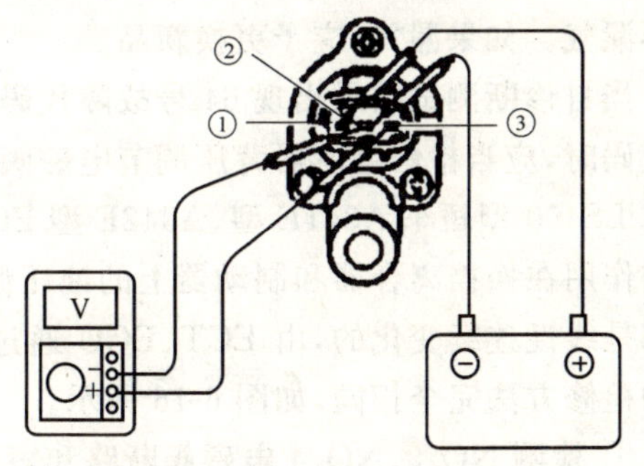

① 端子"1"　② 端子"2"　③ 端子"3"

图 6-14　NO.1 车速传感器的检查

将蓄电池正极连接传感器插座上的端子“1”，蓄电池负极和万用表负极连接传感器端子“2”，万用表正极连接传感器信号输出端子“3”。传感器轴每转动一圈，信号输出端子“3”将输出20个脉冲信号，万用表电压变化（从0～11 V）20次。如万用表指示电压保持不变或无电压指示，应更换传感器。

（2）电磁阀的检修

当自诊断测试结果出现62、63号故障代码时，应当检修NO.1、NO.2换挡电磁阀，检修方法如图6-15所示。

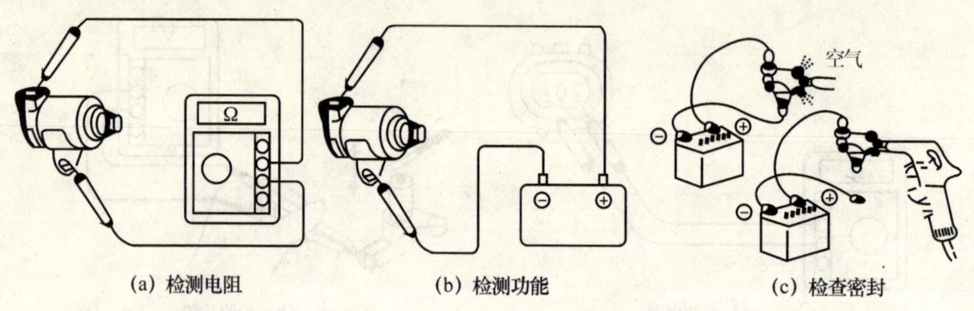

图6-15　NO.1、NO.2电磁阀的检查

① 检测NO.1、NO.2电磁阀断路和短路故障

电磁阀线圈断路与短路故障可用万用表电阻挡检测线圈阻值进行判断。将万用表的两只表分别连接电磁阀接线插座上的接线端子和电磁阀壳体，如图6-15(a)所示，线圈阻值应为11～15 Ω。如阻值为无穷大，说明线圈断路；如阻值过小，说明线圈短路。无论断路还是短路，都应更换电磁阀。

② 检查NO.1、NO.2电磁阀的功能

将蓄电池正极连接电磁阀接线端子，负极连接电磁阀壳体，如图6-15(b)所示，此时电磁阀阀芯应当移动并发出“咔嗒”响声；当切断蓄电池电路时，阀芯应当迅速复位。如阀芯不动或不能复位，说明电磁阀有故障，应予修理或更换新品。

③ 检查NO.1、NO.2电磁阀的密封性能

检查方法如图6-15(c)所示，对电磁阀施加压力约490 kPa的压缩空气，电磁阀阀门应不漏气。如果漏气，应予更换新品。

当自诊断测试结果出现64号故障代码时，应当检修锁止电磁阀NO.3；出现46号故障代码时，应当检修蓄电器背压调节电磁阀NO.4，NO.4电磁阀只有部分自动变速器，如凌志LS400型轿车A341E型、A342E型ECT装备。当变速器换挡时，NO.4电磁阀通过控制作用在换挡离合器和制动器上的油压使换挡平稳。NO.3、NO.4电磁阀圈通过的电流都是线性连续变化的，由ECT、ECU通过调节控制信号的占空比进行控制，两只电磁阀的检修方法完全相同，如图6-16所示。

① 检测NO.3、NO.4电磁阀断路和短路故障

用万用表电阻挡检测电磁阀线圈阻值进行判断。万用表的两只表笔分别连接电磁阀插座的两个接线端子，如图6-16(a)所示。NO.3电磁阀电磁线圈阻值应为3.6～4.0 Ω，NO.4电磁阀电磁线圈阻值应为5.1～5.5 Ω。如阻值为无穷大，说明电磁线圈断路，应更

换新品。如阻值过小,说明电磁线圈短路,也应更换新品。

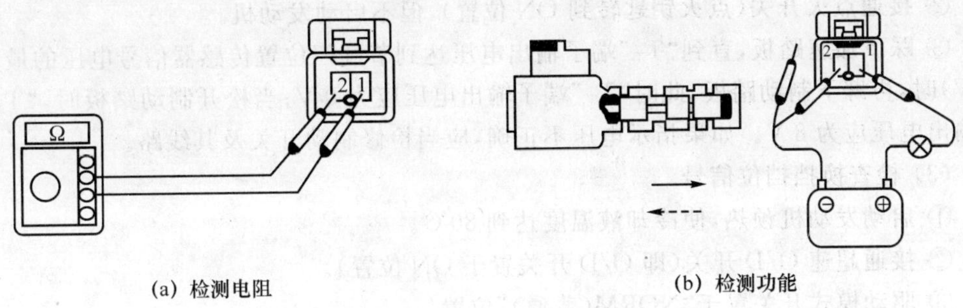

图 6-16　NO.3 电磁阀的检查

② 检查 NO.3、NO.4 电磁阀的功能

将蓄电池正极串接一只 8～10 W(12 V)的灯泡后连接到电磁阀端子“1”上,负极连接电磁阀接线端子“2”,如图 6-16(b)所示,此时电磁阀阀芯应当向右移动(注意:通电电流不得超过 1 A);当切断蓄电池电路时,阀芯应当向左移动。如阀芯不动,应予修理或更换。

4. 电控系统测试

在某些装备电控自动变速系统的汽车上,通过检测诊断插座上相应端子之间信号的电压,可以检查电控系统的主要控制信号。例如,丰田汽车检测诊断插座上信号输出端子“T_T”端子与搭铁端子“E1”之间的电压,即可检查节气门位置信号、制动信号和换挡挡位信号。

(1) 检查节气门位置信号

① 将万用表的功能选择开关拨到直流电压挡,正极表笔连接诊断插座“T_T”端子,负极表笔连接“E1”端子,如图 6-17 所示。

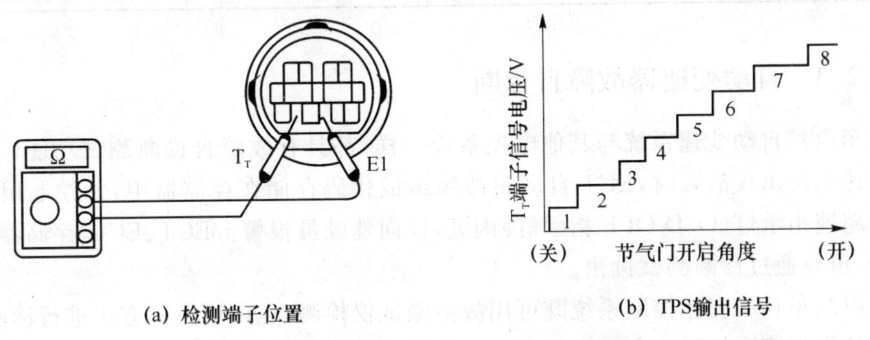

图 6-17　检查电控系统信号

② 接通点火开关(点火钥匙转到 ON 位置),但不启动发动机。

③ 从节气门完全关闭至完全打开缓慢踩下加速踏板,同时查看万用表指示“T_T”端子输出电压。正常电压值应当从 0 V 阶梯升高到 8 V,如图 6-17(b)所示(在检测过程中,不要踩下制动踏板,否则输出电压将保持 0 V 不变)。如果指示电压不正确,应当检修节气门位置传感器。

(2) 检查制动信号

① 将万用表的功能选择开关拨到直流电压挡,正极表笔连接诊断插座“T_T”端子,负

极表笔连接“E1”端子，如图 6-17(a)所示。

② 接通点火开关(点火钥匙转到 ON 位置)，但不启动发动机。

③ 踩下加速踏板，直到“T_T”端子输出电压达到节气门位置传感器信号电压的最大值(8 V)时，再踩下制动踏板，此时“T_T”端子输出电压应为 0 V；当松开制动踏板时，“T_T”端子输出电压应为 8 V。如果指示电压不正确，应当检修制动开关及其线路。

(3) 检查换挡挡位信号

① 启动发动机预热，使冷却液温度达到 80℃。

② 接通超速 O/D 开关(即 O/D 开关置于 ON 位置)。

③ 驱动模式开关置于“NORM(普通)”位置。

④ 选挡操作手柄拨到“D”位置。

⑤ 在以 10 km/h 以上车速进行道路试验期间，检测“T_T”端子电压是否与表 6-2 所示升挡位置一致。电压从 0 V 逐渐升高到 7 V 说明电控系统正常。注意：在换挡时，升挡挡位通过发动机的轻微震动或转速改变来确定。在一般情况下，二、三挡行驶时锁止离合器很少接合，为使变矩器锁定，需要将加速踏板踩下其行程的 50%或更多。当加速踏板踩下的行程少于 50%时，“T_T”端子电压按 2 V—6 V—7 V 顺序变化，则并非故障所致。

表 6-2　升挡位置与“T_T”端子电压的关系

升挡位置	“T_T”端子电压(近似值)/V	升挡位置	“T_T”端子电压(近似值)/V
一挡	0	三挡锁定	5
二挡	2	O/D 挡	6
二挡锁定	3	O/D 锁定	7
三挡	4		

6.2.3　自动变速器故障自诊断

汽车电控自动变速系统与其他电控系统一样，都具有故障自诊断测试功能。当电控自动变速系统出现故障时，ECT 自动将故障编成代码存储在存储器中，并控制组合仪表盘上的超速指示灯(O/D OFF 指示灯)闪亮，以向驾驶员报警。ECT、ECU 存储器中的故障代码，可以通过诊断测试读出。

丰田汽车自动变速控制系统既可用故障测试仪检测，也可用人工方法进行诊断测试。利用人工操作读取代码的方法有诊断插座跨接式和按键屏幕式两种。诊断插座跨接式的自诊断测试方法是：跨接诊断座上相应的接线端子，利用组合仪表盘上的 O/D OFF 指示灯闪烁来读取故障代码。按键屏幕式自诊断测试方法是：通过操纵仪表盘显示屏上的某些按键来读取故障代码。

1. 利用诊断插座跨接式读取故障代码

(1) 检查 O/D OFF 指示灯

在进行自诊断测试之前，为了防止出现错误结果，首先应当检查 O/D OFF 指示灯及其电路工作是否正常。检查方法如下：

接通点火开关(点火钥匙转到 ON 位置)，当按下选挡操纵手柄上的 O/D 开关按钮

(O/D 开关置于 ON 位置)时,O/D OFF 指示灯应当熄灭;再按一下 O/D 开关按钮(即 O/D开关置于 OFF 位置)时,如果 O/D OFF 指示灯闪亮,说明 ECT ECU 存储器中存储有故障代码。如果 O/D OFF 指示灯不亮,说明 O/D OFF 指示灯、指示灯线路、O/D 开关或蓄电池有故障,应分别进行检查。

(2) 读取故障代码

利用诊断插座跨接式读取故障代码的具体方法如下:

① 接通点火开关(点火钥匙转到 ON 位置),但不启动发动机。

② 将 O/D 开关置于 ON 位置(注:仅当 O/D 开关按钮置于 ON 位置时,O/D OFF 指示灯才能向驾驶员发出报警信号和显示故障代码)。

③ 用跨接线将诊断插座上的诊断触发端子"TE1"与"E1"(或"ECT"与"E1")跨接。

④ 根据仪表盘上 O/D OFF 指示灯的闪烁规律读取故障代码。如果系统功能正常,则 O/D OFF 指示灯的闪烁波形及时间如图 6-18(a)所示,每秒将闪烁两次,每次灯亮与灯灭时间均为 0.25 s,高电平时灯亮,低电平时灯灭。如果 ECT ECU 中存储有故障代码,O/D OFF 指示灯的闪烁波形及时间如图 6-18(b)所示。

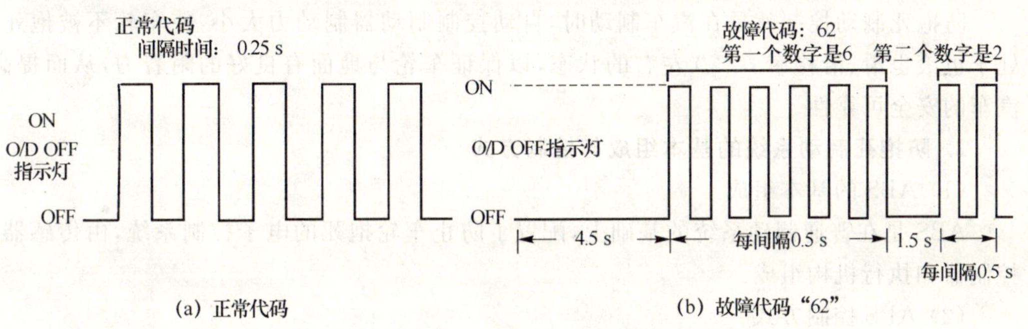

图 6-18 丰田汽车 ECT 故障代码显示波形

故障代码为两位数字,故障内容可查表。O/D OFF 指示灯先显示十位数字,后显示个位数字。同一数字灯亮与灯灭时间均为 0.5 s,十位数字与个位数字之间间隔 1.5 s。如有多个故障代码,则按代码大小由小到大顺序显示,代码之间间隔时间 2.5 s。故障代码全部输出后,间隔 4.5 s 再重复显示。

⑤ 故障代码读取完毕,拆下跨接线,盖好诊断插座护盖,断开点火开关。

2. 利用按键屏幕式读取故障代码

利用按键屏幕式自诊断测试方法读取故障代码的程序如下:

(1) 接通点火开关(点火钥匙转到 ON 位置),但不启动发动机。

(2) 同时按下显示屏上的"SELECT"和"INPUT M"键 3~5 s。

(3) 再按下"SET"键 3 s 以上时间,显示屏上就会显示出故障代码。

如果 ECT ECU 中存储有两个或两个以上故障代码,则代码之间将间隔 5 s。采用按键屏幕式进行自诊断测试时,注意不要踩踏加速踏板,否则控制系统就会自动退出自诊断测试程序。

3. 清除故障代码

根据 O/D OFF 指示灯闪烁规律或屏幕显示的故障代码将故障排除后，故障代码仍将存储在 ECT ECU 的存储器中，并不能随故障的排除而自动消除。因此，为了便于以后检修，排除故障后应将故障清除。

丰田汽车清除故障代码的方法是，在断开点火开关时，将熔断器盒中的“EFI”熔断器(20 A)拔下 10 s 以上即可清除。另一种方法是将蓄电池搭铁线拆下 10 s 以上，故障代码也可清除，这种方法会清除 RAM 中存储的所有信息(包括发动机 ECU 与 ABS 的故障信息以及音响和防盗密码等)，因此需慎重使用。

6.3 电子控制防抱死制动系统检测

6.3.1 防抱死制动系统的作用与工作原理

1. 防抱死制动系统(ABS)的作用

防抱死制动控制就是在汽车制动时，自动控制制动器制动力大小，使车轮不被抱死，处于也滚也滑、滑移率 $s=20$ 左右的状态，以保证车轮与地面有良好的附着力，从而提高汽车的安全可靠性。

2. 防抱死制动系统的基本组成与控制方式

(1) ABS 的基本组成

ABS 是在普通制动系统的基础上，配置了防止车轮抱死的电子控制系统，由传感器、控制器和执行机构组成。

(2) ABS 控制方式

防抱死制动普遍采用自适应控制方式来实现近似理想的控制过程，预先设定车轮加、减速度以及滑移率阀值，通过检测车轮的角速度来计算车轮速度和加、减速度，再利用车轮速度和存储在存储器中的制动开始时的汽车速度计算车轮的参考滑移率。ABS 工作时，将这些控制参数与预先设定的阀值(又称为门限值)进行比较，根据比较结果控制制动压力调节器的电磁阀动作来改变制动压力大小，并在控制过程中记录前一控制周期(在制动过程中，从制动降压、保压到升压为一个控制周期)的各个控制参数，再根据这些参数值确定下一个控制周期的控制条件。

6.3.2 ABS 的检测

1. 目视检查内容

(1) 手制动是否完全释放；

(2) 制动液有无渗漏，制动液液面是否符合规定高度；

(3) ABS 熔断器、继电器是否完好，ABS ECU 连接器管插接是否牢固；

(4) 控制部件(轮速传感器、电磁阀、电动回液泵、压力指示开关和压力控制开关等)连接器插头与插座连接是否良好；

(5) ABS、ECU 压力调节器的搭铁线是否可靠；

(6) 电源电压是否符合规定。

2. 故障码自诊断

(1) 利用诊断仪进行自诊断测试

将专用诊断仪与 ABS 诊断插座相连,按照一定的操作规程,就能与 ABS ECU 进行双向通信,并通过检测仪的显示器或指示灯闪烁显示故障代码。大多数测试仪不仅能够读出和清除故障代码,而且还能向 ABS ECU 传输控制指令,通过对 ABS 的工作情况进行模拟控制来诊断测试故障部位和故障性质。

(2) 跨接自诊断触发端子进行自诊断测试

ABS 控制线路中设有故障自诊断插座,可按规定方法跨接诊断插座的诊断触发端子(有的还要进行有关操作),然后根据仪表盘上的 ABS 指示灯或跨接线中的发光二极管(LED)闪烁情况读出故障代码,再参照维修手册上的故障代码表,查阅故障代码表示的故障内容。

下面以丰田车系 ABS 为例,说明跨接自诊断触发端子的测试方法,如图 6-19 所示。

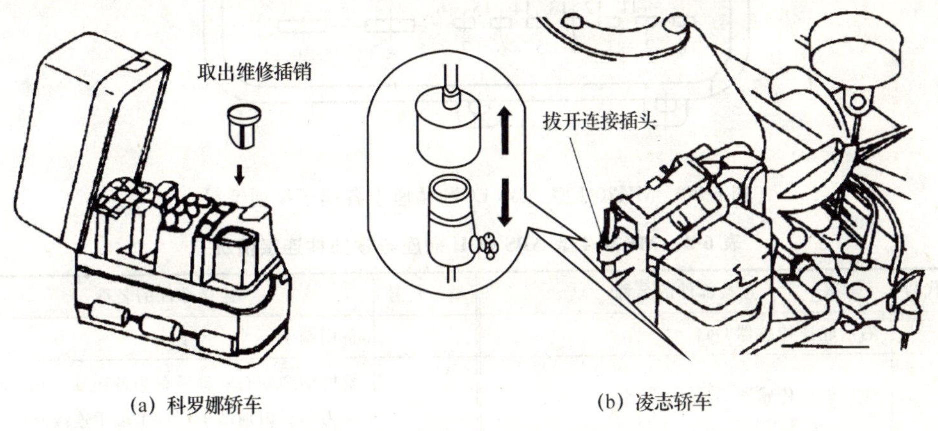

(a) 科罗娜轿车　　(b) 凌志轿车

图 6-19　丰田汽车维修接口安装位置

① 静态自诊断

点火开关置于 OFF 位置,拔开维修连接器或取出维修插销,即将 WA 与 WB 端子断开,在诊断插座上,用跨接线跨接端子"TC"与"E1",接通点火开关,根据 ABS 指示灯读取故障代码。

② 动态自诊断

在静态自诊断的基础上,通过动态测试可以读取控制部件的动态故障代码。测试方法:断开点火开关,用跨接线跨接"TS"与"E1";启动发动机并怠速运转,此时 ABS 指示灯应当闪亮;驾驶汽车以 90 km/h 以上的速度行驶一段时间后缓慢停车;再用导线将端子"TC"与"E1"(即三个端子"TS"、"TC"和"E1"同时跨接)跨接,此时 ABS 指示灯开始闪烁轮速传感器的故障代码,然后按规律读取故障代码。

(3) 清除故障码

① 拔开维修连接器或取出维修插销;

② 用跨接线跨接诊断座端子"TC"与"E1"端子;

③ 接通点火开关，在 3 s 内将制动踏板踩到底后再放松，并快速进行 8 次以上，ABS ECU 内故障代码即可清除。

6.3.3 ABS 零部件检测

各型 ABS 的检修方法大同小异，下面以桑塔纳 2000GSi 型和捷达 AT、GTX 型轿车装备的 MK20-Ⅰ型 ABS 零部件的检修为例说明。

MK20-I 型 ABS ECU 安装在发动机舱内，接线插座有 25 个端子，接线插座上各端子的排列情况如图 6-20 所示，各端子与零部件的连接情况如表 6-3 所示。

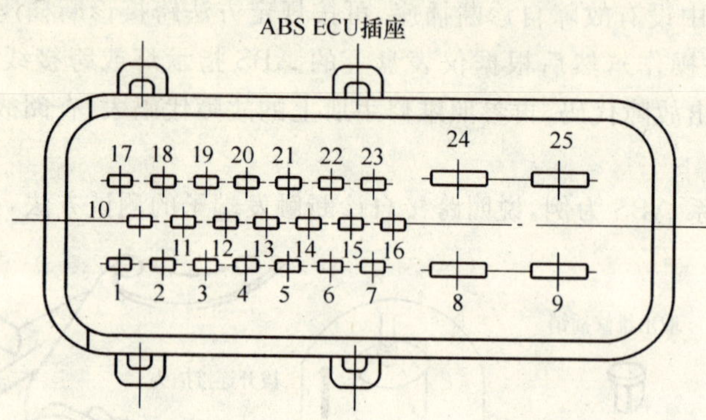

图 6-20　MK20-I 型 ABS ECU 插座上各端子排列情况

表 6-3　MK20-I 型 ABS ECU 插座与零部件连接情况

端子代号	连接部件的名称	端子代号	连接部件的名称
1	右后轮速传感器 G44	14	备用端子
2	左后轮速传感器 G46	15	桑塔纳 2000GSi 型轿车为备用端子（捷达轿车为车型识别端子，与 21 端子连接）
3	右前轮速传感器 G45	16	ABS 指示灯 K47
4	左前轮速传感器 G47	17	右后轮速传感器 G44
5	备用端子	18	右前轮速传感器 G45
6	捷达轿车为备用端子（桑塔纳 2000GSi 型轿车为车型识别端子，与 22 端子连接）	19	备用端子
7	备用端子	20	备用端子
8	蓄电池负极（－）	21	桑塔纳 2000GSi 型轿车为备用端子（捷达轿车为车型识别端子，与 15 端子连接）
9	蓄电池正极（＋）	22	捷达轿车为备用端子（桑塔纳 2000GSi 型轿车为车型识别端子，与 6 端子连接）
10	左后轮速传感器 G46	23	中央继电器盒连接器 G 端子 G3
11	左前轮速传感器 G47	24	蓄电池负极（－）
12	制动灯开关 F	25	蓄电池正极（＋）
13	诊断插头 K		

检修ABS零部件时，可拔下ABS ECU线束插头，用仪表检测插头上各端子之间的参数值进行判断。各端子之间的标准参数如表6-4所示。

表6-4　MK20-I型ABS ECU插头上各端子的标准参数值

检查项目	点火开关挡位	检查端子代号	标准值	备注
回液(油)泵电机电源电压	OFF	25与8	10.1～14.5 V	万用表电压挡检测
电磁阀电源电压	OFF	9与24	10.1～14.5 V	
电源端子绝缘性能	OFF	8与23	0.00～0.50 V	
搭铁端子绝缘性能	OFF	8与24	0.00～0.50 V	
电源电压	ON	8与23	10.0～14.5 V	
ABS指示灯	OFF	插头与ECU脱开	ABS指示灯熄灭	目测
	ON		ABS指示灯发亮	
	OFF	插头与ECU连接	ABS指示灯熄灭	
	ON		ABS指示灯发亮约1.7 s后熄灭	
制动灯开关功能（制动踏板未踩下时）	ON	8与12	0.00～0.50 V	万用表电压挡检测
制动灯开关功能（制动踏板踩下时）	ON	8与12	10.0～14.5 V	
诊断插头	OFF	诊断插头K与13	0.00～0.50 V	
左前轮速传感器G47电阻值	OFF	11与4	1.0～1.3 kΩ	万用表电阻挡检测
右前轮速传感器G45电阻值	OFF	18与3	1.0～1.3 kΩ	
左后轮速传感器G46电阻值	OFF	10与2	1.0～1.3 kΩ	
右后轮速传感器G44电阻值	OFF	17与1	1.0～1.3 kΩ	
左前轮速传感器G47输出电压	OFF	11与4	3.4～14.8 mV/Hz	用示波器检测
右前轮速传感器G45输出电压	OFF	18与3	3.4～14.8 mV/Hz	
左后轮速传感器G46输出电压	OFF	10与2	>12.2mV/Hz	
右后轮速传感器G44输出电压	OFF	17与1	>12.2mV/Hz	
车型识别	OFF	15与21	0.0～1.0 Ω	捷达AT、GTX
		6与22	0.0～1.0 Ω	桑塔纳2000GSi

1. 轮速传感器的检修

(1) 检测轮速传感器的电阻值

① 将点火开关拨到断开(OFF)位置。

② 拔下发动机舱内ABS ECU的线束插头。

③ 将万用表拨到电阻(OHM×2 kΩ)挡，分别检测ABS ECU线束插头(参见图6-20)端子11与4、端子18与3、端子10与2、端子17与1之间4只传感器线圈的电

阻值，应为 1.0～1.3 kΩ。如果阻值偏差过大，应检查传感器导线是否断路或搭铁不良。端子 11 与 4 之间连接左前轮速传感器 G47，端子 18 与 3 之间连接右前轮速度传感器 G45，端子 10 与 2 之间连接左后轮速传感器 G46，端子 17 与 1 之间连接右后轮速传感 G44。

(2) 检测轮速传感器的信号电压

① 将点火开关拨到断开(OFF)位置。

② 拔下发动机舱内 ABS ECU 的线束插头。

③ 用千斤顶将安装被测传感器的车轮顶起(使其离开地面能够旋转)。

④ 将万用表拨到交流电压(ACV×2 V)挡。

⑤ 在使安装被测传感器的车轮以每秒约 1 转的速度旋度旋转时，检测 ABS ECU 线束插头(参见图 6-20)上传感器线圈连接的两个端子之间的输出电压值。

⑥ 用上述相同方法检测其他 3 只传感器的输出电压值。

端子 11 与 4 之间连接左前轮速传感器 G47，端子 18 与 3 之间连接右前轮速传感器 G45。G47 和 G45 的输出电压应为 70～310 mV 交流电压。端子 10 与 2 之间连接左后轮速传感器 G46，端子 17 与 1 之间连接右后轮速传感器 G44。G46 和 G44 的输出电压应为 190～140 mV 交流电压。

如输出电压值偏差过大，应检查传感器导线是否断路或搭铁以及传感器磁头与齿圈转子之间的气隙是否符合标准(前轮气隙标准值为 1.10～1.97 mm；后轮气隙标准值为 0.42～0.08 mm)。检查传感器气隙时，应在齿圈转子上取 4 个对称点进行检查，以防止齿圈变形造成误差。

2. 制动压力调节器的检修

(1) 检测液压调节器回液(油)泵电动机的供电电压

① 点火开关拨到断开(OFF)位置。

② 拔下发动机舱内 ABS ECU 的线束插头。

③ 将万用表拨到直流电压(DCV×20 V)挡，检测 ABS ECU 线束插头(参见图 6-20)上端子 8 与 25 之间的供电电压值应当等于蓄电池电压(标准值为 10.0～14.5 V)。如电压过低，说明 ABS ECU 搭铁线(8 号端子连线)、蓄电池搭铁线以及蓄电池正/负极柱电缆接头接触不良或蓄电池亏电，应分别进行检修。如无电压，可能是 ABS ECU 的 25 号端子连接的熔断器 S123(30 A)断路或其至蓄电池正极之间线路断路以及 ABS ECU 搭铁线(8 号端子连线)断路，应分别进行检修。

(2) 检测液压调节电磁阀的供电电压

① 点火开关拨到断开(OFF)位置。

② 拔下发动机舱内 ABS ECU 的线束插头。

③ 将万用表拨到直流电压(DCV×20 V)挡，检测 ABS ECU 线束插头(参见图 6-20)上端子 9 与 24 之间的供电电压值应当等于蓄电池电压(标准值为 10.0～14.5 V)。如电压过低，说明 ABS ECU 搭铁线(24 号端子连线)、蓄电池搭铁线以及蓄电池正/负柱接头接触不良或蓄电池亏电，应分别进行检修。如无电压，可能是 ABS ECU 的 9 号端子连接

的熔断器 S124(30A)断路或 9 号端子至蓄电池正极之间线路断路以及 ABS ECU 搭铁线(24 号端子连线)断路,应分别进行检修。

3. 检测 ABS ECU 的供电电压

(1) 点火开关拨到断开(OFF)位置。

(2) 拔下发动机舱内 ABS ECU 的线束插头。

(3) 接通点火开关(即将点火钥匙拨到 ON 位置)。

(4) 将万用表拨到直流电压(DCV×20 V)挡,检测 ABS ECU 线束插头上端子 23 与 8 之间的供电电压值应当等于蓄电池电压(标准值为 10.0~14.5 V)。如电压过低,说明 ABS ECU 搭铁线(8 号端子连线)、蓄电池搭铁线以及蓄电池正/负柱接头接触不良或蓄电池亏电,应分别进行检修。如无电压,可能是 ABS ECU 的电源端子(23 号端子)至中央继电器盒连接 G 的端子 G3 之间的熔断器 S12(15 A)断路或 23 号端子至蓄电池正极之间线路断路以及 ABS ECU 搭铁线(8 号端子连线)断路,应分别进行检修。

4. 检查制动灯开关的功能

(1) 点火开关拨到断开(OFF)位置。

(2) 拔下发动机舱内 ABS ECU 的线束插头。

(3) 将万用表拨到直流电压(DCV×20 V)挡。

(4) 当制动踏板未踩下时,检测 ABS ECU 线束插头(参见图 6-20)上端子 12 与 8 之间的电压值应为 0.0~0.5 V。如电压等于电源电压(10.0~14.5 V),说明制动开关短路,应予更换新品。

(5) 当踩下制动踏板时,检测 ABS ECU 线束插头(参见图 6-20)上端子 12 与 8 之间的电压值应当等于电源电压(10.0~14.5 V)。如电压过低,说明 ABS ECU 搭铁线(8 号端子连线)、蓄电池搭铁线以及蓄电池正/负极柱电缆接头接触不良或蓄电池亏电,应分别进行检修。如无电压,可能是 ABS ECU 的制动灯开关端子(12 号端子)至中央继电器盒连接器 C 的端子 C1 之间的熔断器 S2(10 A)断路或线路断路以及 ABS ECU 搭铁线(8 号端子连线)断路,应分别进行检修。

5. 检查 ABS ECU 的编码跨接线

MK20-I 型 ABS 设置有编码跨接线,又称为桥接路线,捷达都市先锋 JETTA AT 和新捷达王 JETTA GTX 型轿车跨接在 ABS ECU 的 15 与 21 端子之间,桑塔纳 2000GSIG 型轿车跨接在 ABS ECU 的 6 与 22 端子之间。检查编码跨接线时可按下述方法进行。

(1) 点火开关拨到断开(OFF)位置。

(2) 拔下发动机舱内 ABS ECU 的线束插头。

(3) 将万用表拨到电阻(OHM×200 Ω)挡,检测 ABS ECU 线束插头(参见图 6-20)上 15 与 21 端子(捷达轿车)或 6 与 22 端子(桑塔纳时代超人)之间的电阻值应当小于 1.0 Ω。如电阻值为无穷大,说明编码跨接线断路,应予更换。

6.4 防滑系统(ASR)的检测

6.4.1 典型 ASR 系统的组成和工作原理

1. 典型 ASR 系统的组成

典型 ASR 系统的组成如图 6-21 所示。

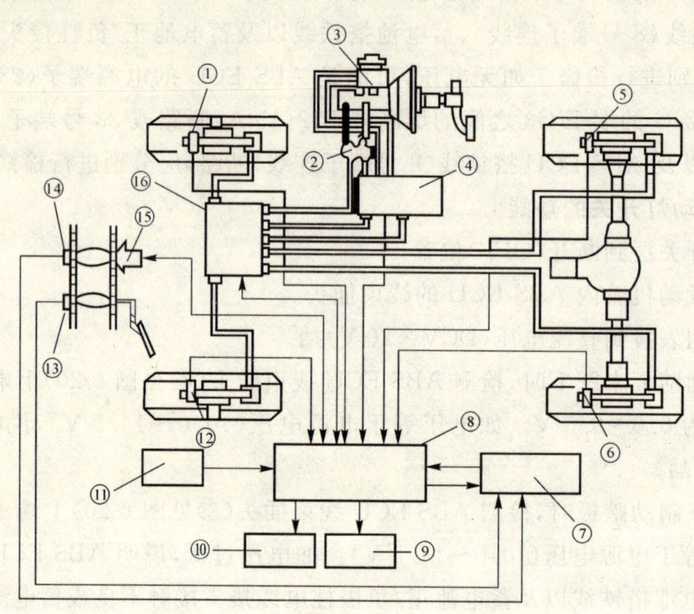

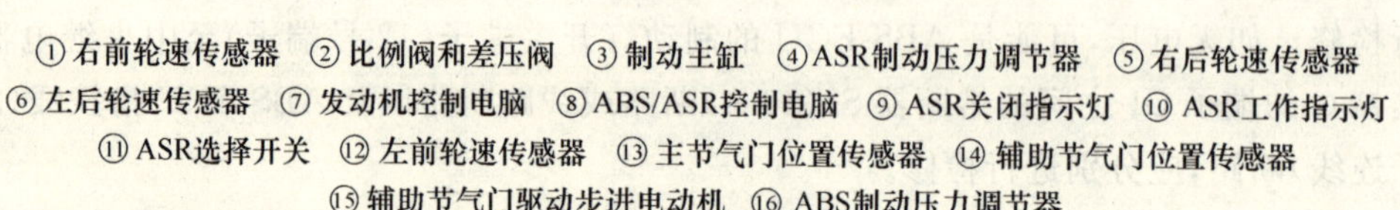

图 6-21 典型 ASR 系统的组成

2. ASR 系统的工作原理

汽车行驶中，轮速传感器将驱动车轮转速及非驱动车轮转速转变为电信号输送给控制电脑，电脑则根据车轮转速计算驱动车轮的滑移率，如果滑移率超出了目标范围，控制电脑综合参考节气门开度信号、发动机转速信号、转向信号(有的车无)等因素确定控制方式，并向相应执行机构发出指令使其工作，将驱动车轮的滑转率控制在目标范围之内。

ASR 系统控制电脑向执行机构发出的指令有如下几种：

(1) 控制滑转车轮的制动力。此信号启动 ASR 制动压力调节器，对滑转车轮施加一个适当的制动力，将车轮的滑转率控制在理想的范围内。

(2) 控制发动机输出功率。此信号启动辅助节气门驱动器，使辅助节气门的开度适当改变，以控制发动机的输出功率，抑制驱动车轮的滑转。发动机输出功率的控制除改变

节气门开度外，也可采用另外两种方式：一种是控制信号直接输入发动机控制电脑，改变汽油喷射量；另一种是控制信号直接输入发动机控制电脑，改变点火时间。

(3) 同时控制发动机输出功率和驱动车轮的制动力。此信号同时启动 ASR 制动压力调节器和辅助节气门开度调节器，在对驱动车轮施加制动力的同时，减小发动机的输出功率，以达到理想控制效果。

6.4.2 凌志 LS400 ASR 系统的故障诊断

ASR 系统与其他电控系统一样，具有故障自诊断功能；ASR 系统故障码的读取与清除方法与 ABS 基本相同，就不详细介绍了。表 6-5 所示为凌志 LS400 汽车 ASR 系统故障码说明。表 6-6 为凌志 LS400 ASR 电脑连接器端子说明。

表 6-5 凌志 LS400 ASR 故障码说明

故障码	故障名称
17	压力开关一直关闭
19	TRC 液压泵电动机开和关次数比正常多(蓄电器有泄漏)
21	制动主缸关断电磁阀电路断路或短路
22	蓄压器关闭电磁阀电路断路或短路
23	储油器关闭电磁阀电路断路或短路
24	辅助节气门驱动器电路断路或短路
25	辅助节气门步进电动机达不到电脑控制预定的位置
26	电脑控制辅助节气门全开，但辅助节气门不动
27	停止向步进电动机供电时，辅助节气门未能到达全开的位置
44	TRC 工作时，Ne 信号未送入电脑
45	怠速开关关断时，主节气门位置传感器信号≥1.5 V
46	怠速开关接通时，主节气门位置传感器信号≥4.3 V 或≤0.2 V
47	怠速开关接通时，辅助节气门位置传感器信号≥1.45 V
48	怠速开关接通时，辅助节气门位置传感器信号≥4.3 V 或≤0.2 V
49	发动机信息交换电路断路或短路
51	发动机控制系统有故障
52	制动液面警报灯开关接通
54	TRC 液压泵继电器电路断路
55	TRC 液压泵继电器电路短路
56	TRC 液压泵电动机闭锁
TRC 灯常亮	电脑故障

表 6-6　凌志 LS400 ASR 电脑连接器端子说明

端子号	符号	端子名称	端子号	符号	端子名称
A18-1	SMC	M/C 关闭电磁阀	A19-7	TR2	发动机通信
A18-2	SRC	储液器关闭电磁阀	A19-8	WT	TRC 关闭指示灯
A18-3	R−	继电器搭铁线	A19-13	IND	辅助节气门位置传感器
A18-4	TSR	TRC 电磁阀继电器	A19-14	SFR	TRC 指示灯
A18-10	A	步进电动机	A19-16	GND	右前电磁阀
A18-11	BM	步进电动机	A20-1	RL＋	搭铁
A18-12	ACM	步进电动机	A20-2	FR−	左后轮速传感器
A18-13	SFL	左前电磁阀	A20-3	FL−	右前轮速传感器
A18-20	IDL2	辅助节气门怠速开关	A20-4	FR−	右后轮速传感器
A18-21	MTT	TRC 液压泵继电器监控器	A20-5	RR＋	左前轮速传感器
A18-22	B	步进电动机	A20-11	IG	电源
A18-23	B	步进电动机	A20-12	SRL	左后电磁阀
A18-24	BCM	右后电磁阀	A20-13	GND	搭铁
A18-26	SRR	诊断	A20-13	RL−	左后轮速传感器
A20-14	RL−	左后轮速传感器	A20-15	FR＋	右前轮速传感器
A20-16	RR−	右后轮速传感器	A20-17	FL＋	左前轮速传感器
A20-19	E1	搭铁	A20-20	TS	轮速传感器检查用
A20-21	ML＋	TRC 液压泵闭锁传感器			

第7章 汽车电气系统的故障诊断与检测

7.1 汽车空调系统的检测

7.1.1 汽车空调系统的组成

汽车空调由制冷装置、制热装置与电气控制装置3部分组成。

1. 汽车空调制冷系统的组成

汽车空调制冷系统主要由5个部件组成,压缩机、冷凝器、蒸发器、节流减压元件(孔管或膨胀阀)、积累器或储液干燥器。这些部件通过管路连接成空调系统,连接管路包括:高压蒸汽管路、高压液体管路和低压蒸汽管路,见图7-1。

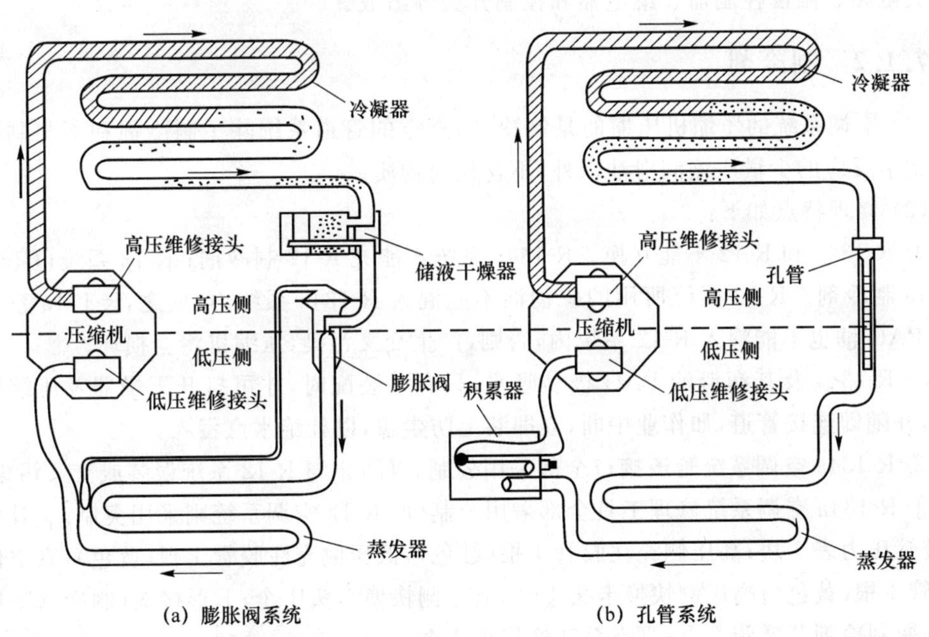

图7-1 汽车空调制冷系统工作原理图

2. 汽车空调制热系统的组成

为了节省能源,大多数汽车空调采暖使用发动机循环冷却水,在制暖时,空调压缩机、冷媒体等制冷系统不参与工作，热能来源于汽车发动机的冷却水。发动机的热量以传导方式被冷却液吸收，流动的高温冷却液进入加热器，使加热器得到加温，低温空气流经加热器空气被加热，达到制热的目的。制热系统的部件有：加热器、节温器、水泵、散热器、热水阀等，如图 7-2 所示。

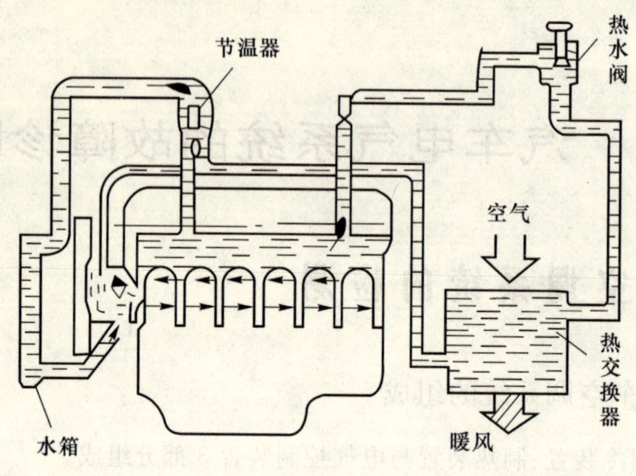

图 7-2 汽车暖风装置

3. 电气控制装置的组成

电气控制装置由电磁离合器、风扇电动机、发动机怠速自动调整装置、安全电路、压力开关电路、温度控制器、继电器和控制开关等组成。

7.1.2 制冷剂

(1) 空调系统的压缩机压缩的是制冷剂，真空的管道系统除了制冷剂和不与制冷剂发生化学反应的少量压缩润滑油以外，不含任何物质。

(2) 修理特点如下：

① R-134a 和 R-12 不能互换。R-134a 系统不能充 R-12 制冷剂；R-12 系统也不能充 R-134a 制冷剂。R-12 系统所用的矿物油不能混入 R-134a 系统内；反之，R-134a 系统所用的 PAG 油也不能混入 R-12 系统内，否则，产生交叉污染，压缩机将会损坏。

② R-134a 及其润滑油 PAG 极易吸水，只有在装配时，才可打开干燥器及压缩机防尘盖，并随即连接管道，如作业中断，立即装上防尘盖，以杜绝水汽侵入。

③ R-134a 空调系统管道接口全部采用公制，以防止与 R-12 系统误装或交叉污染。

④ R-134a 空调系统修理工具全部采用公制(而 R-12 空调系统则采用英制)。其中包括：歧管压力表 1 块；高压侧充注胶管 1 根(红色)，低压侧充注胶管 1 根(蓝色)，真空侧充注胶管 1 根(黄色)；高压侧快换卡头 1 个，低压侧快换卡头 1 个；T 形接头(制冷剂罐用)1 个，小瓶制冷剂开罐阀 2 个；真空泵转换接头 1 个。

7.1.3 汽车空调的工作原理

制冷循环装置的工作原理如下：压缩机运转后，从蒸发器内吸入制冷剂，经压缩后，排入冷凝器。当然，这就降低了蒸发器内压力，并提高了冷凝器内压力。一旦建立起适当的压力差，膨胀阀就开启，允许制冷剂返回到蒸发器，其速度和压缩机从蒸发器内抽取制冷剂的速度相同，在这些条件下，系统内各点的压力达到了各自的固定水平，但是冷凝器压力要高于蒸发器压力。蒸发器压力要相当低，要使制冷剂沸点远远低于车厢内的温度。因此，液体 R-134a 蒸发，从车厢内吸热，然后，以气体形式离开蒸发器。R-134a 气体经过压缩机时，由于制冷剂做功所产生的热效应，此时气体 R-134a 不能液化，而是以很高的温度从压缩机排出。R-134a 热蒸汽进入了冷凝器。系统这一侧的压力相当高，足以使 R-134a 沸点大大高于外界气温。于是，气体 R-134a 先是冷却到它的沸点，接着又冷凝为液体，冷凝潜热由周围空气吸收。然后，由于冷凝压力高于蒸发压力，液体制冷剂又被迫通过膨胀阀。如此往复循环。

7.1.4 汽车空调系统的检修

1. 检查制冷剂的数量

制冷剂数量的多少是通过储液干燥器玻璃观察窗口来进行检查的。且应在下列条件下进行检查，如图 7-3 所示。

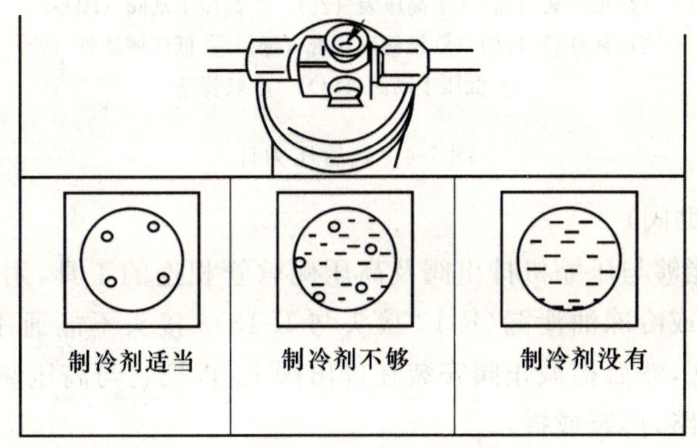

图 7-3 储液干燥器检视观察示意图

① 关闭所有车门。

② 温度控制开关在最冷(COOL)位置，鼓风机控制开关在最高(HI)位置，进气控制开关在循环(REC)位置。

③ 打开空调(A/C)开关，发动机在 1500 r/min 下运转。

2. 压缩机冷冻油量的检查

压缩机冷冻油量的检查方法：

(1) 观察视液窗，通过压缩机上安装的视液窗，可观察压缩机冷冻油量，如果油面达到视液窗高度的 80%位置，为合适的。

(2) 观察量油尺，未装视液窗的压缩机可用油尺检查其油量，没有油尺，需另外用专用尺插入检查(拧开油塞)。

3. 压力检查

(1) 歧管压力计

歧管压力计也称压力表组，由两个压力表(低压表和高压表)、两个手动阀(低压手动阀(LO)和高压手动阀(HI))、三个软管接头(一个接低压工作阀,一个接高压工作阀,一个接制冷剂罐或真空泵吸入口)和歧管座组成,如图 7-4 所示。

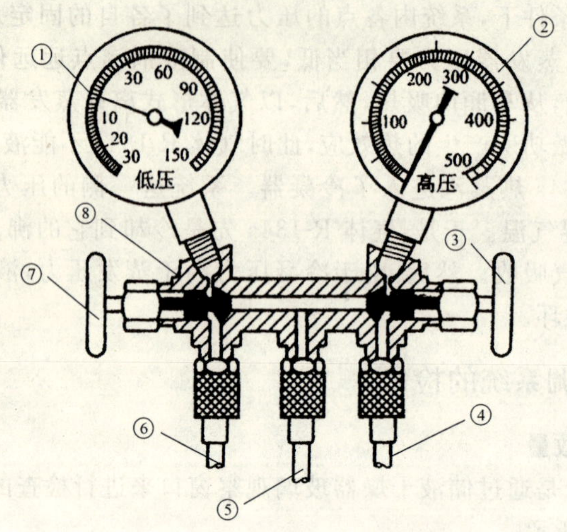

① 低压表（蓝）② 高压表（红）③ 高压手动阀（HI）
④ 高压侧软管（红）⑤ 维修用软管（绿）⑥ 低压侧软管（蓝）
⑦ 低压手动阀（LO）⑧ 歧管座

图 7-4　歧管压力计

(2) 截止阀(辅助阀)

截止阀是一种能够与压缩机排出阀及高压侧软管相连的工具,用在拆除高压侧的软管时,能防止制冷剂或冷冻油泄漏(R-12 接头与 R-134a 接头不能通用)。安装前应先将手动阀逆时针旋到底,然后把截止阀安装在排出阀上,再把它与高压侧的制冷剂注入软管连接起来(先截断通路,再装或拆)。

(3) 制冷系统工作压力的检测

要了解汽车空调制冷系统工作循环进行的情况,必须测量制冷系统工作时高压侧和低压侧的压力,制冷系统工作压力的检测方法如下:

① 将歧管压力计正确连接到制冷系统相应的检修阀上,如果是手动阀,应使阀处于中位。

② 关闭歧管压力上的两个手动阀。

③ 用手拧松歧管压力计上高低压注入软管的连接螺母,让系统内的制冷剂将高低压注入软管内的空气排出,然后再将连接螺母拧紧。

④ 启动发动机并使发动机转速保持在 1 000～1 500 r/min,然后打开空调 A/C 开关和鼓风机开关,设置到空调最大制冷状态,鼓风机高速运转,温度调节在最冷。

⑤ 关闭车门、车窗和舱盖,发动机预热。

⑥ 把温度计插进中间出风口并观察空气温度,在外界温度为 27 ℃时,运行 5 min 后温度应接近于 7 ℃。

⑦ 观察高低压侧压力,压缩机的吸气压力应为 207 Pa～24 kPa,排气压力应为

1 103～1 633 kPa。应当注意，外界高温高湿将造成高温高压的条件。如果离合器工作，在离合器分离之前记录下数值。

⑧ 如果压力异常，其原因及检修方法见表 7-1。

表 7-1 制冷系统的压力检测

现 象	原 因	检 修
低压侧压力低 高压侧压力高	1. 膨胀阀损坏 2. 制冷剂软管堵塞 3. 储液干燥器堵塞 4. 冷凝器堵塞	1. 更换膨胀阀 2. 检查软管有无死弯，必要时更换 3. 更换储液干燥器 4. 更换冷凝器
高低压侧压力正常 （冷量不足）	1. 系统中有空气 2. 系统中油过量	1. 抽空、检漏并充注系统 2. 排放并抽油，恢复正常油位，抽空、检漏并充注系统
低压侧压力低 高压侧压力低	1. 系统制冷剂不足 2. 膨胀阀堵塞	1. 抽空、检漏并充注系统 2. 更换膨胀阀

4. 空调系统检漏

检漏仪用于对空调系统连接管路泄漏部位的检测，常用的检漏仪有卤素检漏灯和电子检漏仪两种类型。

（1）漏点的查找

移动导漏软管，使其开口依次放在系统各接头、密封件和控制装置下部，检查其密封性。断开和系统连接的真空软管，检查真空软管接口处有无制冷剂蒸汽出现，若发现漏点，予以修理。

（2）检漏灯的检漏

① 淡蓝色火焰表明无制冷剂泄漏。

② 火焰边缘呈淡黄色，表明制冷剂有轻微泄漏。

③ 黄色火焰表明有少量泄漏。

④ 火焰由红紫变成蓝色，表明制冷剂有大量泄漏。

⑤ 紫色火焰，表明制冷剂严重泄漏，其泄漏量过大时，可使火焰熄灭。

（3）电子检漏仪检漏

电子检漏仪如图 7-5 所示，应遵照制造厂家有关规定进行检查。检查步骤如下：

① 转动控制器敏感性旋钮至断开“OFF”或“ON”位置。

② 电子检漏仪接入规定电压的电源，接通开关。如果不是电池供电，应有 5 min 的升温期。

③ 升温期结束后，放置探头至被怀疑泄漏处，调

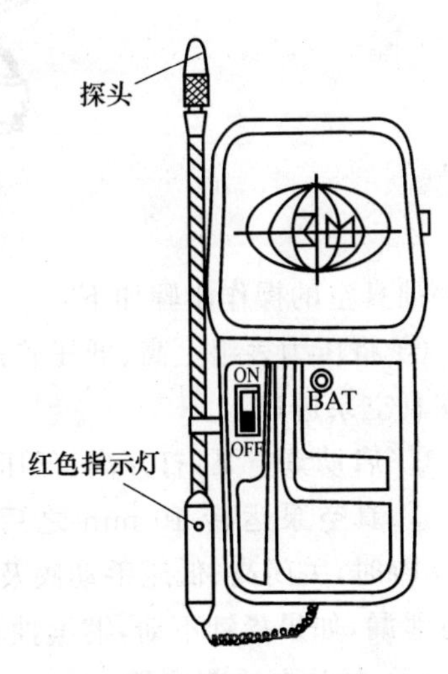

图 7-5 电子检漏仪

整控制器和敏感性旋钮，直至检漏仪有新反应为止。移动探头反应应当停止，若继续反应，则是敏感性调整得过高。

④ 移动导漏软管，依次在各接头、密封件和控制装置处进行检查。

⑤ 断开和系统连接的真空软管，检查各真空软管接头处有无制冷剂蒸汽。

⑥ 如果发生漏点，检漏仪就会出现反应，发生警报。

⑦ 探头和制冷剂的接触时间不应过长，不要把制冷剂气流或严重泄漏的地方对准探头，否则会损坏探测仪等敏感元件。

（4）皂泡检漏

有些漏点局部凹陷，检漏灯或电子检漏仪很难进入，要确定泄漏的确切位置，应用皂泡检漏。

首先调好皂泡溶液（用肥皂粉加水即可），溶液的浓度要黏稠至用刷子一抹就可形成气泡的程度；其次将全部接头或可疑区段抹上皂液；最后观察皂泡出现的情况，皂泡形成处就是泄漏点所在。

5. 制冷剂的充注程序

（1）抽真空

抽真空即进一步检查系统在真空情况下的气密性能，如图 7-6 所示。

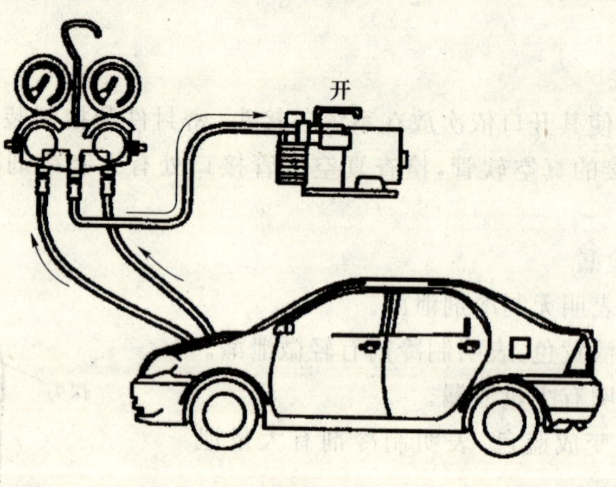

图 7-6 抽真空

抽真空的操作步骤如下：

① 将压力表组上高、低压管连接到制冷系统管路上，并打开高低压手动阀，中间软管接在真空泵进口上。

② 启动真空泵，打开高、低压手动阀，观察压力表，表针应不偏置，略有真空显示。

③ 真空泵运转 10 min 之后，低压表读数应大于 79.8 kPa 真空度。真空度接近 100 kPa时，关闭高、低压手动阀及真空泵，放置 5～10 min，如果压力上升大于 3.4 kPa，说明有泄漏，如果指针不动，继续抽真空 30 min，关闭高、低手动阀后，再关闭真空泵。

（2）加注制冷剂步骤

① 将注入阀装至制冷罐上，逆时针方向旋转板状螺母，直到最高位置，然后将制冷剂注入阀顺时针拧动，直到注入阀嵌入制冷剂密封塞。

② 阀针刺穿密封塞，再逆时针方向旋转手柄，使阀针抬起。用中间软管接头，放气几秒（排空），再拧紧接头。

③ 打开高压侧或低压侧，使液态制冷剂进入系统。高压侧倒置制冷剂罐，低压侧不允许倒置制冷剂罐。

④ 用手指敲击罐底，出现空筒声，说明罐已空。第二罐应从低压侧进行加注（与系统运行时充注方法相同）。如图 7-7、图 7-8 所示。

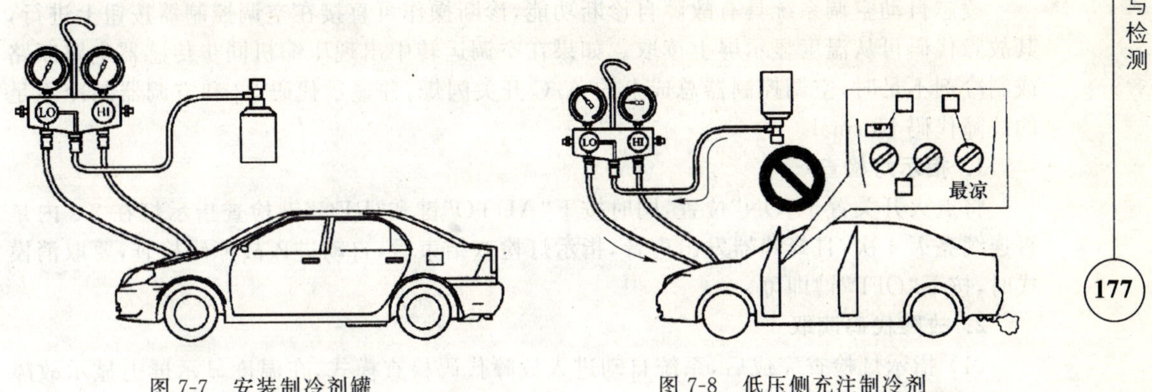

图 7-7　安装制冷剂罐　　　　图 7-8　低压侧充注制冷剂

⑤ 元征公司生产的冷媒加注机具有抽真空、回收、加注的功能，可用按键方便地进行操作。

6. 空调系统定性检查

启动发动机，开启风量开关置于最高挡（H），温度调节至最低温度挡（MAX，COOL），按下 A/C 开关，运转 2～3 min 后按以下方法进行定性检查。

① 用手感检测：压缩机吸入管有冰手的感觉，而排出管有烫手的感觉，两管之间有明显的温差。

② 在储液干燥器检视窗视察。

③ 用手感比较冷凝器流入管和流出管温度，流入管的温度较流出管的温度高。

④ 用手感膨胀阀前后应有明显的温度差，前热后冷。

⑤ 用手感冷凝器流出管主膨胀阀输入端之间的高压区的管道以及部件温度，应均匀一致。

7. 空调系统定量检测

测试条件：启动发动机，按下 A/C 开关，风量最高挡打开车门，使发动机在 2 000 r/min 左右运转 15～20 min 后用高、低表组检测，其高、低压力应符合规定的范围，例如在环境温度为 30 ℃时，指示压力为：

(1) 高压侧压力值，1.176～1.47 MPa。

(2) 低压侧压力值，0.196～0.294 MPa。

8. 制冷系统性能实验

在制冷系统所有检修工作结束后，应进行制冷系统性能试验（注意：室内最低环境温度为 21 ℃左右）。

测试条件同上定量检测，方法是：①将温度计（干湿球式或玻璃棒式）放在空调器冷气出口处，将干湿球温度计放在冷气装置的风机进风口（注：普通干湿球温度计由两支玻璃温度计组成，其中一支温度计包上湿沙布，测出湿球温度；另一支直接暴露在空气中，测出干球温度）；② 发动机运行 15 min 左右，各温度计的指示值及系统中高、低数值应符合标准。车内外应保持 8～10 ℃温差，若温差很小，表明该空调制冷量不够。

7.1.5 丰田凌志 LS400 轿车自动空调系统的故障诊断与检测

凌志自动空调系统具有故障自诊断功能，诊断操作可直接在空调控制器按钮上进行，其故障代码可从温度显示屏上读取。如果在空调运转中出现压缩机同步传感器电路断路或制冷剂不足时，空调控制器总成上的 A/C 开关闪烁，并显示代码 22 和空调器制冷不足的故障代码 Normal。

1. 指示灯检查

将点火开关置于“ON”位置，同时按下“AUTO”键和“REC”键检查指示灯在 2 s 内是否连续亮灭 4 次，且蜂鸣器发出声音，指示灯检查结束后，自动进入故障码检查，要取消模式时，按下“OFF”键即可。

2. 故障代码读取

（1）指示灯检查完成后，系统自动进入故障代码检查模式，在温度显示屏上显示故障代码。若要分步显示，可按下“∧”键。每次按下“∧”键，显示器就变化一次，故障代码从小到大顺序显示。

（2）故障代码显示时，如果蜂鸣器发出声音，表明是当前故障，否则为历史故障代码。

（3）环境温度为－30 ℃或更低时，即使系统正常，故障代码也可能被输出。

（4）如果是在黑暗的地方进行检查，可能显示故障代码 21。因此，应在日光传感器上方点亮一盏灯进行故障代码检查。如果故障代码 21 仍然显示，说明日光传感器电路有故障。

（5）压缩机不工作（故障码 22）仅作为当前故障被显示。可按下列步骤确定故障码：在发动机工作的同时，进入故障码检查模式。按下“REC”键进入驱动器检查模式，按下“AUTO”键返回故障码检查模式，约 3 s 后显示故障码。

3. 故障代码及故障原因

凌志 LS400 轿车空调系统故障代码及故障原因见表 7-2。

表 7-2 LS400 轿车空调系统故障代码及故障原因

故障代码	故障原因	故障代码	故障原因
00	正常	32	进气风挡位置传感器电路断路或短路
11	车内温度传感电路断路或短路	33	空气混合风挡位置传感器电路断路 进气伺服电机电路断路或短路 空气混合伺服电机电路断路或短路
12	环境温度传感器电路断路或短路		
13	蒸发器温度传感器电路断路或短路		
14	水温传感器电路断路或短路	34	进气风挡位置传感器电路断路 进气伺服电机断路或短路 进气伺服电机锁住
21	太阳能传感器电路断路或短路		
22	压缩机同步传感器电路断路或短路		
31	空气混合风挡位置传感器电路断路或短路		

只有在发生当前故障时,太阳能和压缩机同步传感器电路断路才能检测出来,其他代码在当前故障(蜂鸣器发声)和历史故障(蜂鸣器不发声)时均可检测出来。

4. 清除故障代码

(1) 拔出2号线盒中"DOME"熔断器10 s以上,即可清除。

(2) 重新插入熔断器后,应输出正常代码。

5. 驱动器检查

(1) 进入故障码检查模式后,按下"REC"键,温度显示器从20开始显示代码,每隔1 s按顺序自动运转每个风挡电机和继电器,可用眼和手检查温度和气流。

(2) 当显示代码变化时,蜂鸣器就发出响声,并按由小到大的顺序显示代码,按下"OFF"键可取消检查模式。

7.2 汽车安全气囊系统的故障诊断与检测

各种汽车SRS采用控制部件的结构、数量和安装位置各有不同,但是基本组成大致相同。丰田佳美、科罗娜轿车SRS控制部件安装位置如图7-9所示,主要由碰撞传感器、安全气囊系统控制组件(SRS ECU)、安全气囊组件(SRS组件)、安全气囊系统指示灯(SRS)4部分组成。

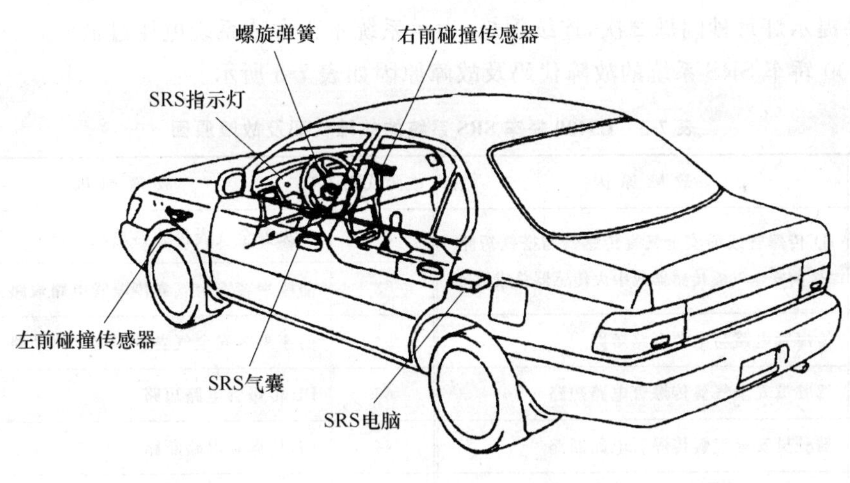

图7-9 SRS零部件安装位置

1. 安全气囊系统的故障诊断方法

安全气囊系统的故障一般有3种诊断方法:警告灯诊断法、参数测量法和仪器诊断法。

2. 安全气囊系统诊断后的电气检查程序

用一只12 V的小灯泡代替气囊接入电路,在下列情况下小灯泡均不闪亮为正常。

- 接通点火开关;
- 启动发动机;

· 汽车行驶车速超过 80 km/h 时，紧急制动；

· 在崎岖的道路上行驶，或高速驶过常见障碍。

下面就以丰田车系为例进行讲解，其他车系可以以此为参照。

(1) 故障码的读取

① 短接诊断插口中的 TC 与 E1。

② 接通点火开关，通过观察保养提示灯的闪烁读取故障码。

(2) 故障码的清除

① 断开点火开关。

② 拆下蓄电池负极电缆，等待 10 s 以上。

③ 接上负极电缆，即可清除故障码。

对于历史故障码 41，需按下列方法去除：

① 接通点火开关，等待 6 s 以上。

② 将 TC 脚和 AB 脚交替接地(E1)OSS 重复 2 遍。

③ 最后将 AB 脚接地，等待 7 s 以上，待提示灯快速闪烁，故障码清除。

注意：如果短接 TC 与 E1 后，提示灯未闪出故障码，可用万用表测量 TC 脚对地电压(应为 12 V)，然后将 TC 脚直接搭铁，若提示灯闪烁，表示 E1 脚接地不良；若仍不闪烁，表明 SRS 控制模块有问题。

如果提示灯每秒闪烁 2 次，连续闪烁，表示系统不正常或系统电压过低。

LS400 轿车 SRS 系统的故障代码及故障原因如表 7-3 所示。

表 7-3 LS400 轿车 SRS 系统的故障代码及故障原因

故障代码	故障原因	故障代码	故障原因
11	① 传爆管或前安全气囊传感器与搭铁短路 ② 前安全气囊传感器或中央传感器总成故障	31	中央安全气囊传感器总成故障
		53	前座乘客安全气囊传爆管电路短路
12	传爆管电路与电源电路短路	54	前座乘客安全气囊管传爆电路断路
13	驾驶员安全气囊传爆管电路短路	63	PL 传爆管电路短路
14	驾驶员安全气囊传爆管电路断路	64	PL 传爆管电路断路
15	① 前安全气囊前传感器电路断路 ② 前传感器电路与电源电路短路	73	PR 传爆管电路短路
		74	PR 传爆管电路断路
22	SRS 警告灯系统故障	正常	SRS 正常或电源电压降低

3. 安全气囊电子控制系统修复

相关元件的检测参数应符合表 7-4 的要求，否则为元件损坏，需要进行更换。

表 7-4 相关元件的检测参数

组件	检测条件	电压表/V			欧姆表/Ω	
		"+"	"-"	读数	两端子	读数
前传感器	点火开并置"LOCK",拔开前传感器连接器,检测传感器各端子				+S和+A	755~885
					+S和-S	∞
					+S和-A	≥1
螺旋电缆	点火开关置"LOCK",拔开螺旋电缆和中央传感器的连接器,再拔下方向盘衬垫的连接器,检测衬垫连接器端子(测电压时点火开关置"RUN")				D+和搭铁	∞
		D+	搭铁	0	D-和搭铁	∞

SRS、ECU 至前碰撞传感器之间线路检测:

拔下 SRS、ECU 线束连接器插头,分别用导线将插头上端+SR 与-SR,+SL 与-SL连接起来。然后拔下前碰撞传感器线束插头,用万用表检测传感器插头上端子+SR 与-SR,+SL 与-SL 之间的电阻值,正常值应大于 1 Ω,否则说明前碰撞传感器至 SRS、ECU 之间线束断路或接触不良。

7.3 汽车电控巡航系统的诊断与检测

1. 电子巡航控制系统的基本组成

电子巡航控制系统主要由主控开关、车速传感器、电子控制器和执行元件 4 部分组成,如图 7-10 示。

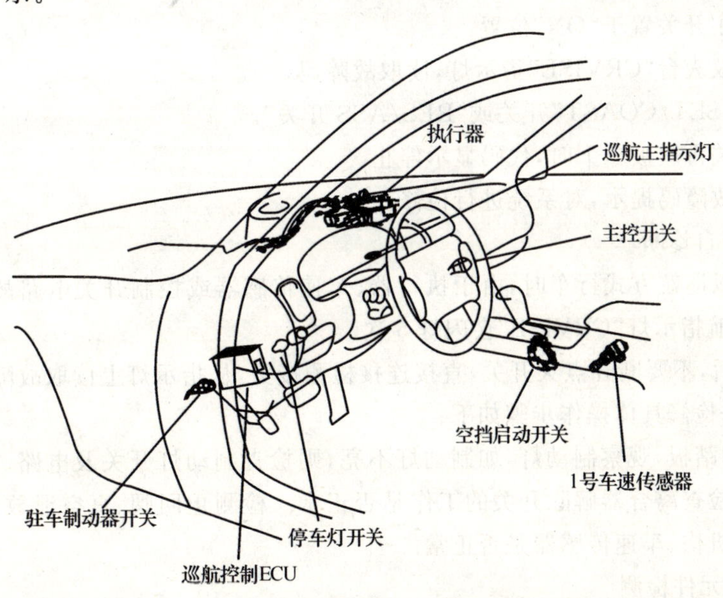

图 7-10 电控巡航系统构造

(1) 主控开关

主控开关一般为组合式开关，安装在方便驾驶员操作的转向盘或其他部位。它由主开关和控制开关组成，主开关为巡航系统的电源开关；控制开关一般有 5 个开关、5 种控制功能，即 SET/COAST(设置/减速)、RES/ACC(恢复/加速)和 CANCEL(取消)。接通主控开关，当汽车行驶在 40～200 km/h 范围内时，按下 SET/COAST 开关，巡航控制 ECU 控制汽车以衡定车速行驶，按下 SET/COAST 或 RSE/ACC 开关，汽车将加速或减速，并以松开开关时的速度稳定行驶。按下 CANCEL 开关或安全系统起作用后，巡航系统取消。

(2) 车速传感器

车速传感器有光电式、霍尔效应、磁阻式等，一般安装在汽车变速器输出轴上。

(3) 执行元件

有电动和气动两种控制形式，电动控制方式一般采用步进电机控制，而气动方式采用进气歧管式真空度控制的真空伺服结构。

(4) 电子控制器

电子控制器也称巡航电脑，接收来自制动踏板、车速传感器和操纵开关的信号，经处理后控制伺服装置，继而控制执行机构工作。

2. 巡航控制系统的检测

(1) 自诊断(以丰田车系为例)

1) “A”型自诊断

① 打开点火开关。

② 将控制开关置于“SET/COAST”或“RES/ACC”位置。

③ 按下主开关置于“ON”位置。

④ 查看仪表台“CRVISE”指示灯，读取故障码。

⑤ 关闭“SET/COAST”开关或“RES/ASS 开关”。

⑥ 主开关再次被压下时，代码显示停止。

⑦ 根据故障码提示，对系统进行检修。

2) “B”型自诊断

① 如果以巡航方式行车时，由于执行器、车速传感器或控制开关电路故障引起系统被取消，则巡航指示灯“CRVISE”会闪烁 5 次。

② 停车后，不要断开点火开关，直接连接检测接头，从指示灯上读取故障码。

常规方法检修具体操作步骤如下：

踩住制动踏板，观察制动灯，如制动灯不亮，则检查制动灯开关及电路。对于手动变速的车辆，应检查离合器解除开关的工作是否正常。检测止回阀、真空泄放阀、控制开关和电路、伺服机构、车速传感器是否正常。

(2) 主要元件检测

1) 真空控制式真空泄放阀

① 拔下伺服机构到真空泄放阀的真空管，将手动真空泵连接到管路上，对真空泄放

阀抽真空,若不能保持真空,则检查真空管或调整真空泄放阀。

② 若能保持真空,踏下制动踏板,真空应能被释放,否则应调整真空泄放阀,若无效,则更换真空泄放阀。

2）制动分离开关和进气调节装置的调整

① 制动分离开关的调整:逐步踩下制动踏板,每次踩下 32 mm,逐点用车速控制开关试验系统是否接合,直到不能接合为止,接合时踏板行程应为 64 mm 左右。

② 进气调节装置的调整:对进气调节装置主要是调整其上面的空气管,调节管每转动一圈,大约可影响车速 1.6 km/h,如低于预定速度,可将空气管向外调整。

3）电子控制巡航系统执行器电机电路检测

① 参照图 7-11,拆下巡航控制执行器并拔开其导线连接器,检测电磁离合器端子 4 和 5 之间电阻值,应为 38 Ω。位置传感器端子 1 和 3 之间的电阻值应为 2 kΩ。如图 7-11 所示,当用手将电磁离合器杆从 B 向 A 慢慢移动时,端子 2 和 3 之间的电阻值应平滑地由 0.5 kΩ 增加到 1.8 kΩ。

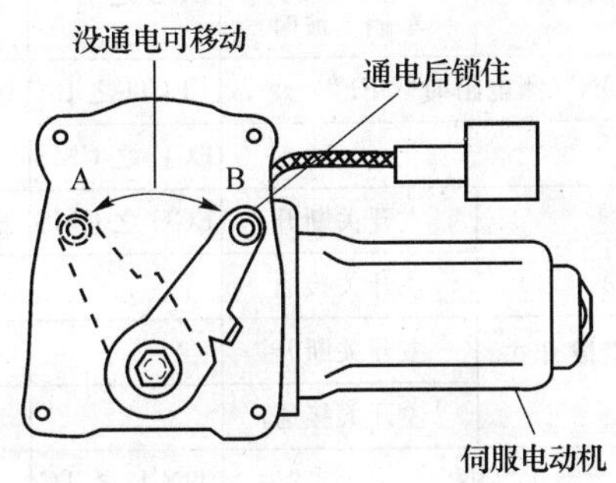

图 7-11　电磁离合器检测

② 将蓄电池正极接执行器的端子 5,负极接端子 4,接通电磁离合器。同时,当蓄电池正极接端子 6,负极接端子 7 时,控制板应平稳地向加速侧转动,并能被限位开关停止转动。当蓄电池正极接端子 7,负极接端子 6 时,控制板应向减速侧转动并能被限位开关停止。

③ 检测巡航控制执行器的导线连接器时,将点火开关旋到“ON”,把电压表的正表笔接巡航控制 ECU 的端子 VR2,负表笔接端子 VR3,用手把执行器控制板缓慢地从减速侧拨到加速侧,电压表的读数应平稳增加且不中断。控制板全关时,表的读数应为 1.1 V;全开时,表的读数应为 4.2 V。

④ 若不符合要求,则应更换执行器。

车速传感器检测即进行输入信号检测,若不符合要求,则检测车速表电路或传感器。LS400 型轿车部分电路诊断参数参见表 7-5。

表 7-5　LS400 型轿车部分电路诊断参数

项目	检测条件		电压表			欧姆表	
			"+"	"−"	读数	两端子	读数
控制开关电路	拔开控制开关导线连接器	NEUTRAQL 位				3 和 4	∞
		RES/ACC 位					70 Ω
		CANCEL 位					420 Ω
怠速开关电路	点火开关"ON"	节气门全开	ECU 之 IDL	搭铁	5 V		
		节气门全关			0 V		
ECU 通信电路	拔开 ECU 连接器	点火开关"ON"	连接器之 OD	搭铁	4 V		
	启动发动机,热车后试车	OD 开关接通	ECU 之 ECT	搭铁	0 V		
		OD 开关断开					
EFI 通信电路	以巡航控制试车	车辆下坡时	ECU 之 E/G	搭铁	12 V		
		车辆上坡时			0 V		
ECU 电源电路	点火开关"ON"(测电阻时"OFF")		ECU 之 B	GND	12 V	GND 与搭铁	0 Ω
备用电源电路			ECU 之 CMS	搭铁	12 V		
主开关电路	点火开关"ON"	主开关断开	ECU 之 CMS	搭铁			
		主开关接通					
主开关	点火开关"OFF"拔开主开关连接器	主开关断开				3 和 5	∞
		主开关接通					0 Ω
诊断电路	点火开关"ON"		TDCL 之 TC	E1	12 V		

7.4　中央门锁及防盗系统诊断与检测

1. 中央门锁系统结构与原理

电控门锁通常由电子控制部分和执行机构两部分组成,通过一系列电子控制来打开或锁住车门。多数自动门锁在车速超过某一设定值时或具备一定条件时,能自动锁住或打开车门。

2. 中央门锁控制系统电路图

中央门锁控制系统电路图组成如图 7-12 所示。

(1) 凌志 LS400 型轿车 ECU 源电路的检测如图 7-13 所示。

① 拆下 2 号接线盒的 DOME 熔断器,并用欧姆表检测 DOME 熔断器的导通情况。若不导通,则检查接到 DOME 熔断器上的所有配线和元件是否短路。

② 拆开防盗和门锁控制 ECU 的导线连接器,并把电压表的正表笔接导线连接器 A 端子,负表笔接连接器 B 端子 14(E),表的读数应为蓄电池电压。

③ 表的读数不为蓄电池电压,应检查防盗和门锁控制 ECU 与车身搭铁之间的配线

和连接器，若存在开路，则修理或更换配线和连接器，若良好，则检查和修理防盗和门锁控制 ECU 与蓄电池之间的配线和连接器。

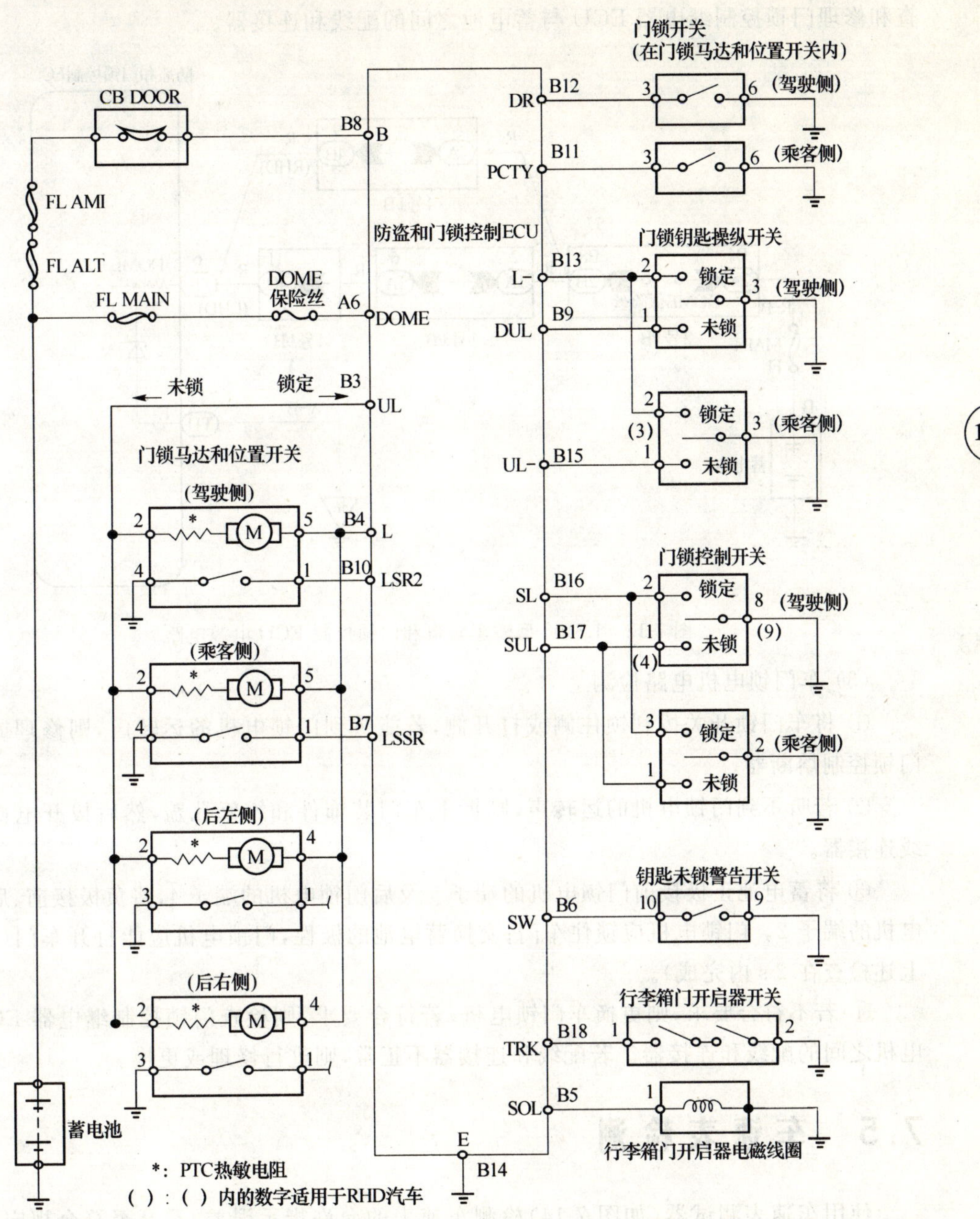

图 7-12 LS400 中央门锁控制系统电路图

(2) 执行器电源电路检测

拆下 1 号下罩和下面的衬垫，再从 1 号接线盒拆下 DOOR 电路熔断器。

① 用欧姆表检测 DOOR 电路熔断器的导通情况。若不导通，则检查 DOOR 电路熔断器的所有配线和元件有无短路；若导通，则拆下 1 号罩和暖气管及接线盒的固定螺栓和夹扣。

② 拔开防盗和门锁控制 ECU 的导线连接器 B(门锁控制继电器)。把电压表的正表笔接导线连接端子 8(B),负表笔接其端子 14(E),表的读数应为蓄电池电压,否则,应检查和修理门锁控制继电器 ECU 与蓄电池之间的配线和连接器。

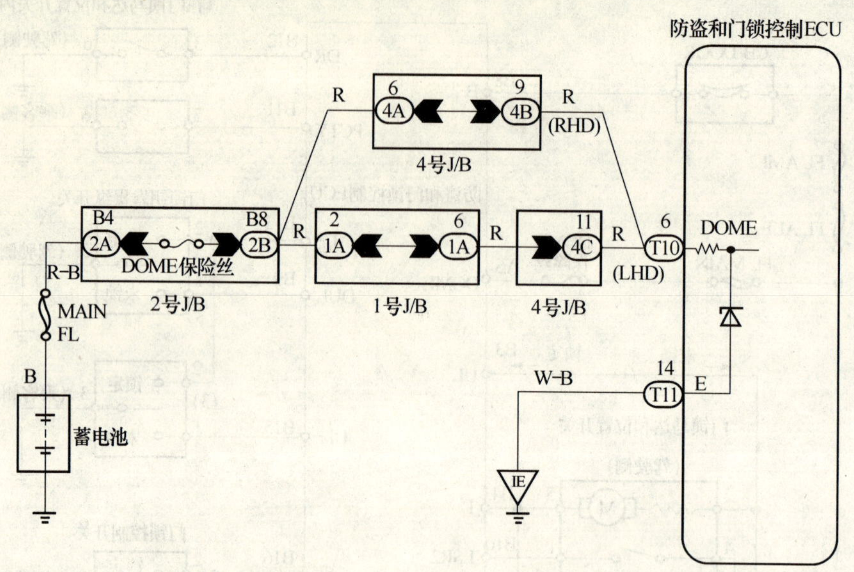

图 7-13　LS400 型轿车防盗和门锁控制 ECU 电源电路

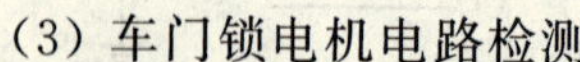

(3) 车门锁电机电路检测

① 将车门锁开关拨到锁住侧或打开侧,若能听到门锁电机的运转声,则修理或更换门锁控制熔断器。

② 若听不到门锁电机的运转声,则拆下车门装饰件和维修孔盖,然后拔开电机的导线连接器。

③ 将蓄电池正极接前门锁电机的端子 5 及后门锁电机的端子 4,将负极接前、后门锁电机的端子 2。门锁电机应锁住车门;交换蓄电池的极性,门锁电机应能打开车门(注意:上述检查在 2 s 内完成)。

④ 若不符合要求,则更换车门锁电机;若符合要求,则检查门锁控制继电器 ECU 与电机之间的配线和连接器。若配线和连接器不正常,则进行修理或更换。

7.5　车速表检测

使用车速表测试器(如图 7-14)检测车速表的允许指示误差,看是否符合规定要求,同时检测里程表的工作情况(注意:轮胎磨损、轮胎充气不够或过足都会增大指示误差)。

利用车速表试验台检测车速时,可按下述方法进行。

1. 试验台的准备

① 在滚筒处于静止的状态下,检查指示仪表的指针是否在零点位置。若指针不在零点上,可用零点调整螺钉调整。

② 检查滚筒上是否粘有油、水、泥等杂物。若有，应清除干净。

③ 检查举升器的升、降动作是否自如。若动作阻滞或有泄漏部位，应予修理。

④ 检查导线的连接情况，若有接触不良或断路，应予修理或更换。

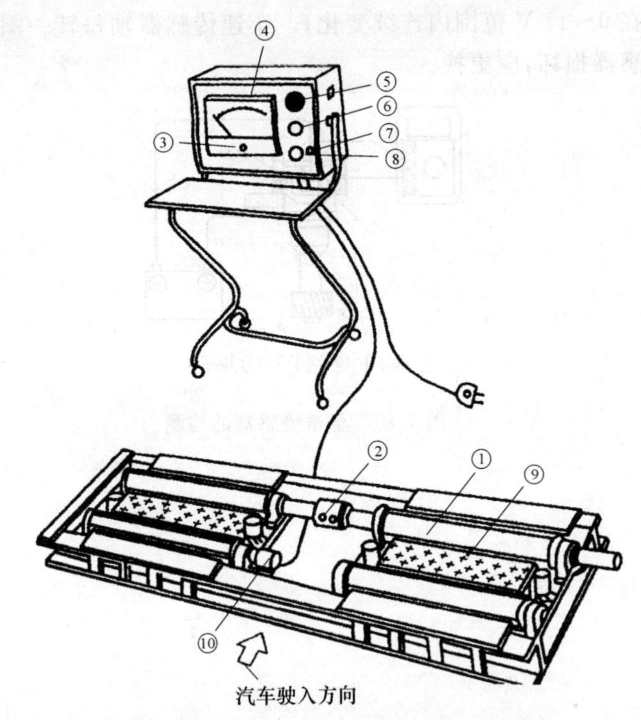

①滚筒 ②联轴器 ③零点校正螺钉 ④速度指示仪表 ⑤蜂鸣器 ⑥报警灯 ⑦电源灯 ⑧电源开关 ⑨举升器 ⑩速度传感器（测速发动机式）

图 7-14 标准型车速表试验台

2. 被检车辆的准备

按规定调整好轮胎气压，若轮胎上粘有油、水泥或花纹内嵌有小石子时，应清除干净。

3. 检测方法

① 接通车速表试验台电源，升起举升器。

② 将汽车开上车速表试验台，使与车速表有传动关系的车轮停于两滚筒之间。

③ 降下举升器，至轮胎与举升器托板脱离为止。

④ 当驾驶室内车速表指示值达到检测车速时，读取试验台指示值(实际车速)；或当试验台指示值达到检测车速时，读取驾驶室内车速表的指示值。

注：对于标准型车速表试验台，应挂入最高挡，踩下加速踏板使驱动轮带动滚筒平稳地加速运转。对于驱动型车速表试验台，应接合试验台离合器，使滚筒与电动机连在一起，并将变速器挂入空挡，启动电动机，通过滚筒带动车轮旋转。

⑤ 读取数据后，轻轻踩下汽车制动踏板，使滚筒和车轮停止转动，对于驱动型车速表试验台，必须先关断电动机电源，再踩制动踏板。

⑥ 车速指示误差=(车速表指示值—实际车速值)×实际车速值

若车速表不工作，说明车速表电路出现故障，应按程序进行故障诊断。若车速传感器出现故障，应按图 7-15 所示进行车速传感器检测。检测时，拔开导线连接器，将蓄电池"＋"接传感器 2，"－"接端子 3，转动传动轴，使传感器转轴转动，检测传感器端子 1 和 3 之间的电压（应在 0～11 V 范围内连续变化）。车速传感器轴每转一圈，电压变化应为 20 次，否则说明传感器损坏，应更换。

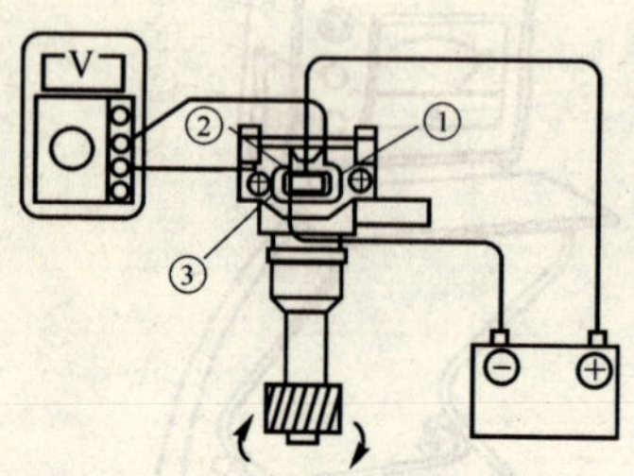

图 7-15　车速传感器的检测

第8章 汽车前照灯检测

汽车前照灯检测是汽车安全性能检测的重要项目，前照灯的技术状况主要指发光强度的变化和光束照射位置是否偏斜，当发光强度不足或光束照射方向不当时，汽车驾驶员不易辨清前方的障碍物或给对方来车驾驶员造成眩目，因而导致交通事故。因此，前照灯发光强度和光束照射方向必须符合 GBT258—1997《机动车运行安全技术条件》，以保证汽车夜间行车安全。

8.1 前照灯及其特性

前照灯由灯泡反射镜和配光镜构成，前照灯的特性有配光特性、发光强度和光束照射方向等。

1. 配光特性

前照灯发出的光线应满足一定的分布，所以把等照度曲线表示的明亮度分布特征称为配光特性，亦称为光形分布特征。

2. 发光强度

发光强度是光线在给定方向上发光强弱的度量，其单位为坎德拉，用符号 cd 表示。衡量受光面明亮度的物理量为照度，它表示不发光物体被光源照明程度，单位为勒克斯，用符号 lx 表示。

发光强度和照度的关系为

$$照度=\frac{发光强度}{离开光源距离的平方}$$

若发光强度用 I(cd)表示，照度用 E(lx)表示，前照灯距被照物体距离为 s(m)，则三者间关系为

$$E=I/s^2$$

其关系如图 8-1 所示。

3. 光束照射方向

一般情况下，可把前照灯光束最亮之处看做是光轴，光轴中心对水平、垂直坐标轴交点的偏离，表示光轴的照射方向，亦即表示光束的照射方向，如图 8-2 所示。

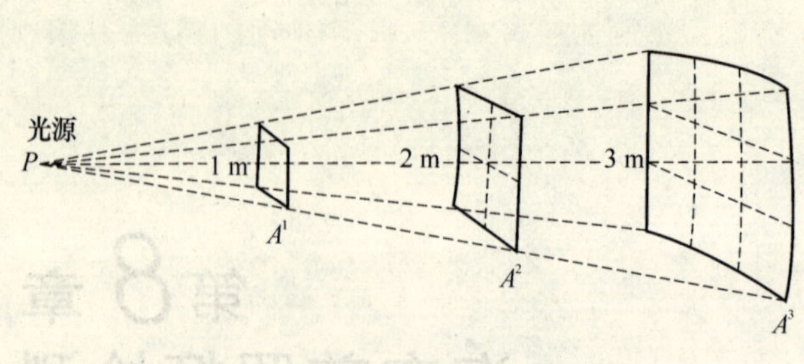

图 8-1 发光强度与照度的关系图

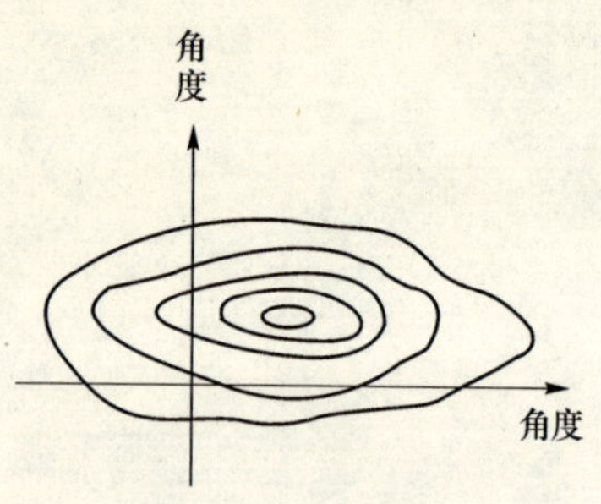

图 8-2 光轴的照射方向

8.2 检测项目

在汽车前照灯检测过程中，其发光强度和光束照射方向为必检项目。

1. 发光强度

机动车每只前照灯的远光光束发光强度应达到规定的要求。采用四灯制的机动车，其中两只对称的灯达到两灯制的要求时，视为合格，测试时，其电源系统应处于充电状态。

2. 前照灯光束照射位置

(1) 机动车在检验前照灯的近光光束照射位置时，前照灯在距离屏幕 10 m 处，光束明暗截止线转角或中点的高度应为(0.6～0.8)H(H 为前照灯基准中心高度)，其水平方向位置向左或向右偏差不得超过 100 mm。

(2) 四灯制前照灯其远光单光束灯的调整，要求在屏幕上光束中心离地高度为(0.85～0.90)H，水平位置要求左灯向左偏不得大于 100 mm，向右偏不得大于 170 mm，右灯向左或向右偏均不得大于 170 mm。

(3) 机动车装用远光和近光双光束灯时，以调整近光光束为主。对于只能调整远光单光束的灯，调整远光单光束。

8.3 前照灯检测的基本原理

1. 用屏幕法检测前照灯光束照射位置

(1) 检测条件

汽车空载停放在水平硬场地上，允许乘坐 1 名驾驶员，轮胎气压应符合汽车制造厂的规定，在距汽车前照灯 10 m 处设一专用屏幕。专用屏幕应垂直地面，如图 8-3 所示。

(2) 屏幕画法

屏幕上画有 3 条垂直线和 3 条水平线。中间垂直线 V-V 与被检车辆的纵向中心垂直面对正，两侧的垂直线 V_L-V_L 和 V_R-V_R 分别为被检车辆左右前照灯基准中心的垂直线。3 条水平线中的 h-h 线与被检车辆前照灯的基准中心等高，距地面高度为 H(mm)；中间水平线与被检测车辆前照灯远光光束的中心等高，距地面高度为 H_1(mm)，H_1 为

(0.85～0.90)H；下边水平线与被检车辆前照灯近光光束的中心等高，距地面高度为H_2(mm)，H_2为(0.60～0.80)H。H为被检车辆前照灯基准中心距地面的高度，其值视被检车型而定。

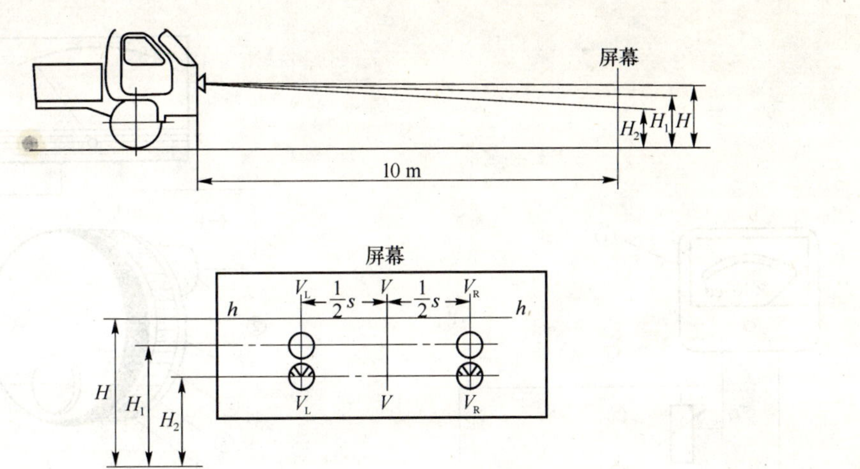

图 8-3 用屏幕法检测前照灯光束照射位置

(3) 检测方法

检测时先遮住一侧的前照灯，首先对未遮盖前照灯的近光进行检测，其近光明暗截止线转角或光束中心应照在高度为H_2、$H_2-0.2H$的两条水平线及距垂直线V-V的距离为$1/2s+100$(mm)、$1/2s-100$(mm)的两条垂直线所围成的矩形框内，否则表明近光光束偏斜量超标。根据检测标准，在检测调整光束照射方向时，对远、近双光束灯以检测调整近光光束为主。

对远光单光束前照灯而言，则要检测远光光束的照射位置，其光束中心应位于由高度为H_1、$H_1-0.05H$的两条水平线和距垂直线距离为$1/2s+170$(mm)、$1/2s-170$(mm)(对右灯)或$1/2s+170$(mm)、$1/2s-170$(mm)(对左灯)的两条垂直线所围成的矩形内。

用屏幕法检测前照灯，其方法简单易行，有一定的实用价值，但这种方法只能检测出光束的偏斜方向和偏斜量，不能检测发光强度，而且，为适应不同车型的检测，需经常更换屏幕，检测效率低，同时，需要占用较大场地。

2. 用检测仪检测前照灯的发光强度和光束照射位置

前照灯检测仪是按一定测量距离放在被检车辆前照灯的对面，用来检测前照灯发光强度与光轴偏斜量的专用检测设备。前照灯检测仪一般均采用可把所吸收的光能转变为电流的光电池作为传感器，按照前照灯主光束照在其上所产生电流的大小和比例，来检测前照灯的发光强度和光束偏斜量。

(1) 发光强度的检测原理

检测前照灯发光强度的电路由光度计、可变电阻和光电池组成。如图 8-4 所示是按规定的距离使前照灯照射光电池，光电池便接受光强度的大小产生相应的电流使光度计指针摆动，指示出前照灯的发光强度，常用光电池的主要类型是硒光电池，当受到光线照射时，金属薄膜和非结晶硒的左右两端产生电动势，左端带正电，右端带负电，因此若在金属膜和铁底板上装上引出线，将其用导线与电流表连接起来，电流就会流过电流表使电流表指针摆动，如图 8-5 所示。

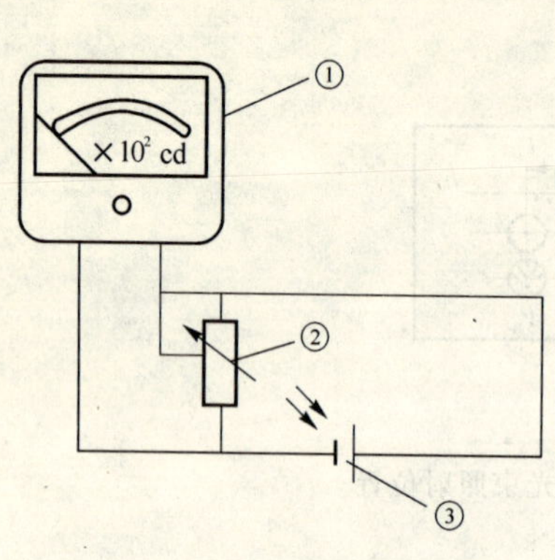

① 光度计 ② 可变电阻 ③ 光电池

图 8-4 发光强度检测原理图

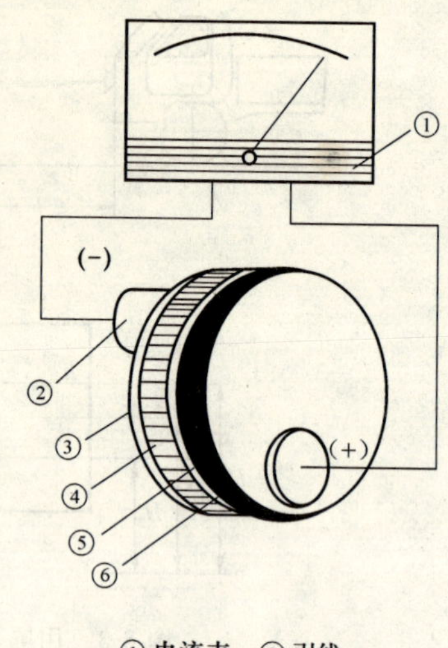

① 电流表 ② 引线
③ 金属薄膜 ④ 非结晶硒
⑤ 结晶硒 ⑥ 铁底板

图 8-5 硒光电池结构与工作原理图

(2) 光轴偏斜量检测原理

检测前照灯光轴偏斜量的电路如图 8-6 所示，电路中有四块硒光电池，即 B_u、B_d、B_L 和 B_R，在 B_L 和 B_R 之间接有左右偏斜指示计，B_u 和 B_d 之间接有上下偏斜指示计，当前照灯光束照射光电池时，如果光束照射方向偏斜将分别使光电池 B_u 和 B_d、B_L 和 B_R 的受光面不一致，因而产生的电流大小也不一致，光电池 B_u 和 B_d 、B_L 和 B_R 产生的电流差值分别使上下偏斜指示计及左右偏斜指示计的指针摆动，从而指示出光轴的偏斜方向和偏斜量，图 8-7 所示为光轴无偏斜时的情况，这时上下和左右偏斜指示计指针均垂直向下，处于零

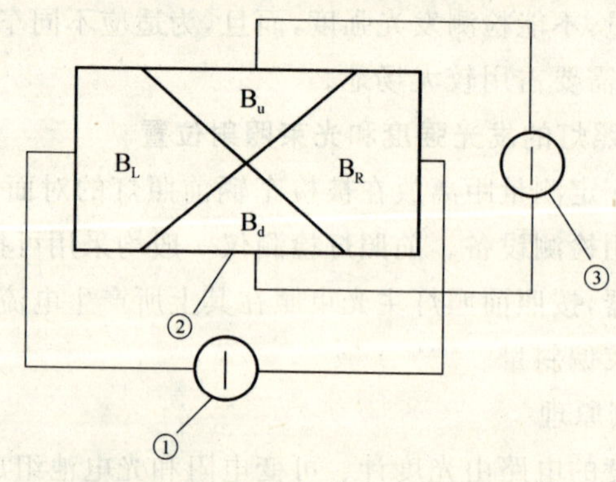

① 左右偏斜指示计 ② 光电池 ③ 上下偏斜指示计

图 8-6 光轴偏斜量检测原理图

位。图 8-8 所示为光轴有偏斜时的情况，这时上下偏斜指示计指针向下方向偏斜，左右偏斜指示向左方向偏斜。

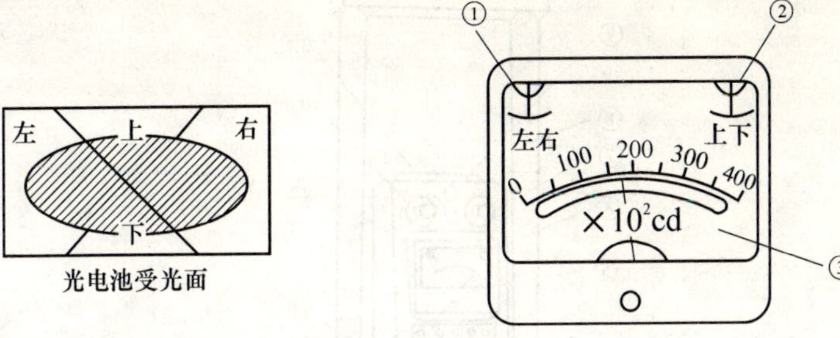

①左右偏斜指示计 ②上下偏斜指示计 ③光度计

图 8-7 光轴无偏斜时的情况

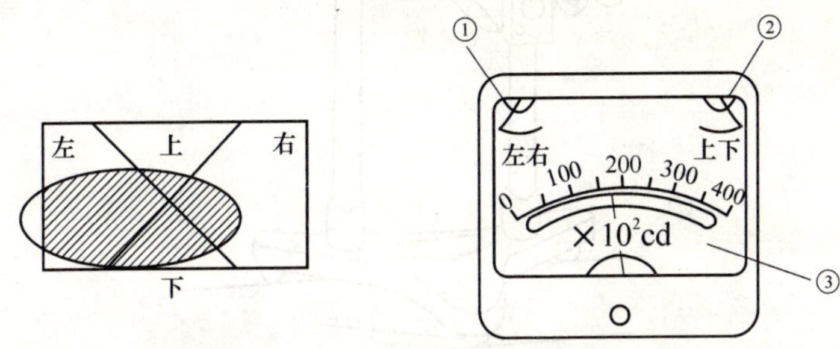

①左右偏斜指示计 ②上下偏斜指示计 ③光度计

图 8-8 光轴偏斜时的情况

8.4 常用前照灯检测仪

常用汽车前照灯检测仪有聚光式、屏幕式、投影式和自动追踪光轴式 4 种。

1. 聚光式

聚光式前照灯检测仪利用聚光透镜把前照灯的散射光束聚合起来，并引导到光电池的光照面上，根据其对光电池的照射程度，检测前照灯的发光强度和光轴偏移量，检测时，检测仪放在距前照灯前方 1 m 处，如图 8-9 所示。

根据检测方法不同，聚光式前照灯检测仪的使用可分为移动反射镜检测法、移动透镜检测法和移动光电池检测法 3 种形式。

(1) 移动反射镜检测法

如图 8-10 所示，前照灯的灯光通过聚光透镜反射镜将光线照射在光电池上，转动光轴刻度盘可使反射镜的安装角发生变化。当调整反射镜使光轴偏斜指示器的指针指向零位时，可从光轴刻度盘读得光轴的偏斜量，光度计也同时指示出发光强度。

(2) 移动透镜检测法

如图 8-11 所示，通过移动光轴检测杠杆调节聚光透镜的方位，从而使通过聚光透镜照到光电池上的光线最强，此时光轴偏斜指示器的指针值为零，光电池输出的电流通过光度计指示发光强度，光轴刻度盘与光轴检测杠杆联动，从而指示出光轴的偏斜量。

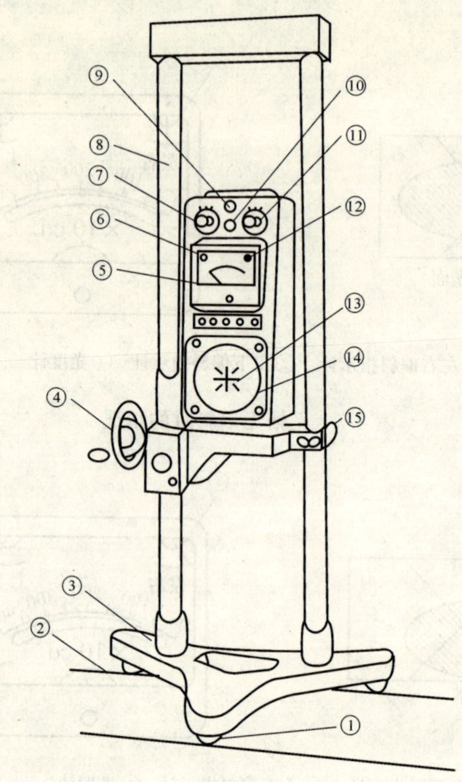

①车轮 ②导轨 ③底座 ④升降手轮 ⑤光度计
⑥左右偏斜指示计 ⑦光轴刻度盘(左右) ⑧支柱
⑨汽车摆正找准器 ⑩光度·光轴变换开关
⑪光轴刻度盘(上下) ⑫上下偏斜指示计
⑬前照灯照准器 ⑭聚光透镜 ⑮角度调整螺钉

图 8-9 聚光式前照灯检测仪

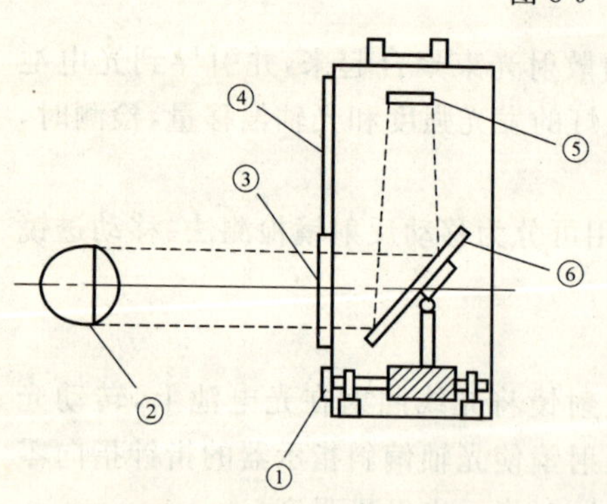

①光轴刻度盘 ②前照灯 ③聚光透镜
④光轴偏斜指示计 ⑤光电池 ⑥反射镜

图 8-10 移动反射镜检测法

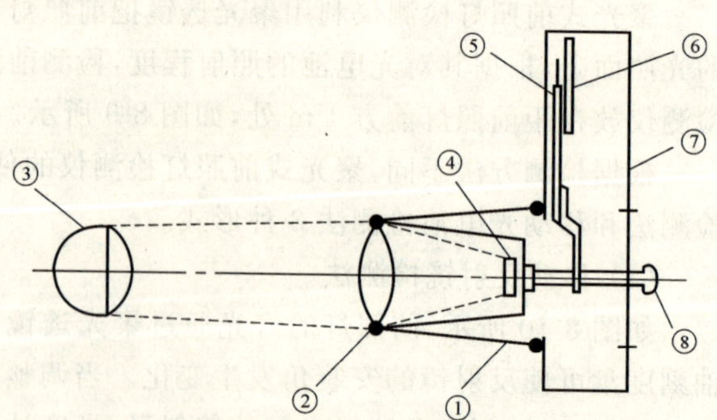

①连接器 ②聚光透镜 ③前照灯 ④光电池
⑤指针 ⑥光轴刻度盘 ⑦外壳 ⑧光轴检测杠杆

图 8-11 移动透镜检测法

(3) 移动光电池检测法

如图 8-12 所示，若转动上下光轴刻度盘和左右光轴刻度盘，则光电池随之移动，光电池的受光面位置将随之变化，从而使光轴偏斜指示计的指针产生移动，检测时转动光轴刻度盘，使光轴偏斜指示计指示为零，这时从光轴刻度盘上即可读出光轴的偏斜量，同时从光度计的指示中读取发光强度值。

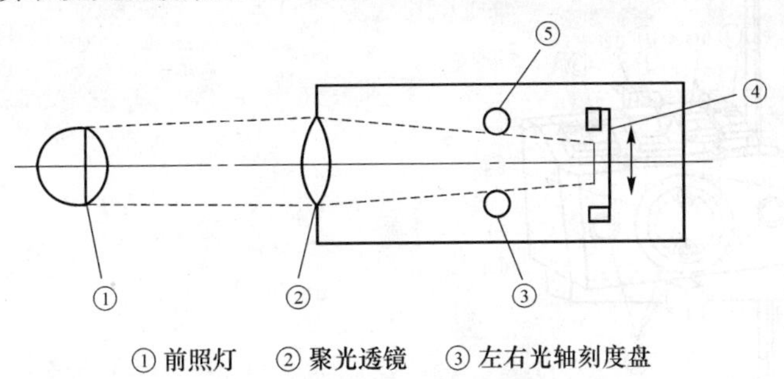

① 前照灯　② 聚光透镜　③ 左右光轴刻度盘
④ 光电池　⑤ 上下光轴刻度盘

图 8-12　移动光电池检测法

2. 屏幕式

屏幕式前照灯检测仪采用把汽车前照灯的光束照射到屏幕上，以此来检测其发光强度和光轴偏斜量，通常测试距离为 3 m。

屏幕式前照灯检测仪如图 8-13 所示，固定屏幕上装有可左右移动的活动屏幕，活动屏幕上装有能上下移动的内部带光电池的受光器，检测时，通过找准器摆正车辆前照灯与检测仪的相对位置，移动受光器和活动屏幕，使光度计的指示值最大，这时的指示值即为发光强度值，该位置即为主光轴照射位置，从装在屏幕上的两个光轴刻度尺即可读得光轴偏斜量。

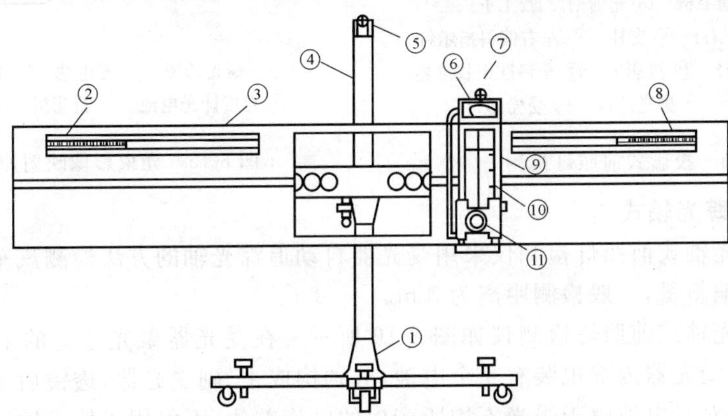

① 底座　②、⑧光轴刻度尺(左、右)　③ 固定屏幕　④ 支柱
⑤ 车辆摆正找准器　⑥ 光度计　⑦ 对正前照灯照准器
⑨ 活动屏幕　⑩ 光轴刻度尺(上下)　⑪ 受光器

图 8-13　屏幕式前照灯检测仪

3. 投影式

投影式前照灯检测仪采用把前照灯光束映射到投影屏上，以此来检测其发光强度和光轴偏斜量，测试距离一般为 3 m。

投影式前照灯检测仪的构造如图 8-14 所示，在聚光透镜的上下和左右方向装有 4 个光电池，前照灯光束的影像通过聚光透镜、光度计的光电池和反射镜后，映射到投影屏上，如图

8-15 所示。检测时，通过上下左右移动受光器使光轴偏斜指示计指示为零，即上与下、左与右光电池的受光量相等，从而找到被测前照灯主光轴的方向，然后根据投影屏上前照灯光束影像的位置，即可得出主光轴的偏斜量，同时可从光度计的指示中读取发光强度。

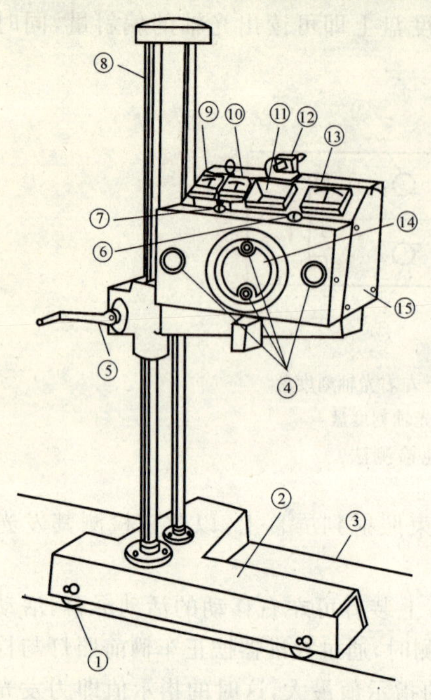

① 车轮　② 底座　③ 导轨　④ 光电池
⑤ 上下移动手柄　⑥ 光轴刻度盘(上下)
⑦ 光轴刻度盘(左右)　⑧ 支柱　⑨ 左右偏斜指示针
⑩ 上下偏斜指示计　⑪ 投影屏　⑫ 车辆摆正找准器
⑬ 光度计　⑭ 聚光透镜　⑮ 受光器

图 8-14　投影式前照灯检测

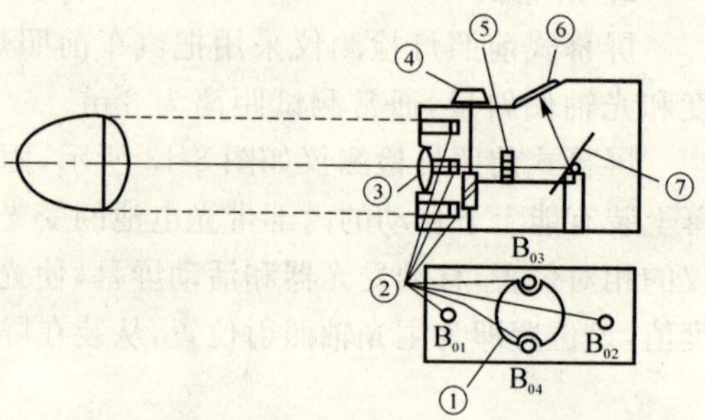

①、③ 聚光透镜　② 光电池　④ 光轴刻度盘
⑤ 光度计光电池　⑥ 投影屏　⑦ 反射镜

图 8-15　光束影像映射原理图

4. 自动追踪光轴式

自动追踪光轴式前照灯检测仪采用受光器自动追踪光轴的方法检测汽车前照灯的发光强度和光轴偏斜量，一般检测距离为 3 m。

自动追踪光轴式前照灯检测仪如图 8-16 所示。在受光器聚光透镜的上下与左右装有 4 个光电池，受光器内部也装有 4 个电池，分别构成主、副受光器，透镜后中央部位装有中央光电池，每对光电池由于受光不均所产生的电流差值，不仅用于使光轴偏移量指示计的指针偏摆，还用于控制驱动电动机运转使检测仪台架沿导轨移动并使受光器上下移动，直至每对光电池所产生的电流相等，电动机停转。这样便实现了自动追踪光轴，追踪过程中受光器的位移由光轴偏斜指示器指示，发光强度由中央光电池检测并由光电度计指示。

5. FD-102 新型智能化前照灯检测仪

FD-102 前照灯检测仪(图 8-17)与自动追踪光轴式检测仪工作原理类似，它有 8 个光敏管，竖向排列，光敏管可检测前照灯大体位置，以便仪器进行跟踪，检测箱用于接收被检前照灯光束，正面装有两对共 4 片光电池，其输出作为仪器跟踪光轴控制信号，显示板为 LED 数码显示器。

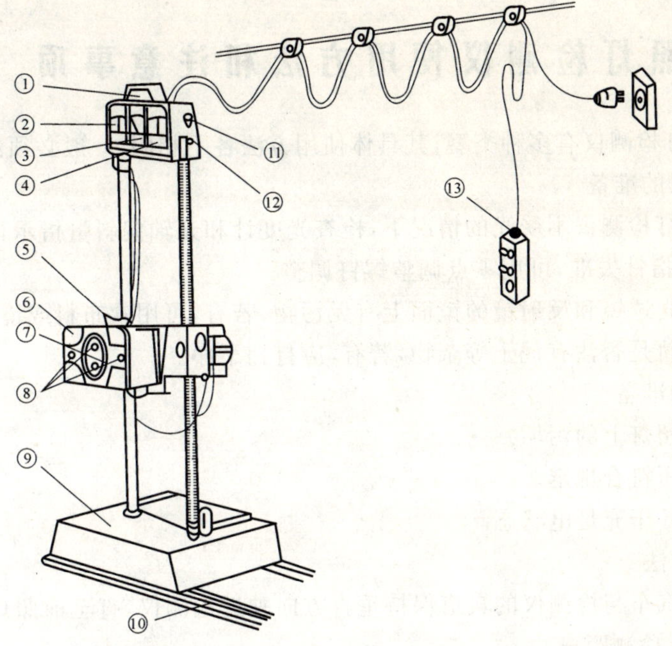

① 在用显示器 ② 左右偏斜指示计 ③ 光度计 ④ 上下偏斜指示计
⑤ 车辆摆正找准器 ⑥ 受光器 ⑦ 聚光透镜 ⑧ 光电池 ⑨ 控制箱
⑩ 导轨 ⑪ 电源开关 ⑫ 熔丝 ⑬ 控制盒

图 8-16 自动追踪光轴式前照灯检测仪

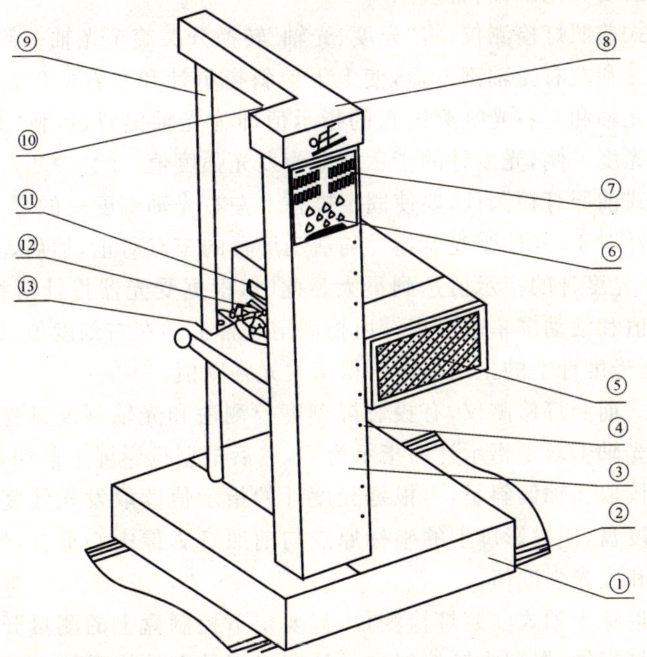

①底箱 ②导轨 ③前方立柱 ④光敏管 ⑤检测箱 ⑥按键板 ⑦显示面板
⑧上盖部件 ⑨中圆立柱 ⑩后圆立柱 ⑪瞄准器 ⑫输出接口 ⑬箭标

图 8-17 FD-102 前照灯检测仪

8.5 前照灯检测仪使用方法和注意事项

汽车前照灯检测仪有多种类型，其具体使用方法各不相同，一般必须注意以下问题：

(1) 检测仪的准备

① 在前照灯检测仪不受光的情况下，检查光度计和光轴偏斜量指示计的指针是否对准机械零点，若指针失准，可用零点调整螺钉调整。

② 检查聚光透镜和反射镜的镜面上有无污物，若有，可用软布料或镜头纸擦拭干净。

③ 检查导轨是否沾有泥土等杂物，若有，应打扫干净。

(2) 车辆的准备

① 清除前照灯上的污垢。

② 轮胎气压符合规定。

③ 蓄电池处于充足电状态。

(3) 检测方法

① 将被检汽车与检测仪的轨道保持垂直方向驶近检测仪，直至前照灯与检测仪受光器之间达到规定检测距离。

② 用车辆摆正找准器使检测仪与被检汽车对正。

③ 开亮前照灯(远光)，用前照灯照准器使检测仪与被检前照灯对正。

④ 提高发动机转速，使电源系统处于充电状态。

⑤ 检测发光强度和光轴偏斜量。

- 对于聚光式前照灯检测仪，将"光度、光轴"转换开关旋至光轴一侧，然后转动上下光轴刻度盘和左右光轴刻度盘，使上下偏斜指示计和左右偏斜指示计指示为零，此时上下光轴和左右光轴刻度盘的指示值即为光轴偏斜量，将"光度、光轴"转换开关旋至光度一侧，光度计的指示值即为发光强度值。
- 对于屏幕式前照灯检测仪，要使固定屏幕上左右光轴刻度尺的零点与活动屏幕上的基准指针对正，并使受光器指针与活动屏幕的零点对正，然后，上下和左右移动受光器，使光度计的指示值达到最大。此时，根据受光器指针所指活动屏幕上的上下刻度值和活动屏幕基准指针所指固定屏幕上的左右刻度值，即可得出光轴偏斜量，根据光度计上的指示值即可得出发光强度值。
- 对于投影式前照灯检测仪，有投影屏刻度检测法和光轴刻度盘检测法之分，前者要求先使光轴偏斜量指示计的指示为零，然后根据投影屏上前照灯影像中心所在的刻度值读取光轴偏斜量，再根据光度计的指示值读取发光强度值，后者要求转动光轴刻度盘，使投影屏上的坐标原点与前照灯影像中心重合，然后分别读出光轴偏斜量和发光强度值。
- 对于自动追踪光轴式前照灯检测仪，只要定下控制盒上的测量开关，受光器立即追踪前照灯光轴，根据光轴偏斜指示计和光度计上的指示值，即可获得光轴偏斜量和发光强度值。
- 对于 FD-102 前照灯检测仪的使用，首先确保检测距离为 3 m，被检车纵向中心线与本仪器检测箱正面垂直。

仪器工作状态分为待命状态、测量状态、自动检测状态和调校状态 4 种，当发现测量命令后，仪器将自动完成光轴跟踪和光斑跟踪，将测量结果显示出来，需退出测量状态时，按上下左右键即可，调校状态下能进行仪器调试、标定和工作参数设置和修改，使仪器能准确快速地检测，处于最合适的工作状态。

第9章 汽车排放污染物检测

汽车排放的污染物，影响了人们的身体健康，污染了人类的生存环境，已发展成为严重的社会问题，因此检测并控制汽车排放污染物对于保护人类生存环境具有重要意义；同时通过对发动机的排气污染物进行检测，可评价发动机的技术状况，特别是燃油供给系和点火系统的技术状况。

9.1 概述

汽车所排放的污染物主要有：一氧化碳（CO）、碳氢化合物（HC）、氮氧化物（NO）、二氧化硫和微粒（由炭烟、铅氧化物等重金属氧化物和烟灰等组成）等，污染物的排放途径为发动机排气管、曲轴箱和燃油供给系统，分别称为排气污染物、曲轴箱污染物和燃油蒸发污染物。

CO 是燃料不完全燃烧的产物，当混合气过浓或燃烧质量不佳时，易产生 CO，废气中的 HC 是发动机未燃尽的燃油分解所产生的气体，NO 是空气中的 N_2 与 O_2 在高温条件下反应而生成的。汽油机排出的浮游微粒主要有：铅化物、硫酸盐、低分子物质，当汽油机使用铅汽油时，燃烧废气中将会有铅化合物以微粒状从排气管排出；炭烟是柴油机燃烧不完全的产物，发动机排出的硫化物主要为 SO_2（二氧化硫），由所用燃油中含有的硫与空气中的氧反应而生成。

上述这些污染物中，CO、HC、NO、铅化物和炭烟等主要来自车辆尾气的排放，少部分来自曲轴箱泄漏，其中 HC 来自于油箱和整个供油系的蒸发与滴漏。

为了控制汽车排放污染对生态环境的危害，世界各国政府相继制定了汽车排放污染物的排放标准，对于在用汽车，仍以 GB1476.15—1993《汽油车怠速污染物排放标准》和 GB14761.6—1993《柴油车自由加速烟度排放标准》作为排放性能检测的依据。

9.2 汽油车排放污染物检测

1. 检测内容

汽油机排出的废气中，对人体危害的成分主要有 CO、HC 和 NO；对大气环境有影响的气体除上述外，还有 CO_2，汽车排气中的含氧量是装有电控燃油喷射装置发动机的汽车计算机监测空燃比、控制排放量、保护三元催化反应器正常工作的重要信号，同时排气中的 CO_2 和 O_2 的含量还反映了发动机的燃烧效率。因此，为全面反映汽车污染物的排放情况，燃烧效率和供给系统的工作情况，需进行五气体（CO、CO_2、HC、O_2、NO）分析。

2. 五气体废气分析仪工作原理结构

元征公司生产的五气体废气分析仪是分析汽车排放气体主要成分（CO、CO_2、HC、O_2、NO）含量数值的检测仪器，它主要由采集、分析、处理与控制、显示、电源等部分组成。

（1）采集部分

采集部分由取样探头、导管、水分离器、气体滤清器、三通电磁阀、水滤清器、气泵、水泵等组成，该部分主要功能是将汽车排气经水分离器去掉水汽，经气体滤清器过滤，再经气泵送到分析部分，如图 9-1 所示。

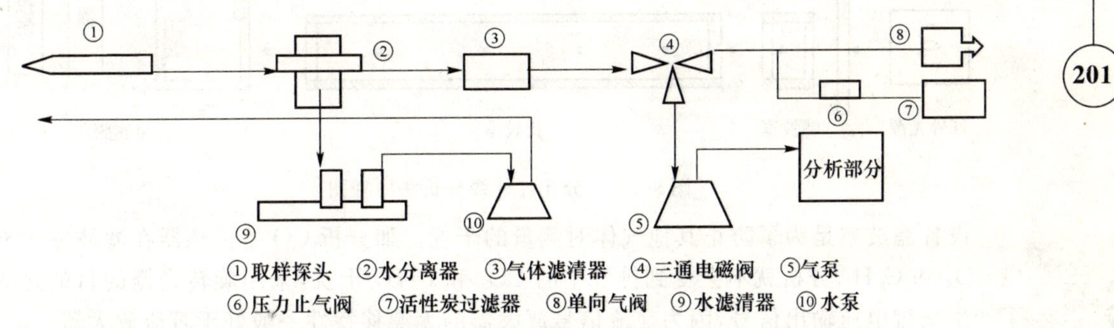

图 9-1　采集部分原理图

（2）分析部分

对于 CO 、CO_2、HC、O_2、NO 这 5 种气体成分的浓度，通常采用两类不同方法来测定，其中 CO、CO_2 和 HC 通过不分光红外线不同波长能量吸收的原理来测定，而 NO 与 O_2 的浓度通常采用电化学的原理来测定，排气中含氧量的浓度通过在测试通道中设置氧传感器测定。

① 不分光红外线分析法

红外线是波长为 0.8～600 μm 的电磁波，多数气体都具有吸收特定波长红外线的能力。除单原子气体和同原子的双原子气体，大多数非对称分子都具有吸收红外线的特性。汽车排气中的有害气体均为非对称分子，如 CO 能吸收波长为 4.5～5 μm 的红外线，CO_2 能吸收波长为 4～4.5 μm 的红外线，C_6H_{14} 能吸收波长为 3.5 μm 的红外线。不分光红外线分析法的工作原理正是基于这种大多数非对称气体分子能吸收特定波长段红外线的特征，并且吸收程度与气体浓度有关，所谓不分光红外是指对特定的被测气体，测量时所用的红外光的波长是一定的。

如图 9-2 所示，在比较室里充满了不吸收红外线的气体（如 N_2），被测气体流过分析室，从红外线光源射出的强度为 I_0 的红外射线经过旋转的光栅（也称载光盘）周期性地射入分析室和比较室。由于被测气体吸收红外线，使得透射过分析室的红外线减少，其强度变为 I，而比较室内的气体不吸收红外线，其透射红外线强度仍保持为 I_0，两室透射出的红外线周期性地进入检测室。检测室有两个接收室，里面充有与被测气体成分相同的气体，中间用兼作电容器极板的金属膜片隔开。由于检测室上下两室吸收的红外线数量不同，从而产生了温差，温度的差异导致了压力差的存在，使金属膜片弯曲，弯曲振动的频率与旋转的光栅的旋转频率相同。膜片振动使电容量改变，并且正比于被测气体的浓度，把电容量的变化调制为交流电压信号的变化，经放大器放大，整流成直流信号，变为被测气体成分浓度的函数，输出到处理与控制部分做处理。

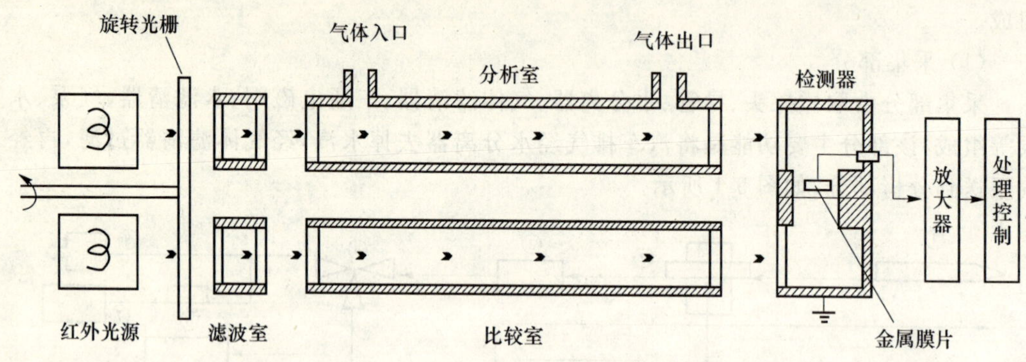

图 9-2　不分光红外线分析法原理图

设置滤波室是为了防止其他气体对测量的干扰。如分析 CO 的传感器在滤波室中充以 CO_2 和 C_6H_{14} 分析就不会受到排气中的 CO_2 和 C_6H_{14} 干扰，采用旋转光栅的目的是为了产生交流电压输出信号，因为交流信号放大器的无漂移特性一般好于直流放大器。

不分光红外分析仪可测量 CO、HC、CO_2 等多种成分，在测量时需在检测室内的两个接收室内封入相应的气体。

② 化学发光分析法

用化学发光测量 NO 的原理如下式：

$$NO + O_3 = NO_2^* + O_2 \tag{9-1}$$

$$NO_2^* = NO_2 + h\nu \tag{9-2}$$

NO_2^* 为激发态 NO_2，h 为普朗克常量，ν 为光量子的频率。

分析时，首先使被测气体中的 NO 与 O_3 反应，生成 NO_2^* 分子，在 NO_2^* 由激发态衰减到基态的过程中，会发出波长为 0.59～2.5 μm 的光量子 $h\nu$(即近红外光谱线)，称为化学发光，这种化学发光的强度与 NO 浓度成正比，使用适当波长的光电检测器(如光电二极管)即可根据检测的信号强弱换算出 NO 的含量。

由式(1)还可看出，化学发光分析法从原理讲只能测量 NO，而无法测量 NO_2，实际应用中可以先通过适当的转换将 NO_2 还原成 NO，然后再进行上述分析过程，因此同一仪器也可以测量 NO_2 和 NO。

图 9-3 所示为化学发光分析法的测量原理。O_2 将持续不断地进入臭氧发生器产生臭氧 O_3 进入反应室，在检测 NO 时，被测气体经转换开关由 A 路进入反应室，NO 与 O_3 反应产生的化学发光，经滤光片进入光电倍增检测器，电信号经放大器输出，由处理器计算出 NO 的浓度，为分析 NO_2 浓度，关闭 A 路，使被测气体由 B 路流经催化转换器，NO_2 在此还原成为 NO，然后进入反应室，这样，仪器测得的是 NO 与 NO_2 的总和 NO_X。设滤

光片的目的是为了滤除其他化学发光（如 HC 与 O_3 反应所产生的化学发光）的干扰。

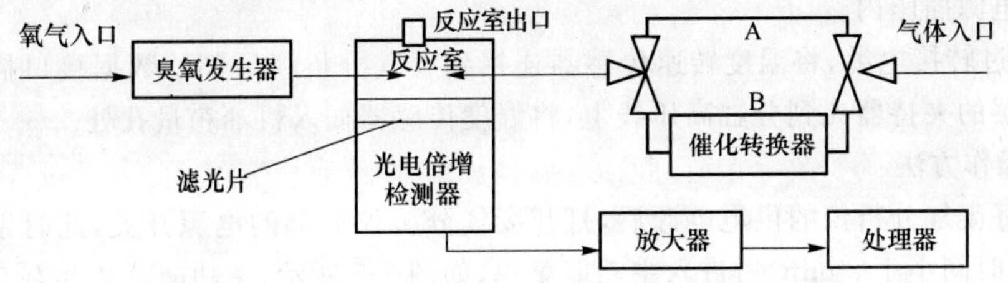

图 9-3 化学发光分析法测量原理

（3）处理与控制部分

如图 9-4 所示，系统根据测量流程，分别对图中①～⑤传感器进行信号取样，经整形、放大、A/D 转换，根据相应的计算方法，得出五气体测量值；根据测量流程对三通电磁阀、水泵进行开关控制，依据真空开关状态对气泵进行开关控制。

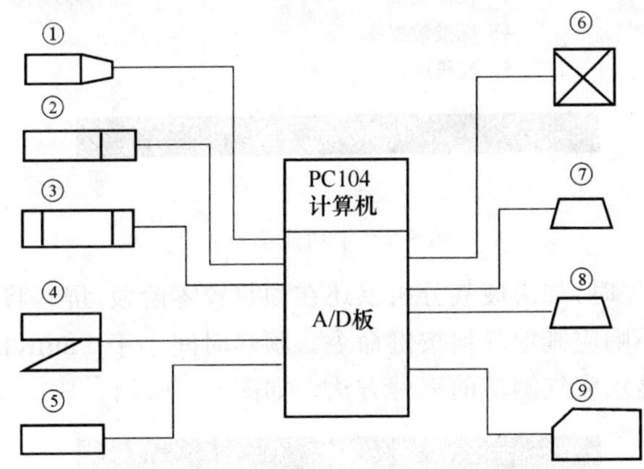

① O_2传感器 ② NO_X传感器 ③ 三气体 (O、HC、CO_2)传感器 ④ 转速传感器
⑤ 温度传感器 ⑥ 三通电磁阀 ⑦ 水泵 ⑧ 气泵 ⑨ 真空开关

图 9-4 处理与控制部分原理图

（4）显示部分

该部分由彩色荧光显示屏（LCD）、面膜按键等组成。用户利用 LCD 和按键与仪器进行人机对话，输入必要参数，控制测量流程。

（5）电源部分

分析仪需要 12 V，3 A 电源，故配有交流 220 V 电压输入，DC15 V，3 A 输出的直流电源。为了方便用户使用，还配有汽车双钳电源线和点烟器电源线，可直接从汽车获取电源。仪器内部有一个电源板，可为采集、分析、处理与控制、显示部分提供各种交、直流电压以保持仪器正常工作。

3. VEA-501 五气体分析仪使用与操作

（1）使用前的准备

① 将带有取样探头的取气软管连接到废气分析仪后部的废气入口，并用压紧螺母拧紧。

② 将双钳电源线的带夹子的一端连接到被测汽车的电瓶上,另一端连接到废气分析仪后面的电源插座内。

③ 通过转接电缆,将温度转速传感器连接到废气分析仪后部的数据接口插座上,将转速传感器的夹持器夹到分缸高压线上,将温度传感器插入机油箱量孔处。

(2) 操作方法

连接好废气分析仪的供电电源后,打开废气分析仪后部的电源开关,此时系统启动,经过热机(时间小于 8 min)后进入主功能菜单,如图 9-5 所示,主功能菜单共有 5 项:①废气测试;②数据查询与分析;③仪器校准;④标准数据库;⑤联机通信。

主 菜 单

1: 废气测试
2: 数据查询与分析
3: 仪器校准
4: 标准数据库
5: 联机通信

1-5: 选 择

图 9-5 主功能菜单

进入废气测试程序时,如果废气分析仪还在预热校零阶段,屏幕将显示大概剩余的预热时间,此时分析仪不响应其他任何按键命令。预热时间小于 5 min,仪器完成预热,并自动调好零位后,屏幕显示废气测试的三种方法。如图 9-6 所示。

废气测试

1: 指定工况测试
2: 双怠速测试
3: 加速模拟工况测试

1-3: 选择 退出: 退出

图 9-6 废气测试程序

① 指定工况测试

汽车按用户指定工况运行,测量结果可用直方图或曲线的形式动态显示,按连续记录或单点记录方式存取。

② 双怠速测试

双怠速测试的基本步骤如下:

- 将带有转速传感器的夹持器夹持到分缸高压线上,同时将温度传感器探头插入机油箱计量孔中。

- 发动机由怠速工况加速至 0.7 额定转速，维持 60 s 后降至高怠速（0.5 额定转速）。
- 发动机降至高怠速状态后，将取样探头插入排气管中，深度不小于 400 mm，并将其固定于排气管上。
- 发动机在高怠速状态维持 15 s 后开始读数，读取 30 s 内的最高值和最低值，其平均值即为高怠速排放测量结果。
- 发动机从高怠速状态降至怠速状态，在怠速状态维持 15 s 后开始读数，读取 30 s 内的最高值和最低值，其平均值即为怠速排放测量结果。

③ 加速模拟工况测试

车辆预热到规定热状态后，加速至规定车速（25 km/h 或 40 km/h），根据车辆规定车速时的加速负荷，通过测功机对车辆加载，车辆保持等速运转即为加速模拟工况，简称 ASM，如图 9-7 所示。具体操作步骤如下：

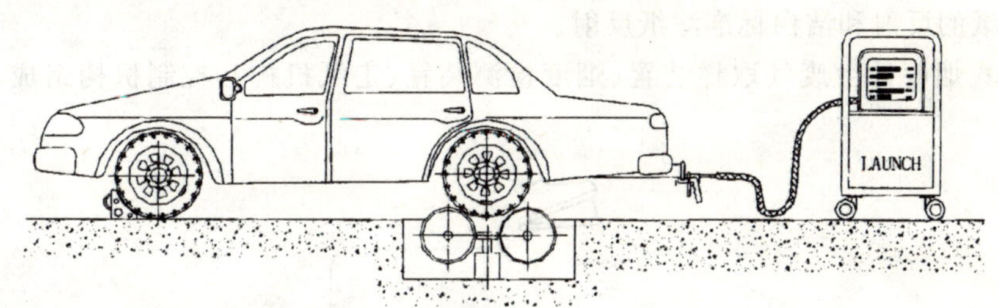

图 9-7　汽车排放测试的加载系统

a. ASM5025 工况测试

车辆经预热后，加速至 25 km/h，测功机根据测试工况要求加载，车辆保持 25 km/h±1.5 km/h等速，维持 10 s 后开始记时（$t=0$ s）。当测功机转速和扭矩偏差超过设定值的时间大于 5 s，测试应重新开始。25 s（$t=25$ s）后分析仪器开始测量，每秒钟测量一次，运行 90 s（$t=90$ s）该测试工况结束，测量值如满足限值的要求，则测试结束，否则应进行下一工况 ASM2540 测试。

b. ASM2540 工况测试

车辆从 25 km/h 直接加速至 40 km/h，测功机根据测试工况要求加载，车辆保持 40 km/h±1.5 km/h 等速，维持 10 s 后开始记时（$t=0$ s）。当测功机转速和扭矩偏差超过设定值的时间大于 5 s，测试应重新开始，25 s（$t=25$ s）后废气分析仪开始测量，每秒测量一次，运行 90 s（$t=90$ s）该测试工况结束，测量值如满足限值的要求，则测试结束，否则应进行复检测试。复检时，ASM5025 工况测试与 ASM2540 工况测试的测试时间加长到 145 s。

注意事项：

（1）测试结束后，应立即从排气管中取出取样探头。

（2）探头导管不能弯曲，不要把探头放在地上，探头不用时应垂直吊放。

（3）连续测试时，从排气管取出探头，仪表指针回零后，才能进行下一部车的测试。

（4）测试时，应注意检测场所的通风换气情况。

9.3 柴油车自由加速烟度检测

根据排放标准，柴油车应在规定的自由加速烟度测量规程下对烟度进行检测，所用检测仪器有滤纸式烟度计、透光式烟度计和重量式烟度计等。

1. 滤纸式烟度计的工作原理和结构

滤纸式烟度计是用一个活塞抽气泵，从柴油机排气管中抽取一定容积的排气，并使这些排气通过一张一定面积的白色滤纸，排气中的炭烟存留在滤纸上，使其染黑，用检测装置测定滤纸的染黑度，该染黑度即代表柴油车的排气烟度。烟度用符号 SF 表示，滤纸染黑的程度不同，则对照射到滤纸表面光线的反射能力也不同，据此，烟度 SF 可表示为

$$SF=10\times(1-R_d/R_c)$$

式中，R_d、R_c 分别为污染滤纸和洁白滤纸的反射因数，R_d/R_c 的值为 0～100%，分别对应于全黑滤纸的反射和洁白标准滤纸反射。

滤纸式烟度计由废气取样装置、烟度检测装置、走纸机构和控制机构组成，如图 9-8 所示。

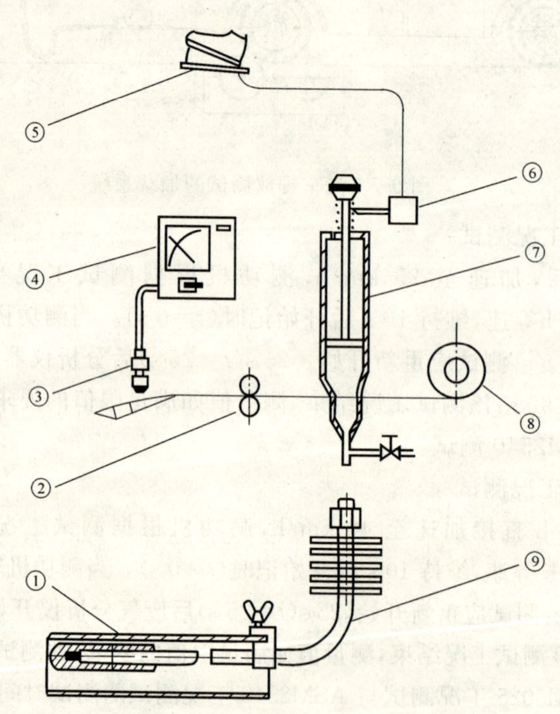

① 排气管 ② 滤纸进给机构 ③ 光电传感器 ④ 指示仪表
⑤ 脚踏开关 ⑥ 电磁阀 ⑦ 抽气泵 ⑧ 滤纸卷 ⑨ 取样探头

图 9-8 烟度计的工作原理图

(1) 废气取样装置

废气取样装置由活塞式抽气泵、取样探头、取样管及电磁阀等组成。取样前，压下抽

气泵手柄，直至克服回位弹簧的张力使活塞到达最下端，并用锁紧弹簧锁紧，当需要取样时，踩下脚踏开关或按下手动抽气按钮，锁紧装置松开，活塞在弹力作用下上升到顶端，在活塞上升时，废气经取样管通过滤纸进入抽气泵中，废气流经抽气泵时，炭烟使滤纸变黑，当抽气泵活塞完成复位行程时，染黑的滤纸就移位到烟度检测装置。

(2) 烟度检测装置

烟度检测装置由环形硒光电池、光源和指示仪表构成，接通电源后，光源发出的光线通过带有中心孔的环形硒光电池照射到滤纸上，当滤纸的污染程度不同时，反射给环形硒光电池感光面的光线强度也不同，环形硒光电池接收滤纸上反射的光，产生电流送给指示仪表，滤纸污染程度不同，硒光电池产生的电流强度也不同，仪表表盘以 0～10 均匀刻度，测量铂滤纸时指针位置为 0，测量全黑滤纸时指针位置为 10，如图 9-9 所示。

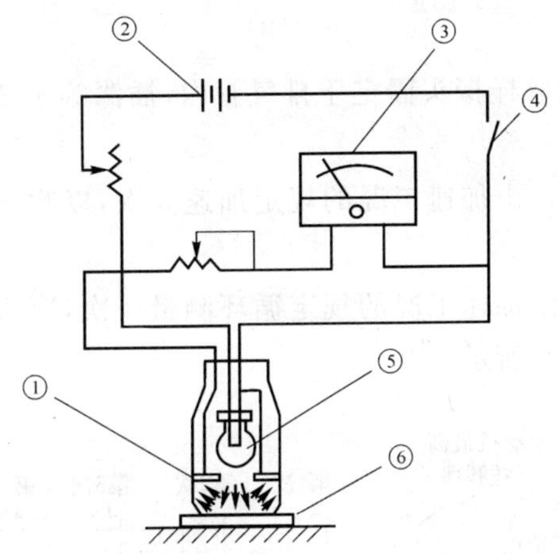

① 环形硒光电池 ② 电源 ③ 指示仪表
④ 电源开关 ⑤ 灯泡 ⑥ 滤纸

图 9-9 烟度检测装置

(3) 走纸机构和控制机构

走纸机构是滤纸经夹紧机构和烟度检测装置时，由电动机带动走纸轮转动，走纸轮则带动滤纸实现位移，走纸轮转一圈，滤纸位移 42 mm，恰好把上次抽样时被污染的滤纸移至烟度检测装置，从而检测出烟度值。

控制机构包括用脚操纵的抽气泵电磁开关、滤纸进给机构和压缩空气清洗机构等。

2. 柴油车自由加速烟度的检测方法

根据 GB/T3846—1993《柴油车自由加速烟度的测量滤纸烟度法》的规定，柴油车应在自由加速工况下，采用滤纸式烟度计，按规定的程序和要求测量发动机排放废气的烟度值，自由加速工况是柴油机于怠速工况将油门踏板迅速踏到底，维持 4 s 后松开。

(1) 仪器准备

① 接通电源，仪器预热 5 min。

② 打开测量开关，在检测装置的滤纸接触面上垫 10 张滤纸，调节粗调及微调电位器，使仪表指针指零。

③ 把校正用标准滤纸放在洁白滤纸上，并对准检测装置，仪表指针应指在校正滤纸的烟度值上，否则应加以调节。

④ 检查烟度计各部分的工作情况，特别应检查脚踏开关与抽气泵的动作是否同步。

⑤ 检查空气控制用和清洗用空气压缩压力是否符合要求，滤纸应洁白无污。

(2) 车辆准备

① 进气系统应装有空气滤清器，排气系统应装有消声器并不得有泄漏。

② 测量时发动机的冷却水和润滑油温度达到汽车使用说明书所规定的热状态。

③ 柴油应符合 GB10327 的规定，不得使用燃油添加剂。

④ 自 1995 年 7 月 1 日起新生产柴油车装用的柴油机，应保证启动加浓装置在非启动工况下不再起作用。

(3) 测量程序

① 安装取样探头，把取样探头固定于排气管内，插深等于 300 mm，并使其中心线与排气管轴线平行。

② 吹除积存物，按照自由加速工况的规定加速 3 次，以吹净排气管和消尘器中的烟尘。

③ 测量取样，按照自由加速工况的规定循环测量 4 次，取后 3 次读数的算术平均值即为所测烟度值，如图 9-10 所示。

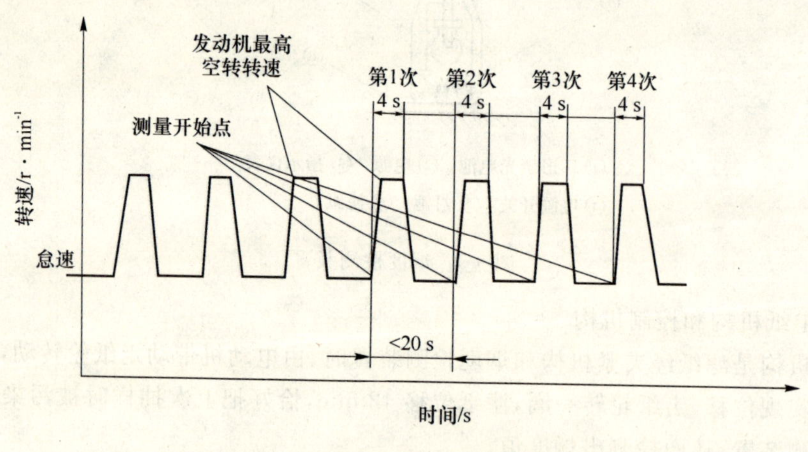

图 9-10　自由加速烟度检测规程

④ 当汽车发动机出现黑烟冒出排气管的时间与抽气泵开始抽气的时间不同步时，应取最大烟度值作为所测烟度值。

⑤ 在被染黑的滤纸上记下试验序号、试验工况和试验日期等，检测结束，及时关闭电源和气源。

3. 不透光烟度计

世界上许多国家采用不透光烟度计测试柴油机所排放废气的烟度，不透光烟度计是一种利用透光衰减率测定排气烟度的仪器，如图 9-11 所示为不透光烟度计的结构简图。

不透光烟度计有一个测试管S和一个校正管A，将需要测定的一部分排放废气导向测试管，用电风扇向校正管吸入干净空气，当由测试管一端的光源发出的光线透过，测试管中的烟层照到测试管另一端的光电管上时，由光电管测出光线强度的衰减量，将光源和光电管转向校正管(图中虚线位置)可用作零点校正。其烟度显示仪表从0到100均匀分度，光线全通过时为0，全遮挡时为100。

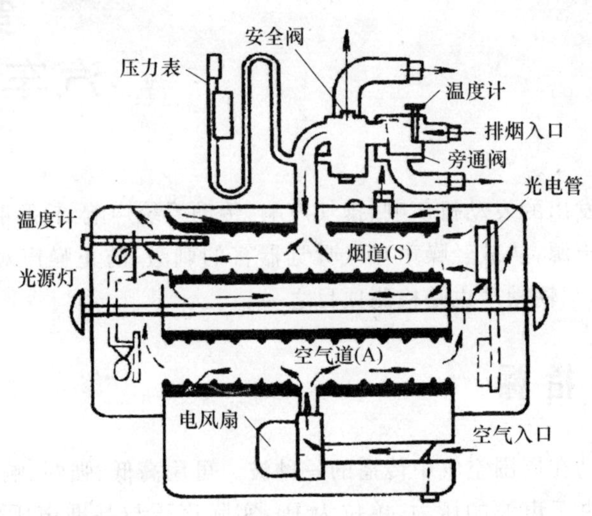

图9-11　不透光烟度计结构简图

由于废气是连续不断通过测试管的，所以不论稳态、非稳态和过渡状态，烟度的测定都很方便。但由于光学系统的污染，这种烟度计测定中容易产生误差，因此必须注意清洗，另外排气中所含的水滴和油滴也可能作为烟度显示出来，当抽样检验的排气温度超过500度时，必须采用其他冷却装置冷却，以确保其检测精度。

以下介绍烟度计的使用。

(1) 安装与开机

① 把设备放于机架上，把软管接到设备后面板的烟雾进气口上，取样探头连接到软管的另一端，应置于排气管烟度分布较恒定的部位。

② 正确连接电源220 VAC或12 VDC。

③ 开机预热15 min设备即处于待机运行状态。

(2) 测试方法

① 启动发动机达到运行状态时的温度，踩下油门踏板达到限定的速度，然后松开油门到怠速状态，重复几次以清除尾气管里的灰尘与碳粉末。

② 用配备的管接头，将取样探头插入尾气管中，固定好，连接好柴油车的转速探头(可选件)按键选择发动机类型。

③ 把油温传感器探头插入柴油车的机油液面测量孔中。

④ 按测试键，选择相应的测试标准，最后通过测试显示结果。

第10章 汽车噪声检测

汽车在行驶时发出的发动机声响、排气声响、传动系统声响、轮胎磨擦路面的声响等，使汽车成为一个噪声源，从减轻噪声对人听觉器官的刺激，防止噪声对人的危害出发，噪声越小越好。因此，车辆噪声也是检测项目之一。

10.1 检测指标

声音是物体振动在周围空气中传播的一种波。可用高低、强弱、响度和音色等指标表示。声音的强弱取决于声波的压力，单位为 Pa，实际声压与基准声压比值对数的分贝数(dB)作为表示声音强弱的单位，称为声压级

$$L=20\lg \frac{P}{P_0}$$

式中：L 为声压级(dB)，P 为实际声压(Pa)，P_0 为基准声压，$P_0=2\times10^{-5}$ Pa。

10.2 检测项目

1. 车内噪声的测量

(1) 测量条件

- 测量跑道应有试验需要的足够长度，应是平直、干燥的沥青路面或混凝土路面。
- 测量时风速(指相对于地面)应不大于 3 m/s。
- 测量时车辆门窗应关闭，车内其他辅助设备若是噪声源，测量时是否开动，应按正常使用情况而定。
- 车内本底噪声比所测车内噪声至少低 10 dB，并保证测量不被偶然的其他声源所干扰。
- 车内除驾驶员和测量人员外，不应有其他人员。

(2) 测量位置

车内噪声通常在人耳附近布置测点，话筒朝向车辆前进方向。

驾驶室内噪声测点位置见图 10-1，客车室内噪声测点可选择在车厢中部及最后一排座位的中间位置，话筒高度如图 10-1 所示。

(3) 测量方法

车辆以常用挡位 50 km/h 以上不同车速匀速行驶，分别进行测量。

用声级计“慢”挡测量 AC 计权声级，分别读取表头指针或数字、最大读数的平均值，测量结果记于记录表中。

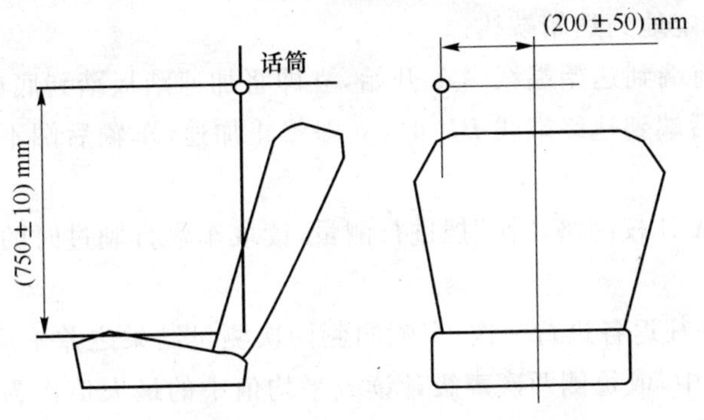

图 10-1 车辆噪声测量点位置

2. 车外噪声的测量

(1) 测量条件

- 测量场地应平坦而空旷，在测试中心以 25 m 为半径的范围内，不应有大的反射物(如建筑物、围墙等)；
- 试验场地跑道应具有 20 m 以上的平直、干燥的沥青或混凝土路面，路面坡度不得超过 0.5%；
- 试验场地的本底噪声(包括风噪声)应比被检测车辆的噪声至少低 10 dB，并保证测量不被偶然的其他声源所干扰；
- 为避免风噪声干扰，可采用防风罩，但应注意防风罩对声级计灵敏度的影响；
- 声级计附近除测量者外，不应有其他人员，若不可缺少时，则必须在测量者背后。

(2) 测量场地要求

测量场地如图 10-2 所示。测试时话筒位于 20 m 跑道中心点 O 的两侧，各距中心线 7.5 m，距地面高度 1.2 m，用三角架固定话筒平行于地面，其轴线垂直于车辆行驶方向。

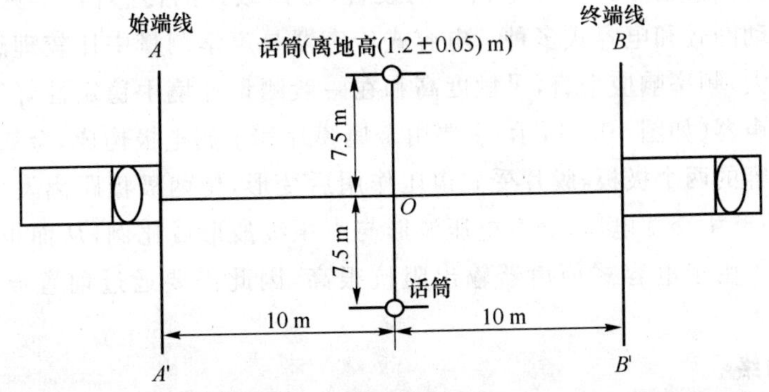

图 10-2 车外噪声的测量场地

(3) 加速行驶车外噪声的测量方法

① 车辆前进挡位为 4 挡以上的车辆用第 3 挡，前进挡位为 4 挡或以下的用 2 挡，发动机转速为标定转速的 3/4，如果此时车速超过了 50 km/h，则车辆以 50 km/h 的速度稳定地到达始端线 AA'。在无转速表时，可以控制车速进入测量区，以所定挡位相当于 3/4 标定转速的车速稳定地到达始端线。

② 从车辆的前端到达始端线 AA'开始，立即将加速踏板踏到底或节气门全开，直线加速行驶，当车辆后端到达终端线 BB'时，立即停止加速，车辆后端不包括拖车以及和拖车连接的部分。

③ 声级计用 A 计权网络，"快"挡进行测量，读取车辆行驶过时的声级计表头最大的读数。

④ 同样的方法往返各进行一次，车辆同侧两次测量结果之差不应大于 2 dB，并把测量结果记入记录表中，取每侧两次声级计读数平均值中的最大值作为被测车辆的最大噪声级，若只用一个声级计测量，同样的测量应进行 4 次，即每侧测量 2 次。

(4) 匀速行驶车外噪声测量方法

① 车辆用常用挡位，油门踏板保持稳定，以 50 km/h 的车速匀速通过测量区域。

② 声级计用 A 计权网络，快挡进行测量，读取车辆驶过时声级计表头的最大读数。

③ 同样的测量往返进行一次，车辆同侧两次测量结果之差不应大于 2 dB，并把测量结果记入规定的表格中，若只用一个声级计测量 ，同样的测量应进行 4 次，即每侧测量 2 次。

10.3 检测仪器——声级计

声级计是一种能够把汽车发出的噪声和喇叭声音的响度按人耳听觉近似值测定出来的仪器，如图 10-3 所示。

声级计一般由传声器、放大器、听觉修正计权网络、指示仪表和校准装置构成。

1. 传声器

传声器是把声压信号转变为电信号的装置，是声级计的传感器，常见传声器有晶体式、驻极体式、动圈式和电容式多种。电容式传声器是声学测量中比较理想的传声器，具有动节态范围大，频率响应平直，灵敏度高和在一般测量环境中稳定性好等优点，应用广泛。电容式传声器(如图 10-4 所示)主要由金属膜片和金属电极构成，金属膜片与金属电极构成平板电容的两个极板，膜片受到声压作用后变形，使两极板距离发生变化，电容值发生变化，从而产生交变电压，交变电压波形与声压级波形成比例，从而也就把声压信号转变为电信号。由于电容式传声器输出阻抗很高，因此需要通过前置放大器进行阻抗变换。

2. 计权网络

为了模拟人耳听觉在不同频率有不同的灵敏性，在声级计内设有一种能够模拟人耳的听觉特性，把电信号修正为与听感近似值的网络，这种网络叫作计权网络。